国家重点基础研究发展计划（973）项目（2009CB825105）
中国科学院与国家外国专家局创新团队项目"干旱区特殊生态过程样带研究"

亚洲中部干旱区生态系统碳循环

Carbon Cycle in Dryland Ecosystems of Central Asia

陈　曦　罗格平　等　编著

U0339095

中国环境出版社·北京

图书在版编目（CIP）数据

亚洲中部干旱区生态系统碳循环/陈曦，罗格平等编著. —北京：中国环境科学出版社，2013.10
ISBN 978-7-5111-1575-1

Ⅰ. ①亚… Ⅱ. ①陈…②罗… Ⅲ. ①干旱区—生态系—碳循环—研究—亚洲 Ⅳ. ①X511

中国版本图书馆 CIP 数据核字（2013）第 222994 号

出 版 人　王新程
责任编辑　陈金华
助理编辑　宾银平
责任校对　尹　芳
封面设计　陈　莹

出版发行　中国环境出版社
　　　　　（100062　北京市东城区广渠门内大街 16 号）
　　　　　网　　　址：http://www.cesp.com.cn
　　　　　电子邮箱：bjgl@cesp.com.cn
　　　　　联系电话：010-67112765（编辑管理部）
　　　　　　　　　　010-67113412（教材图书出版中心）
　　　　　发行热线：010-67125803，010-67113405（传真）
印　　刷　北京中科印刷有限公司
经　　销　各地新华书店
版　　次　2015 年 3 月第 1 版
印　　次　2015 年 3 月第 1 次印刷
开　　本　787×1092　1/16
印　　张　16.25
字　　数　400 千字
定　　价　120.00 元

前言

随着全球大气中二氧化碳浓度的持续升高以及节能减排形势的日益严峻，碳循环成为全球变化研究的焦点。在全球二氧化碳平衡计算中，人类开采利用煤炭、油气每年排放 55 亿 t 二氧化碳，陆地生态系统向大气中排放 16 亿 t，海洋吸收 20 亿 t，大气中吸收 32 亿 t，还有 19 亿 t 的二氧化碳缺失，即排出的二氧化碳和吸收的二氧化碳之间的不平衡，也就是"碳黑洞"现象。那么这部分碳迷失在哪里了呢？在过去 20 年间，科学家们相继研究了海洋、森林、草地、农田、土壤的碳循环，但还是未能解决这一问题。由此，我们想到了由无法流入海洋的内陆河形成的干旱区荒漠-绿洲生态系统是否具有和海洋类似的碳吸收功能呢。从对比中可以看到：海洋是全球最大的碳汇，它对二氧化碳的吸收占到全球的一半，其主要方式是通过碱性海水的无机吸收过程。那么，荒漠-绿洲生态系统盐碱土碱性更强，通过土壤空隙与空气接触面积更大，pH 可高达 11，而海水在 8.1 左右，荒漠-绿洲土壤与大气接触的界面比海水要大上百倍。因此，我们推断：荒漠-绿洲生态系统可能具有与海洋类似的碳汇功能。经过我们 7 年的野外观察实测，发现荒漠-绿洲盐碱土确实存在吸收二氧化碳的事实，该成果已发表在 *SCIENCE* 期刊上。同时，我们通过野外试验还发现，干旱区荒漠生态系统地下有机碳储量是地上有机碳储量的上百倍，干旱区存在特殊的有机碳循环过程。

亚洲中部干旱区约 1 000 km^2，是全球典型的温带荒漠生态系统，占全球温带荒漠的 90%。为了系统地分析亚洲中部干旱区陆地生态系统碳循环过程，模拟气候变化和人类活动对亚洲中部干旱区碳循环过程的影响，《亚洲中部干旱区生态系统碳循环》一书根据该区域荒漠-绿洲生态系统的特点，分析了亚洲中部干旱区生态系统盐碱土碳循环过程、有机碳的碳循环过程，建立了具有自主版权的干旱区生态系统模型 AEM，改进了国际上 Biome-BGC 模型，通过遥感、野外调查和控制试验、尺度转换模型，构建了多尺度的亚洲中部干旱区生态系统数据库。在区域尺度上，利用 AEM 模型和 BGC 模型，对不同陆地生态系统进行了碳循环的时空变化模拟，分析了过去 30 年气候变化和人类活动对该区域碳循环的影响，通过地面试验验证达到了很好的效果。该书是在国家"973"项目成果基础上凝练而成的，各章之间自成体系，而又相互联系。

本书分为8章，第1章由陈曦、罗格平、张驰撰写。第2章由陈曦、胡汝骥、王亚俊撰写，简明介绍了亚洲中部干旱区生态地理环境的基本特征。第3章由胡增运、范彬彬、张驰、罗格平等完成，主要介绍了亚洲中部干旱区气候环境的演变过程。并对1979—2011年的气温和降水时空变化格局进行了详细分析和讨论。第4章由韩其飞、罗格平、王渊刚、陈耀亮完成，主要介绍了干旱区土地利用及其变化，并引出这种变化对碳循环的影响。第5章由陈曦、王文峰、罗格平完成，该章旨在提供盐碱土碳通量结构的研究方法，并对干旱区盐碱土碳吸收进行评估。第6章由张驰、李龙辉、李超凡、韩其飞完成，主要探讨了干旱区生态系统过程的机制，并基于干旱区特殊的生理生态过程，开发了 AEM（Arid Ecosystem Model）模型。第7章由李超凡、张驰、李龙辉、韩其飞负责完成，利用 AEM 模型和 Biome-BGC 模型对干旱区生态系统碳循环进行模拟，评估了亚洲中部干旱区有机碳储量结构与分布，并分析了气候变化对生态系统碳循环的影响。第8章由罗格平、王渊刚、陈耀亮、韩其飞完成，阐述了亚洲中部干旱区人类活动，包括土地开发和耕地转移、林产品收获及植树造林、放牧对亚洲中部碳平衡的影响。全书由胡汝骥、王亚俊、韩其飞统稿、编辑。

本书是在国家重点基础研究发展计划（973）项目（2009CB825105）的支持下完成的，感谢项目组全体成员的辛勤努力，感谢国家科技部基础司、中国科学院资源环境科学与技术局、新疆维吾尔自治区科技厅和新疆生产建设兵团科技局的大力支持以及中国环境出版社吴再思和陈金华老师的鼎力帮助。

陈　曦

2013 年 8 月 15 日

目录

第1章 绪 论

1.1 地理位置

中亚（中亚细亚），意指亚洲（亚细亚洲）的中部地区。

关于"中亚"这一地理概念在学术界认识并不统一。在西文中有 Central Asia（中亚）、Inner Asia（内亚）和 Haute Asia（亚洲腹地）等；在俄语中有 Средяя Азия（中亚）和 Центральная Азия（中央亚细亚）。

根据联合国教科文组织最初的定义，"中亚"一词所指的范围是西起里海、东到大兴安岭，北自阿尔泰山、萨彦岭，南至喜马拉雅山的区域。包括阿富汗、巴基斯坦和伊朗的北部，印度西北部，塔吉克斯坦、土库曼斯坦、乌兹别克斯坦、吉尔吉斯斯坦和哈萨克斯坦的全部，中国的新疆、西藏、青海、甘肃河西走廊、宁夏北部和内蒙古全部及蒙古共和国西南部地区（胡振华，2006）。

有定义"中亚"范围西起里海、伏尔加河，东到中国的边界，北以咸海与额尔齐斯河的分水岭，并延伸至俄罗斯西伯利亚大草原的南部，南到伊朗、阿富汗的边界。包括哈萨克斯坦南部、乌兹别克斯坦、土库曼斯坦、吉尔吉斯斯坦和塔吉克斯坦全部。其地势东南高，西北低。中亚西部是图兰低地，有卡拉库姆沙漠、克孜勒库姆沙漠。北部和东北部是图尔盖台地和丘陵。平原地带海拔由$-28 \sim 300$ m，部分洼地低于-132 m（卡拉吉耶洼地）。中部海拔最高处阿克套山 922 m。在东南部是天山山系和帕米尔-阿赖山地，最高峰海拔 7 495 m，是中亚地区的"水塔"，河湖水系的源地。沿西南边界有科佩特山脉。

也有认为"中亚"范围不仅包括上述五国的全境，还包含中国干旱区及蒙古国西南部（陈曦，2010）。即西起里海、伏尔加河，东至中国贺兰山-乌鞘岭以西，北到咸海与额尔齐斯河的分水岭，并延伸至俄罗斯西伯利亚大草原南部和蒙古国西南部，南到阿富汗、伊朗边界，并延伸至中国昆仑山、祁连山。中亚西部是图兰低地，有卡拉库姆沙漠和克孜勒库姆沙漠相连。其北部与东北部是图尔盖台地和哈萨克丘陵。东部有准噶尔盆地、塔里木盆地和河西走廊。有塔克拉玛干沙漠、古尔班通古特沙漠。天山山脉横亘于中部，将其分割成生态地理环境明显差异的东西两部分（图 1-1）。

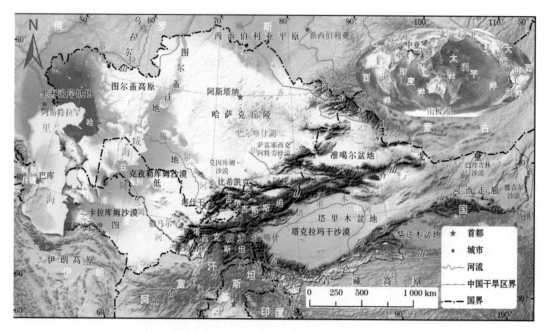

图 1-1　亚洲中部干旱区地理位置图（胡汝骥，2010）

1.2　国内外陆地生态系统碳、水循环研究现状

人类对地球系统，包括地表景观和地球化学循环，产生着前所未有的巨大影响（Vitousek et al.，1986）。大气中 CO_2 含量已从 1850 年的 285 μl/L 上升到如今的 400 μl/L，即近 160 年增长了大约 40%（Keeling，1997）。温室气体的积累导致全球地面气温的快速上升，严重地威胁着全球生态系统与人类社会的可持续发展（IPCC，2007）。随着气候与环境问题的日益突出和国际谈判中对碳源、碳汇评价的客观需要，碳循环问题受到密切关注。大量研究表明，全球碳循环的动态变化不但受到人类活动的影响（尤其是化石燃料的燃烧和土地利用/土地覆被变化），而且还与同生态系统对环境变化的响应密切相关。作为大气 CO_2 的源和汇，陆地生态系统在全球碳循环中的重要环节，其碳库在地球碳库中具有周转最快、对环境变化敏感等特点，在全球气候变化中扮演着重要角色（Canadell et al.，2000）。更好地了解陆地生态系统碳循环的动态机制是全面理解全球碳循环、正确预测未来气候变化、维持生态系统可持续发展的一个重要前提。

1.2.1　全球碳库的估计和碳失汇问题

地球上主要有四大碳库，即大气碳库、陆地生态系统碳库、岩石圈碳库和海洋碳库。碳在大气中主要以 CO_2 气体形式存在，在岩石圈中是碳酸盐岩石和沉积物的主要成分，在水中主要为碳酸根离子，在陆地生态系统中则以各种有机物或无机物的形式存在于植被和土壤中。

地球系统总碳量约为 1×10^8 Pg（Smith，Shugart，1993），其中大气碳库在几大碳库中是最小的，岩石圈和海洋碳库虽然最大但很不活跃，它们的周转率为千年到百万年尺度

（表 1-1）。陆地生态系统碳库主要由植被和土壤两个分碳库组成，其组成和反馈机制非常复杂，并受到人类活动显著影响。需要指出表 1-1 所列数据仅是个别研究者的估计值，全球碳平衡的估测具有很大的不确定性。最近 20 年的全球碳平衡研究发现，大气中 CO_2 积累量和海洋吸收的 CO_2 之和小于化石燃料燃烧和土地利用干扰所释放的总碳，有 1.6～2.0 Gt（1 Gt $= 10^{15}$ g）的碳汇无法解释，即所谓的 "missing carbon sink" 或 "碳失汇"（Tans et al.，1990）。现在普遍认为 "碳失汇" 很可能就存在于陆地生态系统，是因人类对陆地碳过程及其环境响应机制缺乏理解和精确定量分析能力所造成的误差。因而寻找 "碳失汇" 也就成为近 20 年地球化学循环和全球变化研究的热点（Schimel et al.，2001）。虽然近年有研究表明北半球高纬度地区可能存在一个以前被低估的重大碳汇，但是其具体大小尚有争论（Fan et al.，1998）。此外，土壤碳库、碳通量与动态的研究成为当前认识人类活动对自然界碳循环影响的一个重要方面，也是寻找 "迷失的碳汇" 一个重要方向（Schlesinger et al.，1999）。当前全球碳平衡研究中存在的不确定性主要源于观测和模拟技术的分析精度不够，尚未全面把握关键生态系统过程及其对气候变化和人类干扰的响应机制，特别是对生态系统内部高度的时空异质性以及生态过程和多种环境因子间复杂的非线性响应过程缺乏了解。实验、观测手段和计算能力的不足，限制了对大尺度长周期碳动态的研究能力。

表 1-1　地球系统主要碳库

碳库	大小（以 C 计）/Gt	碳库	大小（以 C 计）/Gt
大气圈	720	陆地生物圈（总）	2 000
海洋	38 400	活生物量	600～1 000
总无机碳	37 400	死生物量	1 200
表层	670	水圈	1～2
深层	36 730	化石燃料	4 130
总有机碳	1 000	煤	3 510
岩石圈		石油	230
沉积碳酸盐	>60 000 000	天然气	140
油母原持	15 000 000	其他（泥炭）	250

资料来源：（Falkowski et al.，2000）

陆地生态系统是一个植被—土壤—大气相互作用的复杂系统，内部各子系统之间及其与大气之间存在着复杂的相互作用和反馈机制。海洋碳循环模拟研究表明，陆地生态系统对大气 CO_2 浓度年际波动的影响要比海洋更大（Watson et al.，2000）。陆地生态系统也是受人类活动影响最大的碳库，与人类活动有关的化石燃料燃烧、水泥生产及土地开发变化等往往造成 CO_2 的排放。据估算，全球土地利用变化在 1850—1990 年释放了约为 124Gt 的 CO_2（Houghton，1999）。可见，人类活动的介入已经极大地改变了全球碳循环的原有模式，并给陆地碳循环研究造成了巨大的不确定性。

1.2.2　陆地生态系统碳库

据 Falkowski 等（2000）估算，陆地生态系统贮碳量约为 2 000 Gt，其中土壤有机碳库约是植被碳库的两倍。在不同的植被类型中，约 80% 的地上碳和约 40% 的地下碳蓄积在森林生态系统（Kleypas et al.，1999）。森林生态系统还在全球变化过程中担当着"缓冲器"的重要角色。因此，全球森林系统碳汇功能的研究受到了高度重视。研究结果发现，热带雨林的碳汇功能被采伐森林损失的碳量所抵消（Schimel et al.，2001）。从表面上来看，北半球中纬度地区的森林吸收了一定程度的碳，但吸收的容量与机制都存在着极大的不确定性（Tans et al.，1990；Keeling et al.，1996）。从不同气候带看，热带地区有最大的碳库，占全球一半以上的生物量和近 25% 的土壤有机碳储量，另外约 15% 的植被碳和近 18% 的土壤有机碳存在于温带地区（Keeling，1997）。从垂直格局来看，土壤是全球重要的碳库之一，在土壤圈中，仅 1 m 以上的土壤层中有机碳储量就达 1 500～1 600 Pg，比大气（750 Pg）和植被（560 Pg）碳储量的总和还要多（Schlesinger，1997）。土壤既能释放 CO_2 到大气中，也能吸收大气中的 CO_2（Canadell et al.，2007）。植物根系生长与冠层的凋落物也能储存一定量的碳，同时又由呼吸作用分解释放（Luo et al.，2001）。该过程的进出通量很大，任何土壤碳平衡的扰动因素都会对全球碳库产生巨大的影响（Raich，2000）。尽管已有结果表明土壤的平均碳储量在增加（Wofsy et al.，2002），但对土壤是碳源还是碳汇的认定至今仍存有一定的争议（Schlesinger，1997）。增加土壤碳库已被认为是今后换取工业 CO_2 减排的有效途径之一，而增加农业土壤"碳汇"也逐步成为生态学和全球变化研究的热点问题之一（Cihlar，2007）。

土壤有机碳研究关键点是忽略了根系这一重要碳汇，通常构建的生态系统模型低估了根系在碳循环中的作用（Jackson et al.，2000）。另外，土壤生物对温度的敏感性明显高于地上部分的生物，很小的增温幅度都会引起地下生理生态过程的改变（Ingram et al.，1998），0.3～6.0℃的土壤增温，使得土壤呼吸和植物生产力显著增加（Rustad et al，2001），但可能导致土壤碳储量的减少。在大气 CO_2 含量增加的背景下，植物对地下部分碳的分配既是一个复杂的生理生态过程，又是调节土壤生物对大气 CO_2 含量响应的关键环节（Chapin et al.，2001）。

同一植被和土壤有机碳库中还包含不同周转率的子碳库，其周转时间的长短可能导致所谓"暂时性碳汇"的形成（Temporary Sink）。例如，气候变暖变湿使森林生长加快从而形成碳汇，这些林木一般要存活几十、上百年，然后死亡分解，释放其有机碳到大气中。有些林木被采伐后被制成家具、房屋等，在良好的维护下也可以存留很长时间。因此，陆地生态系统的碳蓄积和碳释放在宏观尺度上基本达到平衡，即使有气候和环境变化导致了暂时的净碳汇或碳源，如果环境不变则会逐步达到新的平衡。

1.2.3 陆地生态系统碳汇

研究表明，生态系统对碳循环的变化非常敏感，过去的 10～20 年，至少一半是由化石燃烧所排放的 CO_2 被陆地和海洋所吸收（IPCC，2007）。这种碳汇现象为了平衡人类活动的影响，维持全球大气、气候系统和能量平衡的稳定起了非常重要的作用（Pacala et al.，2007），这些碳汇在未来是否仍然稳定存在则并不清楚。受一系列我们尚未完全理解的复杂机制的控制，地球系统对 CO_2 的吸收和固定能力随着时间、地点的变化在不断变化。历史数据表明，一旦人类对全球碳循环的干扰强度超过了地球系统所能够自我维持的阈值，全球气候系统就会出现紊乱，导致极端气候发生频率增多，在短短几十年内可能发生从暖期到冰期（或者反过来）的急剧气候变化，造成大规模物种灭绝和地质灾难（Petit et al.，1999）。因此研究人类活动造成的大气成分、气候和土地利用变化对全球碳循环源—汇平衡的影响是 21 世纪生态和地理学研究的重大课题，而这其中一个最值得注意的发现是越来越多的大气中 CO_2 已经被陆地植被所固定（IGBP Terrestrial Carbon Working Group，1998）。随着 $^{13}CO_2/^{12}CO_2$ 同位素技术和大气 $O_2：N_2$ 比变化的测量研究的发展（Rayner et al.，1999）以及对海洋—大气碳交换日益精确的评估，我们对全球碳平衡的量化分析有了显著提高，并日益认识到了陆地生态系统碳汇的重要性（Ciais et al.，1995）。基于 20 世纪 90 年代全球碳平衡的研究表明，每年因化石燃料燃烧（包括水泥生产所释放的 0.12 Gt 碳）释放了（6.4±0.4）Gt 碳，而热带雨林采伐释放约（1.7±1.0）Gt 碳；同时海洋吸收了约（2.1±0.5）Gt 碳。因此，陆地生态系统每年可估计的碳吸收总量约为（2.8±1.2）Gt（Malhi，2002）。

然而陆地碳汇的具体空间分布仍有待研究。林业普查资料（Goodale et al.，2002）和植被遥感反演结果（Nemani et al.，2003）表明，北半球中高纬地区存在非常大的陆地碳汇（Ciais et al.，1995）。Fan 等（1998）进一步指出北半球最大的陆地碳汇分布在北美洲特别是美国大陆（51°N 以南）地区。他们的研究估计北美陆地生态系统年固碳能力高达（1.76±0.5）Gt，足以弥补该大陆 1.6 Gt 的年化石碳排放。其他的陆地和大气研究也得出类似结论，普遍认为美国陆地生态系统是稳定的碳汇（Houghton，1999；Pacala et al.，2001；Pacala et al.，2007）。这些研究进一步表明农田弃耕和森林恢复是该区域陆地生态系统的主要固碳机制（Caspersen et al.，2000）。特别是美国南方地区因其在 20 世纪出现的大规模弃耕（Wear，2002）以及其森林生态系统较高的净初级生产力（NPP），而称为大陆碳汇研究的热点区域（Holland et al.，1999；Birdsey，Heath，1995；Birdsey，Lewis，2003）。许多研究都表明自 20 世纪中叶以来该地区大面积的森林恢复，固定了大量碳于生态系统中（Delcourt，Harris，1980；Han et al.，2007；Chen et al.，2006b；Woodbury et al.，2006）。根据美国农业部林业普查资料以及历史土地利用普查资料，Delcourt 和 Harris（1980）估计从 1750—1950 年该区域因农田开垦每年净释放 0.13 Gt 碳。然而自 20 世纪 60 年代后，该地区转变为每年固碳 0.07 Gt。Woodbury 等（2006）采用经验模型，研究了森林采伐和恢复对 1900—2050 年美国南部地区森林凋落层和土壤碳库动态的影响，他们发现 20 世纪中叶前该地区是明显的碳源，此后变成了碳汇。这个结果同 Delcourt 和 Harris（1980）的分析完全一致。Chen 等（2006b）采用生态系统过程模型模拟了美国南部 13 个州的碳动态，发现 1990 年以来森林生长所产生的碳汇强度比农田开垦所导致的碳源量要高出 80%。

1.2.4　陆地生态系统碳汇的产生和控制机制

促进陆地生态系统碳汇产生的机制有哪些呢？最大的可能性是森林生态系统在经历过去干扰后自身的恢复和生长，在此过程中固定了大量碳。

20 世纪末，在北美、东亚和欧洲等宜林地区都出现了大规模农田弃耕（Houghton et al.，1999）。据估计，1945 年以后美国大陆地区主要因野火控制和农田弃耕而导致的土地利用变化固定了（2±0.2）Gt 碳（Houghton et al.，1999）。在 20 世纪 80 年代，改良的土地管理所固定的碳量达到了美国化石燃烧排放量的 10%～30%。人类活动导致的全球环境变化也可能促进了陆地生态系统碳汇强度。一般认为大气 CO_2 浓度升高本身就可能刺激植物的光合作用（Field，2001），加速植物生长固碳（Cao，Woodward，1998）。大部分 CO_2 施肥实验都发现树木生长受到了促进作用；在 CO_2 倍增的条件下植物生产力平均提高 60%，表现出"CO_2 施肥效应"（Long et al.，2004）。氮是大部分温带森林生态系统的营养限制因子（Schlesinger，1997），施氮效应也可能提高植物生长固碳能力。然而当前很多区域因人类的影响给陆地生态系统提供了大量氮输入，包括氮肥添加或者因化石燃料燃烧产生的氮氧化物的加入。生物圈的有效氮（可被植物利用的氮化合物形式）从工业革命以前的 0.10 Gt/a 增加到了当前的 0.24 Gt/a（Schlesinger，1997）。这种变化很可能对某些生态系统产生了一定危害，但也可能对树木生长产生了氮肥的促进作用（Holland et al.，1997），并且同 CO_2 施肥效应协同起来促进了生态系统固碳效率（Oren et al.，2001）。

气候变化是影响生态系统碳平衡的重要因素，尽管其实际效应具有很大的不确定性。近年来北半球高纬度地区经历了强烈的升温，这种变化可能延长了植被的生长期并提高了生产力（Nemani et al.，2003）。然而，气温升高也可能加速寒带森林和苔原土壤中所存储的大量碳库的分解。综合这两方面的影响，气温的升高可能仅仅提高了高纬度寒冷地区的养分循环速率而并未能显著增加生态系统碳积累（Hobbie，Chapin，1998）。在热带地区，降水量的变化响应可能要强于温带变化，并影响到热带雨林和稀树草原生态系统（Melillo et al.，1993）。但是，在全球变化背景下大部分区域的降水格局变化趋势尚不明确。

1.2.5 陆地生态系统碳循环的研究方法及生态系统模型

陆地生态系统碳循环的研究方法主要有实验观察法和模型模拟法。实验观察法需要选择不同的陆地生态系统的典型的样点或代表点，（通过实验）改变或者不改变环境条件，然后对不同时间碳过程的各个基本量如光合作用、自养呼吸、凋落物量、土壤分解等进行观测与调查，以清单的方法来研究不同类型陆地生态系统不同时期的碳过程。环境控制方法包括采用气候控制室、OTC（Open Top Chamber）、各种加热/遮光/增减降水的实验方法等。除了通过测量生理指标（如光合作用和植被与土壤呼吸率），然后采用碳平衡的间接方法来对碳平衡进行观测外，最近还发展出了直接观察碳水通量的涡度相关法。这种方法是根据垂直风速脉动和被测气体浓度脉动来获得气体通量，即用精密的 CO_2 涡度相关观测仪器来监测不同生态系统、不同时间的 CO_2 通量变化，研究土壤或植被与大气间的 CO_2 交换及其影响因素和机理。然而，实验观察法可以分析认识生态系统碳循环的关键过程及其影响因素，但不能解决碳循环研究的根本问题，即评估区域乃至全球碳储量和碳源汇的时空分布格局。陆地生态系统碳过程不是在某一个点上完成，而是在一定的空间范围内进行，在不同空间位置和空间尺度下影响其过程发生的主导因素和生态学过程机制并不相同，陆地生态系统碳过程在多种限制因素（包括土壤、地形、植被等）、环境变化因子（包括气候、大气成分、土地利用变化等）的控制性呈现出非线性响应，其空间的异质性、内在的复杂性以及控制因子的相互影响和非线性特征，导致样点观测的结果向区域空间上的直接外推存在极大的局限性。不同的生态系统类型各因子间相互影响导致整个系统对全球变化的综合响应非常复杂。由于未来全球变化格局存在很多不确定性，其影响因素、因子组合的千变万化，如对其每一个影响因素进行控制实验观测，这在人力和物力上几乎不可能。

模型模拟法能够在考虑空间异质性的条件下评估区域碳循环格局。生态模型包括三大类：遥感模型法、Inverse 模型法和生理生态模型法。遥感模型即基于遥感手段获得的空间格点光谱信息，结合辅助的地理信息数据，以经验模型对每个格点的生态系统过程（如生产力、叶面积、生物量等）进行模拟估算。遥感模型在反演同辐射过程直接相关的陆面参数（如反照率、叶面积指数、光合作用效率）时具有很高的精度和空间解析度。但是遥感模型必须依赖遥感数据提供基本参数，因此既不能对未来变化做出预测，也无法用于 20世纪 60 年代多光谱遥感技术尚未出现的时期。遥感方法无法进行情景模拟，也就无法将不同因子对生态系统碳过程的影响机制区别开来。Inverse 模型类似于遥感模型，只不过Inverse 模型是基于站点观测的通量数据和区域通量排放数据，并需要采用大气传输模型和气候模型来将站点尺度的观测数据在区域上继续外推插值。Inverse 模型的优点是直接反映陆地碳平衡和碳源汇分布，由于其直接基于观测的通量数据，因此其可靠性能够被很多实验生态学家所接受。然而实际上很多人并不了解 Inverse 模型所依赖的大气传输模型具有的不确定性。Inverse 模型的缺点是依赖于少数涡度相关观测和较粗的大气碳排放数据，不但空间精度低而且无法用于预测未来和历史（无通量观测）时期的碳平衡动态，也不能够对影响区域碳过程的因素进行定量分析。

生理生态模型具有对未来情景的预测能力，并且可以通过情景模拟来分析不同因素对碳平衡的影响效应，从而为陆地生态系统碳循环的管理提供依据。生态模型又分为经验模型和过程模型。经验模型即用统计学方法从观测数据中挖掘控制因子（如地形、土壤、气温、降水、CO_2 浓度、土壤速效氮含量等）同碳循环变量（如生产力、碳储量、净碳通量等）间的关系，并基于观测的空间化了的控制因子数据（地形图、土壤图、气象图等）在区域尺度上进行外推，从而估测碳循环的时空分布格局。但如前所述，各种因子间复杂的非线性作用很难通过实验一一检验，因此难以建立一个完善的经验统计模型。而且陆地生态系统碳循环的动态往往需要很长的时间，几十年的实验观测无法对影响长期碳循环的因素进行精确定量分析。经验模型的预测能力也因此受到了限制。与之对比，过程模型并不局限于模型试验观测数据，而是基于对控制生态系统过程的机制的深入了解所建立起的模型，其加入了对生态系统过程的机理性描述，即所谓的基于过程的生物地球化学/生物圈方法，将植被、枯落物、土壤有机质等通过碳、水、养分流动过程联系起来，将整个系统当成一系列相互联系而非分离的库，通过模拟生态过程间非线性耦合联系预测出生态系统的复杂变化格局。因此，过程模型具有良好的预测能力，可以模拟出现实中尚不存在的情景可能导致的复杂动态。

过程模型又分为解析模型和数值模拟过程模型（简称数值模型）。解析模型，如动物种群动态模型、光合作用的 Farquhar 模型（Farquhar G et al.，1980）等，如同大多数经典物理和化学模型，完全用数学的手段量化生态系统过程的内部机制，具有很高的预测精度与可靠性。但由于生态过程的非线性特征和陆地生态系统的复杂性，对多因子影响下的陆地生态系统碳循环机制几乎是不可能进行解析的，除了一些理想实验或小尺度过程外，解析模型在全球变化和陆地生态系统碳循环研究中应用有限。数值模型不直接解析系统的非线性复杂过程，而是通过数值模拟的方法，采用离散逼近法进行预测。将研究时段离散为匀质步长（time-step），在每个步长内认为系统的关键过程呈现线性特征（即使这些过程在长时期内是非线性的），从而为采用线性外推的方法对系统行为进行预测提供了可能。常用的生态系统数值过程模型包括 BIOME-BGC、CENTURY 和 TEM 等，这些模型仅仅考虑到环境条件，包括温度、降水量、太阳辐射、土壤结构和大气 CO_2 含量等是如何影响碳循环过程，如光合作用、呼吸作用和土壤微生物分解。但它们无法反映出生态系统结构（群落组成、物种演替）对环境变化的响应。近 10 年发展出的植被动态过程模型（DGVM）则同时考虑到地球化学循环过程和生态系统内不同种群乃至个体对光、水、养分资源的竞争过程。过程机理模型（DGVM）一般以其统计模型子模块决定物种的潜在分布范围，基于环境因子对不同生理生态过程的影响来模拟植物的生态功能和竞争力，并以此决定群落结构和生态系统的功能动态（Peng，2000）。该类模型能够直接模拟物种间的竞争共存，可以预测多种环境要素协同作用下生态系统的非线性响应过程，因而成为研究荒漠生态系统对气候变化的复杂响应（Reynolds et al.，2004；Shen et al.，2009）和预测气候变化背景下全球生态系统演化动态的重要工具（Overpeck et al.，1991）。

此类模型又可分为两类：

（1）静态竞争力模型。例如 BIOME 系列（Prentice et al.，1992）等通过比较不同物种在平衡态下的竞争潜力，确定其潜在分布范围和群落结构，进而估测气候变化导致的生态功能变化（Smith，Shugart，1993）。因为静态模型无法反映物种间的资源竞争机制以及群落演替的非线性动态，所以近 10 年来逐渐被动态竞争模型所代替（Davis et al.，1998）。

（2）动态竞争模型直接模拟群落中不同植物对资源的消耗和竞争过程，根据其对群落结构的分辨率又分：基于大叶模型假设的 IBIS（Foley et al.，1996）等，基于个体的 HYBRID 系列等和各种林窗模型（Shugart et al.，1981；Overpeck et al.，1991），以及基于代表性个体（Averaged Individual Plant，AIP）的 LPJ（Sitch et al.，2003）和 HPM-UEM（Zhang et al.，2013）等。

基于大叶模型的 DGVM 将整个种群的地上部分简化为一片树叶，仅考虑其光合功能而忽视种群动态（萌发、生长、死亡）以及植物/群落结构，而且大叶模型所依赖的 100% 冠层覆盖度假设在荒漠区显然不合理。基于个体的模型详细模拟每株植物的形态结构和生活史，能细致反映群落结构和演替机制（如林窗动态）；但是对个体的模拟需消耗大量计算资源，在区域研究中只能靠统计学的方法进行尺度提升（Moorcroft et al.，2001）。作为折中，最近发展出的 AIP DGVM 将每个种群处理成一个代表性的植株进行详细模拟，同时记录其种群动态，既提高了计算效率又能够模拟不同种群间的资源竞争过程。

此类模型已同全球大气环流模式耦合用于全球气候变化研究（Zeng et al.，2008）。此外还有针对荒漠生态群落的 PALS 模型（Kemp et al.，1997），类似于 AIP 模型和大叶模型的混合类型。PALS 虽也将种群简化为大叶，但设定其叶面积指数（LAI）为固定参数，因此不再依赖于 100% 种群覆盖度的假设，然而其对 LAI 恒定的假设也不合理。

在亚洲中部区域尺度上，基于 AIP DGVM 途径的模型兼具高效和精确的特征，而基于等级斑块动态理论进行多尺度耦合的 HPM-UEM 模型更具可靠性（Zhang et al.，2013），其能够反映生态系统从个体到区域景观的复杂性，并在多个尺度上模拟荒漠生态系统对气候胁迫和干扰的特殊适应性机制，从而揭示其对气候变化敏感而复杂的响应特征。

1.3　亚洲中部干旱区陆地生态系统碳循环研究面临的挑战

干旱区生态系统对气候变化和人类活动异常敏感并正经历着巨大的变化（Beaumont，1989），生态过程研究是揭示异常和变化的关键（Ojima et al.1993）；而且在生态水文过程、植物水分关系等研究取得了很大进展（Nicholson，2001；Wylie et al.，2004），并指出生态过程及其响应与适应机制研究是全球变化与干旱区生态学研究的前沿（Sivakumar，2007）。

盐分在内陆干旱区的堆积过程一直是干旱区生态过程研究的重点，也是内陆干旱区与其他干旱区差异最大的物质运移过程，水盐运移过程研究具有 3 个特征：①集中在农田中垂向运移过程研究，从非饱和带的垂向水盐运动（Vereechen，1990），农田土壤中的水盐动态变化特征和运移机制研究（李保国等，2000），绿洲土壤结构、水盐运移和积盐、脱盐过程（赵成义等，2005）到次生土壤盐渍化机制研究；②定量化模型研究，将数值模拟应用于农田水盐模拟（张蔚榛，张瑜芳，1997），建立了适于研究入渗条件下土壤盐分对流运输的传输函数修正模型（杨金忠，叶自桐，1994），到农田盐渍化模型、对流弥散方程模型、溶质迁移函数模型和随机统计模型（徐力刚等，2004）；③近年水盐运移模型研究的趋势是将水盐运移模型与 GIS 的耦合，建立植被、地下水、土壤水耦合关系模型（Yang et al.，2006）。以上研究在干旱区农田盐分运移方面取得了重要进展，但要解决干旱区盐的分布规律必须进一步研究以下科学问题：盐分水平运移过程与垂直运移过程的结合，荒漠区盐分运移规律，荒漠–绿洲之间盐分运移过程及相互作用等。

陆地生态系统的地上生态过程和地下生态过程相互作用，在很大程度上决定了生态系统的功能。生态系统对全球变化的响应依赖于地上和地下过程的紧密联系，而其关联主要是通过根系实现的。它作为提供植物养分和水分的"源"和消耗碳的"汇"，已成为生态系统生态学及全球变化研究中最受关注的热点（Wardle et al.，2002）。干旱区地上部分生态过程研究已经取得了突出的进展，而对于它的地下部分了解甚少（Copley，2000）。

干旱区地下生态过程的研究才刚刚开始，在浅层土壤生物相互作用上发现土壤与植物之间的关系影响植物发育、群落结构和演替（van der Heijden et al.，1998），土壤与生物的相互作用是通过营养元素的周转和调节养分的供应，从而影响植物的生长、资源分配和化学组成（Read et al.，2003）。在生态系统水平上，一些科学家沿降水梯度，从降水量 770 mm 的森林，520～290 mm 的灌丛，160 mm 的针茅草地，一直到 125 mm 的荒漠，研究了植物的根深是否和降水量呈负相关，即根深是否会补偿降雨量的不足。沿着这一降水梯度，虽然群落平均地上和地下生物量以及叶面积指数均降低，但是水分利用效率没有明显的差异（Schulze et al.，1996）。在荒漠植物水分利用方面，荒漠灌木通过对降水的再分配影响水文循环过程，树干茎流在植物根区往往形成"湿岛"、"肥岛"（Walter et al.，1997）。树干茎流通过荒漠灌木根系作用使少量的降水渗透到深层土壤（David，2000），荒漠灌丛树干茎流的富集比（funneling ratios）可达 20 以上（Carlyle-Moses，2004），为有效地储存水分抵御干旱创造了条件。研究发现了荒漠植物的根系功能型决定了它的用水策略，并在很大程度上决定了其对某类环境因子是否有显著响应（Xu，Li，2006）。该研究组还发现，荒漠植物主要以根系形态可塑性改变（地下），而不是叶片生理活性的改变（地上）来应对环境变化（Xu et al, 2007）。植被净初级生产力（NPP）可能是土壤生物及地下过程最重要的控制因子（Wardle et al., 2002）。地下净初级生产力（BNPP）在整个生态系统生产力中占 20%~80%，但存在很大的不确定性（Lauenroth, 2000）。BNPP 的测定比地上部分净初级生产力（ANPP）的测定要困难得多，通常用生物量法、稳定同位素法、碳平衡法、氮平衡法及微根区管（Minirhizotron）法等（Sala et al., 2000）。由此可见，干旱区地下生态过程的研究非常薄弱，急需开展根系分布规律与地下生态过程的关系、地上与地下生态过程的相互作用、地下生态过程对气候变化和人类活动的响应与适应的研究。

荒漠植物是在极端干旱、贫瘠等条件下生长发育的一些植物种类，在长期的环境适应过程中形成特殊生理构造和代谢过程。荒漠植物水分生理方面，具有较高的束缚水含量，很强的保水力、极低的水势、大的水分亏缺和低的蒸腾速率等（刘家琼，1987；周海燕，2001）荒漠植物具有高束缚水含量和束缚水/自由水比值，束缚水与自由水比值是反映荒漠植物抗旱性的重要生理指标。Richard 利用 PV 技术证明：束缚水含量越高，束缚水与自由水比值越大，植物抗旱性越强。束缚水反映植物抗旱性并随着干旱程度的增加而增加，而自由水则是植物正常生理活动的重要因素，随着干旱程度增加而减少。荒漠植物保水力非常强（多浆类）。在干旱条件下荒漠植物要比中生植物保持更多的水用来延缓细胞脱水维持生命活动。如荒漠植物珍珠的肉质叶离体 7 天仍能保持近 50%含水量，荒漠植物还具有低蒸腾作用，当受到严重水分胁迫时，气孔关闭，以减少蒸腾。

荒漠植物光合生理方面，荒漠植物依其光合碳同化途径不同，表现出明显的光合特征及地理分异：CAM 植物可以在极为干旱的条件下生存，但其分布受到一定低温的限制，因此在世界极干旱且高温地区，往往被 CAM 植物所占据（Voznesenskaya, 2001）；C4 植物较 C3 植物具有较高的光合效率，往往占据那些光、温资源丰富但水分条件差，以致 C3 植物不宜生长的生境，从而使光热资源得到充分利用（苏培玺，2003）。荒漠植物适应环境是沿着有利于光合作用的方向发展的。水在光合作用过程中起着非常重要的作用，是光合作用的原料，直接影响光合作用。水分是干旱区生态的主导因子，不同水分状况对植物的生理功能和生长发育的影响不同（Lal, 1996；苏培玺等，2003）。光抑制是光合吸收的光能过剩使光合功能减弱的现象（Valladares, 1997），光抑制是植物适应荒漠干旱环境的一种保护机制，强光是引起光抑制的主导因子，但温度、水分过高或过低，营养缺乏、盐分胁迫等都会加剧光抑制（Long et al., 1994；Flexas, 1999），有研究表明在荒漠区，强光并不是引起光抑制的主导因子，有可能是水分胁迫（苏培玺等，2006）。关于荒漠植物对逆境胁迫的水分和光合生理的研究已经较为深入，但有关荒漠植物对旱、高温、盐等多重环境胁迫的综合生理生态过程研究尚十分缺乏。

全球碳循环的研究因全球气候变暖而备受关注。目前主流的观点是：西方工业革命以来，全球化石燃料的燃烧导致的大气 CO_2 浓度的增加是全球变暖的主要原因。然而，全球碳循环的研究结果却显示，化石燃料燃烧释放的 CO_2，有相当一部分（约 20%）去向不明：即观测到的大气 CO_2 浓度的增加与海洋和陆地生态系统的 CO_2 吸收总合小于总的 CO_2 释放量，出现了困扰人们多年的"碳失汇"或"碳黑洞"现象。近 20 多年来，相关科学家详细研究了全球海洋、森林、草地与农田生态系统等的"碳汇"功能，"碳失汇"或"碳黑洞"现象依然未被破解。土壤碳库、碳通量与动态的研究成为当前认识人类活动对自然界碳循环影响的一个重要方面，是寻找"迷失的碳汇"一个重要方向，科学家针对此问题开始对海洋和陆地生态系统碳循环开展研究工作，生态学家通过研究认识到陆地和海洋生物圈是一个巨大的 C 库，它们在缓冲大气 CO_2 浓度升高过程中起着非常关键的作用（Fang et al.，2001；Schimel et al.，2001）。

在全球碳循环研究中，干旱区碳循环与无机碳循环过程（地球化学过程）长期被忽略。人们普遍认为，干旱区总碳库与其"源"、"汇"功能对全球碳循环贡献很小：干旱区有机碳库小，源汇功能弱；无机碳库大，但无机动态过程微弱，对现代碳循环影响不大。因此，干旱区碳循环研究一直处于双重薄弱地位——地域的和过程的。然而，最新研究发现，这种认识很可能是片面的。

亚洲中部受青藏高原隆升、西风环流作用和高大山盆相间地貌格局的影响，存在着有别于其他干旱区的特殊陆地生态过程。亚洲中部干旱区分布着世界最大和最多的内陆流域，其典型特点是河流无法进入海洋，河水携带大量盐分不断堆积在荒漠-绿洲复合体中，水盐运移决定着干旱区生态系统的演化过程和分布格局。

在亚洲中部干旱区，某些强烈的现代过程很可能与碳循环密切相关；初步测得碳的无机过程的强度与有机过程在同一量级。因此，对亚洲中部碳循环特殊过程的研究有望取得重大突破。这种突破有可能破解困扰大家多年的全球"碳失汇"或"碳黑洞"问题。在全球碳平衡的估算中，亚洲中部干旱区是全球最不确定的地区之一。亚洲中部干旱区已成为研究全球碳平衡和发展干旱区完整碳循环理论的热点地区，这一发现受到欧美等国科学家的高度关注。在亚洲中部干旱区荒漠化-绿洲化过程主宰着干旱区生态系统的动态演化，最主要标志是植被变化，最主要驱动力是水和伴随水分运动的盐分运移。人类活动和气候变化剧烈改变着复合体土壤的水盐运移过程，植被各组分必然产生相应的响应与适应。

干旱区土壤无机碳作为碳酸盐的重要组成部分，可能对寻找全球"碳失汇"意义重大（王效科等，2002；杨黎芳等，2006；Philippe et al.，2007）。中国干旱区土壤无机碳库是有机碳库的 2~5 倍，占全国土壤无机碳库的 60%以上，每年我国干旱性土壤中碳酸盐截储大气碳的规模在 1.5 Tg C，这对全球碳固定及大气 CO_2 的调节意义重大（Li et al.，2007）。

总体来看，干旱区地下生态过程及其与地上生态过程关系、区域尺度无机碳循环等方面研究薄弱，水盐运移和碳循环之间的关系、区域地下生态过程与碳循环关系等方面的研究刚刚起步，存在一些尚待深入研究的科学问题。

围绕"干旱区区域尺度碳循环过程及其驱动机制"这一关键科学问题，开展干旱区盐碱土碳循环过程研究，分析区域尺度有机与无机碳的相互作用及机理，构建适合于干旱区的碳循环模型。利用干旱区生态系统循环过程模型，分析亚洲中部干旱区生态系统和碳循环过程及其对气候变化和人类活动的响应，评价碳的源汇效应；结合未来气候变化情景，模拟和评估亚洲中部干旱区有机无机碳变化的趋势；阐明亚洲中部干旱区碳循环在全球碳循环中的作用。

参考文献

[1] 李保国，龚元石，左强. 农田土壤水的动态模拟及应用. 北京：科学出版社，2000.

[2] 刘家琼. 我国沙漠中部地区主要不同生态类型植物的水分关系和旱生结构比较研究. 植物学报，1987，29：662-673.

[3] 苏培垒，严巧娣. C4荒漠植物梭梭和沙拐枣在不同水分条件下的光合作用特征. 生态学报，2006，26：75-82.

[4] 苏培玺，赵爱芬.荒漠植物梭梭和沙拐枣光合作用、蒸腾作用及水分利用效率特征. 西北植物学报，2003，23：11-17.

[5] 王效科，白艳莹，欧阳志云，等. 全球碳循环中的失汇及其形成原因. 生态学报，2002，22（1）：94-103.

[6] 徐力刚，杨劲松，徐南军，等. 农田土壤中水盐运移理论与模型的研究进展. 干旱区研究，2004，21（3）：254-258.

[7] 杨金忠，叶自桐.野外非饱和土壤水流运动速度的空间变异性及其对溶质运移的影响. 水科学进展，1994，5（1）：9-17.

[8] 杨黎芳，李贵桐，李保国.土壤发生性碳酸盐碳稳定同位素模型及其应用. 地球科学进展，2006，21（9）：973-981.

[9] 张蔚榛，张瑜芳，沈荣开. 排水条件下化肥流失的研究——现状与展望. 水科学进展，1997，8（2）：197-204.

[10] 赵成义，王玉朝. 荒漠-绿洲边缘区土壤水分时空动态研究. 水土保持学报，2005，19（1）：124-127.

[11] 周海燕. 荒漠沙地植物生理生态学研究与展望. 植物学通报，2001，8：643-648.

[12] 胡振华.中亚五国志. 北京：中央民族大学出版社，2006.

[13] 陈曦.中国干旱区自然地理. 北京：科学出版社，2010.

[14] Birdsey，R A，Heath，L.S. in Productivity of America's Forests and Climatic Change，General Technical Report RM-GTR-271，L. A. Joyce，Ed.（U.S. Department of Agriculture（USDA），Forest Service，Rocky Mountain Forest and Range Experiment Station，Fort Collins，CO），1995，56-70.

[15] Birdsey，R A，Lewis，B.M. Carbon in U.S. Forests and Wood Products，1987-1997：State-by-state Estimates. Gen. Tech. Rep. NE-310，Washington（DC）：U.S. Department of Agriculture，Forest Service，2003，47.

[16] Canadell J C，Kirschbaum M，Kurz W，et al. Factoring out natural and indirect human effects on terrestrial carbon sources and sinks. Environment and Science Policy，2007，370-384.

[17] Canadell J G，Mooney H A，Baldocchi D D，et al. Carbon Metabolism of the Terrestrial biosphere：A multitechnique approach for improved understanding[J]. Ecosystems，2000，3：115-130.

[18] Cao，M，Woodward，F I. Dynamic responses of terrestrial ecosystem carbon cycling to global climate change. Nature，1998，393：249-252.

[19] Caspersen，J P，Pacala，S.W，Jenkins，J.C，et al. Contributions of Land-Use History to Carbon Accumulation in U.S. Forests. Science，2000，290：1148-1151.

[20]　Chapin F S，Ruess R W. The roots of the matter. Nature，2001，411：749-752.

[21]　Chen，H，Tian，H，Liu，M，et al. Effect of land-cover change on terrestrial carbon dynamics in the southern USA，Journal of Environmental Quality，2006b，35：1533-1547.

[22]　Ciais，P，Tans，P P，Trolier，M，et al. A large northern hemisphere　terrestrial CO2 sink indicated by the $^{13}C/^{12}C$ ratio of atmospheric CO_2. Science，1995，269：1098-1102.

[23]　Cihlar J. Quantification of the regional carbon cycle of the biosphere：Policy，science and land-use decisions. Journal of Environmental Management，2007，85（3）：785-790.

[24]　Davis，A J，Jenkinson，L S，Lawton，J H，et al. Making mistakes when predicting shifts in species range in response to global warming. Nature，1998，391：783-786.

[25]　Delcourt，H R，Harris，W F. Carbon budget of the southeastern United States：analysis of historic change in trend from source to sink. Science，1980，210：321-323.

[26]　Falkowski P，Scholes R J，Boyle E，et al. The Global Carbon Cycle：A test of Our Knowledge of Earth as a System. Science，2000，290：291-296.

[27]　Fan，S，Gloor，M，Mahlman，J，et al. A Large Terrestrial Carbon Sink in North America Implied by Atmospheric and Oceanic Carbon Dioxide Data and Models. Science，1998，282：442-446.

[28]　Farquhar G，von Caemmerer Sv，Berry J. A biochemical model of photosynthetic CO_2 assimilation in leaves of C3 species. Planta，1980，149（1）：78-90.

[29]　Field，C B. Plant Physiology of the "Missing" Carbon Sink. Plant Physiology，2001，125：25-28.

[30]　Foley，J A，Prentice I C，Ramankutty N，et al. An integrated biosphere model of land surface processes，terrestrial carbon balance，and vegetation dynamics. Global Biogeochemical Cycles，1996，10（4）：603-628.

[31]　Han，F X，Plodinec，M J，Su，Y，et al. Terrestrial carbon pools in southeast and south-central United States. Climatic Change DOI 10.1007/s10584-007-9244-5，2007.

[32]　Hobbie，S E. Chapin，F S. The response of tundra plant biomass，aboveground production，nitrogen，and CO_2 flux to experimental warming. Ecology，1998，79：1526-1544.

[33]　Holland，E A，Braswell，B H，Lamarque，J F，et al. Variations in the predicted spatial distribution of atmospheric nitrogen deposition and their impact on carbon uptake by terrestrial ecosystems，J. Geophys.Res，1997，102：15849-15866.

[34]　Holland，E A，Brown，S，Potter，C S，et al. North American Carbon Sink. Science，1999，283：1815-1815.

[35]　Houghton R A. The annual net flux of carbon to the atmosphere from changes in land use，1999，1850-1990 . Tellus，51B：298-313.

[36]　Ingram J，Freckman D W. Soil biota and global change. Glob Change Biol，1998，4：699-701.

[37]　Jackson R B，Schenk H J，Jobbágy E G，et al. Belowground con-sequences of vegetation change and their treatment in models. Ecol Appl，2000，10：470-483.

[38]　Keeling Charles D. Climate change and carbon dioxide：An introduction National Academy of Science，1997，94：8273-8274.

[39]　Keeling，C D，Chin J F S，Whorf T P. Increased activity of northern vegetation in inferred from atmospheric CO_2 measurements. Nature，1996，382：146-149.

[40] Kemp，P R，J F. Reynolds，et al. A comparative modeling study of soil water dynamics in a desert ecosystem. Water Resour. Res，1997，33（1）：73-90.

[41] Kleypas J A，Buddemeier R W，Archer D，et al. Geochemical Consequences of Increased Atmospheric Carbon Dioxide on Coral Reefs. Science，1999，284：118-120.

[42] Long，S P，Ainsworth，E A，Rogers，A，et al. Rising atmospheric carbon dioxide：Plants FACE the future. Annual Review of Plant Biology，2004，55：591-628.

[43] Luo Y，Wan S，Hui D，et al. Acclimatization of soil respiration to warming in a tall grass prairie. Nature，2001，413：622-625.

[44] Malhi，Y. Carbon in the atmosphere and terrestrial biosphere in the 21st century. Phil. Trans. R. Soc. LondA，2002，360：2925-2945.

[45] Melillo，J M，McGuire，A D，Kicklighter，et al. Global climate change and terrestrial net primary production. Nature，1993，363：234-240.

[46] Moorcroft P R，Hurtt G C，Pacala S W. A Method For Scaling Vegetation Dynamics：The Ecosystem Demography Model（ED）. Ecological Monographs，71：4，557-586.

[47] Nemani，R R，Keeling，C D，Hashimoto，H，et al. Climate-Driven Increases in Global Terrestrial Net Primary Production from 1982 to 1999. Science，2003，300：1560-1563.

[48] Oren，R，Ellsworth，D E，Johnsen，K H，et al. Soil fertility limits carbon sequestration by forest ecosystems in a CO_2-enriched atmosphere. Nature，2001，411：469-472.

[49] Overpeck，J T，Bartlein，P J，Webb III，T. Potential magnitude of future vegetation change in eastern North America：comparisons with the past. Science，1991，254：692-695.

[50] Pacala，S，Birdsey，R，Bridgham，S，et al. The North American Carbon Budget Past and Present. p 3-1-3-21. In W.J. Brennan et al.（ed.）The First State of the Carbon Cycle Report（SOCCR）North American Carbon Budget and Implications for the Global Carbon Cycle. U.S. Climate Change Science Program. Synthesis and Assessment Product 2.2. 2007. Available online：http：//www.climatescience.gov/Library/ sap/sap2-2/final-report/default.htm.

[51] Pacala，S W，Hurtt，G C，Baker，D，et al. Consistent land-and atmosphere-based U.S. carbon sink estimates. Science，2001，292，2316-2320.

[52] Peng，C. From static biogeographical model to dynamic global vegetation model：a global perspective on modelling vegetation dynamics. Ecological Modelling，2000，135（1）：33-54.

[53] Petit，J R，Jouzel，J，Raynaud，D，et al. Climate and atmospheric history of the past 420，000 years from the Vostok ice core，Antarctica. Nature，1999，399：429-436.

[54] Prentice，I C，Cramer，W，Harrison，S P，et al. A global biome model based on plant physiology and dominance，soil properties and climate. Biogeogr，1992，19：117-134.

[55] Raich，J W，Tufekcioglu A. Vegetation and soil respiration：correlations and controls. Biogeo chemistry，2000，48：71-90.

[56] Rayner，P J，Enting，I G，Francey，R J，et al. Reconstructing the recent carbon cycle from atmospheric CO_2，$\delta^{13}C$ and O_2/N_2 observations. Tellus，1999，51B：213-232.

[57] Reynolds，J F，P R. Kemp，et al. Modifying the 'pulse–reserve' paradigm for deserts of North America：

precipitation pulses，soil water，and plant responses. Oecologia，2004，141（2）：194-210.

[58] Rustad L E，Campbell J L，Marion G M，et al. A meta-analysis of the response of soil respiration，net nitrogen mineralization，and aboveground plant growth to experimental ecosystem warming. Oecologia，2001，126：543-562.

[59] Schimel D S，House J I，Hibbard K A，et al. Recent patterns and mechanisms of carbon exchange by terrestrial ecosystems. Nature，2001，414：169-172.

[60] Schlesinger W H. Biogeochemistry：an Analysis of Global Change. San Diego，California，USA：Academic Press，1997.

[61] Schlesinger W H. Carbon sequestration in soils. Science，1999，284：2095-2107.

[62] Shen，W，Reynolds J F，et al. Responses of dryland soil respiration and soil carbon pool size to abrupt vs. gradual and individual vs. combined changes in soil temperature，precipitation，and atmospheric $[CO_2]$：a simulation analysis. Global Change Biology，2009，15（9）：2274-2294.

[63] Shugart，H H，Hopkins，M S，Burgess，P，et al. The development of a succession model for subtropical rain forest and its application to assess the effects of timber harvest at Wiangaree State Forest，New South Wales. Environ. Manage，1981，11，243-265.

[64] Sitch，S，Smith B，et al. Evaluation of ecosystem dynamics，plant geography and terrestrial carbon cycling in the LPJ dynamic global vegetation model. Global Change Biology，2003，9（2）：161-185.

[65] Smith T M，Shugart，H H. The potential response of global terrestrial carbon storage to a climate change. Water，Air and Soil Pollution，1993，70：629-642.

[66] Smith，T M，Shugart，H H. The transient response of terrestrial carbon storage to a perturbed climate. Nature，1993，361：523-526.

[67] Tans P P，Fung I Y，Takahashi T. Observational on the global atmospheric CO_2 budget. Nature，1990，247：1431-1438.

[68] Vitousek P M，Ehrlich P，Ehrlich A，et al. Human appropriation of the products of photosynthesis. BioScience，1986，36：368.

[69] Watson R T，Verardo D J. Land -use change and forestry . Cambridge University Press，2000.

[70] Wear，D N. Land use，2002，153-174. In D.N. Wear，and J.G. Greis（ed.）Southern forest resource assessment. Tech. Rep. GTR SRS-53. USDA，For. Serv，Washington，DC.：[Online] URL： http：//www.srs.fs.usda.gov/sustain/report/.

[71] Wofsy，S C，Harris，R C. The North American Carbon Program（NACP）. Report of the NACP Committee of the U.S. Interagency Carbon Cycle Science Program. Washington（DC）：US Global Change Research Program，2002.

[72] Woodbury，P B，Heath，L S，Smith，J E. Land use change effects on forest carbon cycling throughout the Southern United States. J. Environ. Qual，2006，35：1348-1363.

[73] Zeng，X，et al. Growing temperate shrubs over arid and semiarid regions in the Community Land Model–Dynamic Global Vegetation Model. Global Biogeochemical Cycles，2008，22（3）：n/a-n/a.

[74] Zhang，C，Wu，J，Grimm，B N，et al. A hierarchical patch mosaic ecosystem model for urban landscapes：Model development and evaluation. Ecological Modelling，2013，250：81-100.

[75] Beaumont P. Drylands environmental management and development，London，1989，536.

[76] Carlyle-Moses，D E. Throughfall，stemflow and canopy interception loss fluxes in a semi-arid Sierra Madre Oriental matorral community. Journal of Arid Environments，2004，58：181-202.

[77] Copley J. Ecology goes underground. Nature，2000，406：452-454.

[78] David D. Hydrologic effects of dryland shrubs：defining the apatial extent of modified soil water uptake rates at an Australian desert site. Journal of Arid Environments，2000，45：159-172.

[79] Fang J，Chen A，Peng C，et al. Changes in forest biomass carbon storage in China between 1949 and 1998. Science，2001，292：2320-2322.

[80] Lal A，M S B Ku，G E Edwards. Analysis of inhibition of photosynthesis due to water stress in the C3 species Hordeum vulgare and Vicia faba：Electron transport，CO_2 fixation and carboxylation capacity. Photosynthesis Research，1996，49：57-69.

[81] Lal R. Farming carbon，Soil and Tillage Research，2007，96（2）：1-5.

[82] Lauenroth W K. Methods of estimating belowground net primary production. In：Sala O E，Jackson R B，Mooney H A，et al. eds. Methods in Ecosystem Science. New York：Springer-Verlag，2000，58-71.

[83] Li Z P，Han F X，Su Y，et al. Assessment of soil organic and carbonate carbon storage in China. Geoderma，2007，138：119-126.

[84] Long S P，Humphries S，Falkowski P G. Photoinhibition of Photosynthesis in Nature. Annual Review of Plant Physiology and Plant Molecular Biology，1994，45：633-661.

[85] Nicholson，S E. Application of remote sensing to climatic and environmental studies in arid and semi-arid lands. Geoscience and Remote Sensing Symposium. IGARSS '01. IEEE 2001 International，2001，3：985-987.

[86] Ojima D S，Valentine D W，Mosier A R，et al. Effect of land use change on methane oxidation in temperate forest and grassland soils. Chemosphere，1993，26（1-4）：675-685.

[87] Philippe L，Frédéric B，Jean-Baptiste F，et al. Estimation of soil clay and calcium carbonate using laboratory，field and airborne hyperspectral measurements. Remote Sensing of Environment，2007.

[88] Read D J，Perez-Moreno J. Mycorrhizas and nutrient cycling in ecosystems-a journey towards relevance？New Phytol，2003，157：475-492.

[89] Sala O E，Austin A T. Methods of estimating aboveground net primary productivity. In：Sala O E，Jackson R B，Mooney H A，et al. eds. Methods in Ecosystem Science. New York：Springer-Ver-lag，2000，31-43.

[90] Schimel D S，House J I，Hibbard K A，et al. Recent patterns and mechanisms of carbon exchange by terrestrial ecosystems. Nature，2001，414：169-172.

[91] Schulze E D，Mooney H A，Sala O E，et al. Rooting depth，water availability，and vegetation cover along an aridity gradient in Patagonia. Oecologia，1996，108：503-511.

[92] Sivakumar M V K. Interactions between climate and desertification. Agricultural and Forest Meteorology，2007，42（2-4）：143-155.

[93] Valladares F，Pearcy R W. Interactions between water stress，sun-shade acclimation，heat tolerance and photoinhibition in the sclerophyll Heteromeles arbutifolia. Plant，Cell & Environment，1997，20：25-36.

[94]　van der Heijden M G A，Klironomos J N，Ursic M，et al. My-corrhizal fungal diversity determines plant biodiversity，ecosystem variability and productivity. Nature，1998，396：69-72.

[95]　Vereechen M. Estimating unsaturated hydraulic conductivity from easily measured soil properties Soils. Sciences，1990，149（1）：1-12.

[96]　Voznesenskaya E V，Franceschi V R，Kiirats O，et al. Kranz anatomy is not essential for terrestrial C4 plant photosynthesis. Nature，2001，414：543-546.

[97]　Walter G. Whitford，John Anderson，Patricia M Rice. Stemflow contribution to the 'fertile island' effect in creosotebush，Larrea Tridentata. Journal of Arid Environment，1997，35：451-457.

[98]　Wardle D A. Communities and Ecosystems，Linking the Above-ground and Belowground Components. Princeton：Princeton Uni-versity Press，2002，392.

[99]　Wylie B K，Gilmanov T G，Johnson D，et al. Intra-Seasonal Mapping of CO_2 Flux in Rangelands of Northern Kazakhstan at One-Kilometer Resolution. Environmental Management，2004，33：482-491.

[100]　Xu H ，Li Y. Water-use strategy of three central Asian desert shrubs and their responses to rain pulse events. Plant and Soil，2006，285：5-17.

[101]　Xu H，Li Y，Xu G Q，et al. Eco-physiological response and morphological adjustment of two Central Asian desert shrubs towards variation in summer precipitation. Plant，Cell and Environment，2007，30：399-409.

[102]　Yang，S M，Li F M，Suo D R. Effect of Long-Term Fertilization on Soil Productivity and Nitrate Accumulation in Gansu Oasis. Agricultural Sciences in China，2006，5（1）：57-67.

第2章 亚洲中部干旱区地理环境

2.1 地质构造与地貌轮廓

2.1.1 地质构造概述

亚洲中部地质演化历史漫长而复杂，其独特的地壳生长过程具有区别于世界其他地区的特殊性。中亚造山带是全球显生宙陆壳增生与改造最显著的地区，在 10 亿年来的陆壳演化过程中，经历了陆缘增生、后碰撞和陆内造山作用 3 个阶段。在陆缘增生造山和后碰撞地壳垂向增生过程中，发生了强烈的壳幔相互作用，系统保存了亚欧大陆形成和演化的完整信息。该区域中新生代处于亚欧大陆的核心地带，在印度板块与亚欧大陆碰撞远程效应和深部壳幔作用的共同控制下，造就了中亚成矿域复杂多样的地质构造格局（图 2-1），因此该地区成为目前大陆动力学研究的热点区域。中亚构造区域包括哈萨克斯坦、吉尔吉

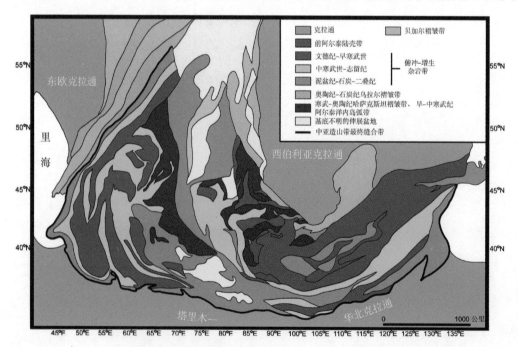

图 2-1 亚洲中部地质构造图（据肖文交等，2013）

斯斯坦、塔吉克斯坦、乌兹别克斯坦、土库曼斯坦以及蒙古、中国的部分地区，它的构造活动阶段始于元古代晚期，不同的部位分别结束于萨拉伊尔、加里东、海西和晚石炭纪时期。现今，它全部属于陆内造山带；空间格局上表现为向南突出的弧形。按其南西缘计算，长度达到 10 000 多 km。相对窄的乌拉尔段为南北走向；相对宽广的哈萨克斯坦—天山段，走向从南北变为东西。

在构造位置上，主要由东欧、西伯利亚、塔里木—华北 3 个老陆块决定，在有些地段，它与微陆块相连接，向东与中国境内的天山相接。主要分以下几个构造单元。

2.1.1.1 乌拉尔海构造带

以乌拉尔断裂带为界，自西向东分成：

（1）前乌拉尔边缘凹陷，石炭纪末—二叠纪初，上叠在东欧陆块的东缘，由自东向西的生长褶皱构造引起；开始是非补偿凹陷，到二叠纪末，局部到三叠纪早期填满；形成厚达几千米的磨拉石沉积。

（2）西部褶皱带，包括巴什基尔复背斜、泽拉伊尔复向斜、乌拉尔套复背斜。

（3）东部褶皱带，包括马哥尼达果尔斯复向斜、乌拉尔—托勃利复背斜、伊尔及斯—阿亚特斯基复向斜。

2.1.1.2 哈萨克斯坦毽地的加懊东—海构造带

由两个相互有关联的、向北西突出的弧形构造——加里东和海西构造带组成。向南东方向，这两个套在一起的弧形构造带延伸至中国境内。地貌上，本区大部分是 400～800 m 高的丘陵和剥蚀高地。马蹄形的哈萨克斯坦加里东褶皱带与北天山一起，构成广大的哈萨克斯坦—北天山早期固结的中间地块。位于马蹄形内部的是海西褶皱带，两者之间是泥盆纪陆缘火山岩带。本区西部与乌拉尔的海西带相连，交接地带被中新生代地层所覆盖；东部与额尔齐斯—斋桑海西带相连。

（1）哈萨克斯坦加里东褶皱带。由几个期次的构造带组成；按建造性质、变质程度和构造样式分成：早元古代—早中里菲构造带，属前加里东的微陆块；晚里菲—早古生代构造带；加里东早泥盆世造山构造带；晚泥盆世—二叠纪构造带。

（2）准噶尔—巴尔喀什褶皱带。位于哈萨克斯坦高地褶皱带的内部。它的西和南西部是半掩盖在古生代时期被强烈改造的前晚里菲变质基底，称巴尔喀什地块。准噶尔—巴尔喀什褶皱带经历的是一个统一的活动带发展过程，结束于海西变形作用。早古生代时，发育与哈萨克斯坦加里东东褶皱带一样的环境，至少部分有洋壳基底，其残余物是捷克图尔马斯和北滨巴尔喀什蛇绿岩带。

准噶尔—巴尔喀什褶皱带北西缘，经历了长期、复杂而又强烈的构造变动。东段被中哈萨克斯坦断裂所截；西段被泥盆纪陆缘火山岩带所截或急转弯成北西—南东方向。由北向南，强烈挤压的斯巴斯克复背斜带，沿缓倾的断裂逆推于卡拉干达复向斜之上，同时有左行走滑运动；努林复向斜，巨厚的志留—泥盆系，向东延到卡拉索尔复向斜带；窄的捷克图尔玛斯复背斜带，褶皱—逆冲构造发育，其中有早古生代的蛇绿岩片，向西与阿塔斯呈斜列式；乌斯品复向斜带，其南缘为同名的挤压带，泥盆纪和早石炭世岩系强片理化；膝状弯曲的阿克套-穆云复背斜具有前晚里菲的基底，属于巴尔喀什中间地块，其上不整合覆盖文德-早古生代的盖层和呈分散状态的泥盆纪上叠盆地。

准噶尔—巴尔喀什褶皱带内部是巴尔喀什—伊犁火山岩带，呈马蹄形，由晚古生代的陆相、以酸性火山岩为主的火山岩系构成，伴有花岗岩类岩体。火山岩层缓倾，由几个短轴的巨大盆地构成，盆地又被各种火山机构以及各个方向的正、逆和走滑断裂复杂化，整体上表现为断块构造。几条晚海西的右行走滑断裂切过加里东构造带，如成吉思、扎拉伊尔—纳曼；或切过加里东—海西构造带，如中国—哈萨克斯坦断裂等。

2.1.1.3 天山加里东—海西构造带

与哈萨克斯坦类似，主要由加里东和海西期褶皱带构成。区别在于这里的加里东和海西期褶皱带之间有一个过渡构造系。此外，天山在晚新生代发育了强烈的再生构造活化作用，形成 4 000～7 000 m 的高山，伴着山前和山间盆地。

天山全长大于 2 500 km，东半段位于中国境内；分出两个纬向的褶皱带，即北和南天山褶皱带；两者向东几乎合并；向西呈扇形散开，然后逐渐消失。

北天山加里东褶皱带向北西，与哈萨克斯坦高地的加里东区相接；共同构成了哈萨克斯坦—北天山后加里东中间地块。南天山山系与同名的海西期褶皱带相当；向北西延伸到克孜尔沙漠和咸海南部，与乌拉尔海西褶皱带的南端相接。北天山的南部，加上山间盆地，是南北天山之间的加里东—海西过渡带，称为中天山。南天山以南是南图兰台地、塔吉克盆地、帕米尔—阿莱带和塔里木盆地。

亚洲区域构造研究有两个显著的特色：①大区域多学科综合研究的深入和细化，如亚欧大地构造图及亚欧大陆形成演化研究，清晰地展示了亚欧大陆三大构造域的构造格局。北部构造域围绕西伯利亚、东欧、中朝、扬子等地台发育了若干古生代构造带及展布其间的蛇绿岩带，它们清晰地揭示了这些构造带向古老地台增生的历史；北部构造域固结成陆之后受太平洋板块的影响，其上叠加了若干中新生代构造岩浆带、内陆盆地带和现代活动构造带。南部构造域由古老的印度地台、阿拉伯地台和发育其上的中新生代沉积组成；展示了中部构造域—特提斯构造域的时空演化及南北构造域拼贴、焊接的历史；揭示了特提斯构造域自东向西逐渐张开、自西向东逐渐闭合的构造迁移形式和演化历史；面向全球，对包括亚洲大陆在内的认识逐渐深入。早在 20 世纪 70 年代就编制了《1∶500 万亚洲地质图》，划分了亚洲地质构造发展的主要阶段（王鸿祯，1979）。80—90 年代的成果最为丰富，主要成果包括：《1∶300 万亚洲地质图》（黄汲清，1981）和《1∶800 万亚洲大地构造图》（李春昱，1982），首次用板块构造观点对亚洲大陆显生宙以来的岩石圈板块进行了划分，对其大地构造演化特点和过程作了表述。李廷栋等（1993，1998）出版了《亚洲地质》和《1∶500 万地质图》，首次将亚欧两大陆联合在一起，在内容上全面反映了亚欧各国、各地区的最新区域性地质图成果，建立了亚欧大陆统一的前寒武系地层对比表和亚欧大陆地质历史发展演化的分期，表示出了亚欧大陆火成岩的系统分类和构造—岩浆的详细分期，既展现了亚欧大陆区域地质和区域构造的特征，也清楚地显示了区域断裂系统的特征。②在中国地质调查局等部门大力支持下，开展国际合作，进行多国编图，并取得重要成果。

2.1.2 地貌基本轮廓

亚洲中部地区的地貌具有典型的山盆特征，在中国境内从南向北依次为塔里木盆地、天山山脉、北山、准噶尔盆地和阿尔泰山脉，西部邻区主要有克孜勒库姆沙漠、莫因库姆沙漠、巴尔喀什湖、哈萨克斯坦丘陵、塔尔巴哈台山和西西伯利亚平原，北部邻区主要有蒙古湖区、杭爱山脉、萨彦岭和中西伯利亚高原（图 2-2）。

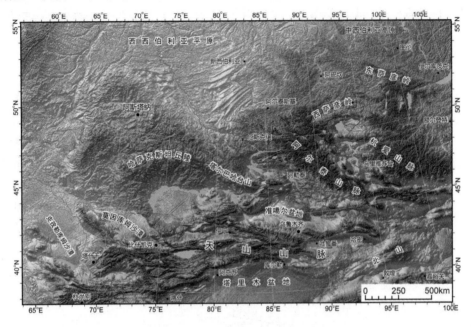

图 2-2　亚洲中部地势图（原始数据来自 SRTM GTOPO u30 数据。）

亚洲大陆是印度和阿拉伯板块与欧亚板块碰撞而最终形成的，因而是地球上最后固结的大陆。按照现今的地理位置和显生宙以来的地质构造演化特征，亚洲大陆可以划分为南部的印度板块，中部的扬子、塔里木和中朝古陆，北部的西伯利亚古陆，以及位于它们之间的显生宙造山区（带）。

亚洲中部干旱区位于亚洲大陆的中心，是哈萨克斯坦、塔里木、西伯利亚和中朝等多个古板块的结合部位。该区是显生宙以来全球地壳增生与改造最显著的地区，也是全球矿产资源最丰富的地区之一。

亚洲中部干旱区地壳显生宙的构造演化，主要包括古生代期间古板块的增生和碰撞，以及中、新生代以来陆内演化的叠加改造。按照不同的学术观点，该区是中亚造山带（Jahn B M et al.，2000；Windley B F et al.，2007；肖文交等，2008），或 Altaids（Şengör A C et al.，1993，1996；Xiao W J et al.，2010），或北亚造山区（李锦轶等，2006a，2009a）的重要组成部分。

2.1.2.1　地貌结构

（1）山地。

☞ **阿尔泰山系**：阿尔泰山系是亚洲中部跨中国、蒙古、俄罗斯、哈萨克斯坦等的国际大山系，呈西北—东南走向，总长约 2 000 km，宽 200~350 km。山体以断块形式发育，山脉、水系及山间盆地无不受断裂控制（图 2-2）。按山体内部结构特征，将整个山体划分为西、中、东 3 段。西段主要在哈萨克斯坦境内，中段在中国（南坡）和俄罗斯（北坡），东段在中国和蒙古境内。山体东西段各有海拔 4 000 m 以上的高峰群。在两峰群之间地势平均海拔约 3 000 m，继而向东西两段山势降低（乌尔坤·别克，1991）。最高峰位于布尔津河源，海拔达 4 374 m。阿尔泰山脉有乌宾斯基山、奎屯山、卡宾山等 34 座山；山间盆地、谷地多，主要有丘亚、库拉依斯、冲乎尔、吐尔洪盆地等。

☞ **天山**：天山是亚洲中部最大的山系，西起哈萨克斯坦、吉尔吉斯、乌兹别克斯坦，横穿中国新疆中部，东至哈密以东。整个山系大体上呈东西向展布，总长达 2 500 km（中国科学院新疆地理研究所，1986；王树基，1998），南北宽 250～350 km，惟帕米尔以北达 800 km 以上。天山山脊线的平均海拔为 4 000 m 左右，最高的托木尔峰达 7 435.3 m。天山山系由北天山、中天山、南天山组成（图 2-3）。新疆境内天山山系东西长 1 700 km，南北宽 250～350 km（胡汝骥，2004；陈曦，2010）。由于山系内部深大断裂的长期活动，天山山系形成三大山链，即北天山、中天山和南天山（图 2-4），它们之间产生了众多大小不等的盆地，如巴里坤盆地、吐鲁番—哈密盆地、尤尔都斯盆地、伊赛克湖盆地等，使天山山系形成了山地与盆地相间的地貌结构特征。

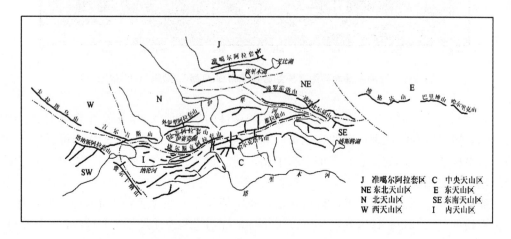

图 2-3　天山山系图（胡汝骥，2004）

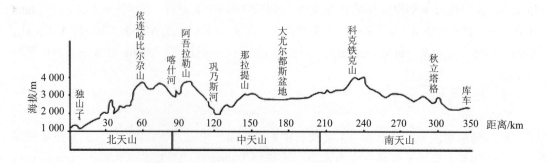

图 2-4　天山山系三列山地（中国科学院新疆地理研究所，1986）

☞ **帕米尔高原**：帕米尔高原地跨中国新疆西南部、塔吉克斯坦南部、阿富汗东北部。
它是昆仑山、喀喇昆仑山、兴都库什山和天山交汇的巨大山结。高原平均海拔
4 500 m 以上，一般山峰为 5 000～5 500 m，主要山峰均在 6 000 m 以上，西帕米
尔海拔的最高峰达 7 495 m，公格尔峰达 7 719 m。喀喇昆仑山乔戈里峰达 8 611 m，
昆仑山中段慕士塔格为 7 546 m，至东段木孜塔格 7 723 m，阿尔金山仅 5 798 m
（图 2-5）。

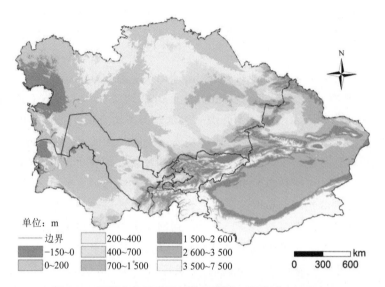

单位：m

- 边界
- −150～0
- 0～200
- 200～400
- 400～700
- 700～1 500
- 1 500～2 600
- 2 600～3 500
- 3 500～7 500

0　300　600 km

图 2-5　亚洲中部干旱区地势示意图（胡汝骥，2013）

☞ **哈萨克丘陵**：哈萨克丘陵（KazakhskiyMelkosopochnik）为世界最大的丘陵，亦
称"哈萨克褶皱地"，位于哈萨克斯坦中部，面积约占哈萨克斯坦的 1/5。丘陵北
接西西伯利亚平原，东缘多山地，西南部为图兰低地和里海低地。东西长约
1 200 km，南北宽 400～900 km。海拔 300～500 m。西部较平坦，平均海拔 300～
500 m，宽达 900 km；东部较高，平均海拔 500～1 000 m，宽 400 km，地表受强
烈切割。丘陵区有克孜勒塔斯（海拔 1 566 m）、卡尔卡拉雷（海拔 1 403 m）、乌
卢套、肯特（海拔 1 469 m）和科克切塔夫等低山，为古老的低山台地。经过长
时间的风化侵蚀，地表较平坦，多沙丘和盐沼。

☞ **准噶尔西部山地**：准噶尔西部山地地跨中国和哈萨克斯坦两国。准噶尔西部山地
分为南北两个部分，北部山地作东西向延伸，自北而南为萨吾尔山、塔尔巴哈台
山—谢米斯台山等。萨吾尔山西高东低（3 500～2 000 m）是一北缓南陡的断块
山地。塔尔巴哈台山—谢米斯台山由西部 2 600 m 向东降至 2 000 m 左右。南部
山地走向受北东—南西向褶皱与断裂控制，山体由西向东逐级下降，呈层状地貌
特点。由西向东有巴尔鲁克山、乌日可下亦山、扎伊尔山—玛依力山、成吉思汗
山等。山地由西部的 3 000 m 向东降至 2 000 m，断块山地东侧外围是宽广的洪积
扇平原。山地内由于北东与北西向两组断裂切割，形成菱块状山地和山间盆地，
如托里谷地和塔城盆地。

（2）盆地。

☞ **准噶尔盆地**：准噶尔盆地介于阿尔泰山和天山之间，西有准噶尔西部山地，东为卡拉麦里山，盆地略呈非等边三角形，东北部高 800～1 000 m，西南部仅 179 m。盆地北部乌伦古湖是乌伦古河的尾闾，西缘及南西隔有艾力克湖、玛纳斯湖（已干涸）和艾比湖等。环绕盆地边缘多为山前倾斜洪积平原、冲积平原和一部分石质剥蚀平原与剥蚀丘陵。盆地中心为古尔班通古特沙漠。

☞ **塔里木盆地**：塔里木盆地北缘的天山为北东—东西—南东走向，南缘昆仑山为北西走向，阿尔金山为东北东走向。盆地是一个闭塞的盆地，四周有天山、帕米尔高原、昆仑山、阿尔金山包围，仅东端有一宽 70 km 的谷地与河西走廊相通。盆地呈不规则菱块状，东西长 1 500 km，南北最宽达 600 km，西部高 1 200～1 400 m，向东至罗布泊一带只有 780 m。与天山平均海拔 4 000 m（最高峰托木尔峰 7 435 m）和帕米尔高原—昆仑山—阿尔金山平均海拔 3 000～6 000 m（最高峰公格尔峰 7 736 m）形成明显的地形反差。周围山区发育大量大小河流，携带大量沙砾物质到盆地，在盆地边缘形成一系列冲洪积倾斜平原。北部有阿克苏河、渭干河、迪那尔河冲积扇；西部有克孜勒河和盖孜河形成的巨大喀什冲积扇；昆仑山北麓有叶尔羌河、和田河、克里雅河等较大冲洪积扇；但在于田以东诸河因水量小，冲洪积扇规模均很小。另外，由阿克苏河、叶尔羌河、和田河汇流后形成的塔里木河，在中游形成宽达 100 km 以上的冲积平原。塔里木盆地中心，年降水量少，夏季气温较高，蒸发强，气候极端干燥，松散沉积物质受风吹蚀和堆积，形成了世界著名的塔克拉玛干大沙漠。在盆地内耸立有麻扎塔格和罗斯塔格山等干燥剥蚀丘陵。

除此之外，还有一些大的山间盆地，如费尔干纳盆地、伊赛克湖盆地、楚河谷地（又名碎叶河谷地）、阿赖谷地、恰特卡尔谷地、塔拉斯谷地、瓦赫什河谷地和伊犁河谷地等。

（3）湖泊。

☞ **里海**：里海的东北为哈萨克斯坦，东南为土库曼斯坦，西南为阿塞拜疆，西北为俄罗斯，南岸在伊朗境内，是世界上最大的湖泊，也是世界上最大的咸水湖，属海迹湖。整个海域狭长，南北长约 1 200 km，东西平均宽度 320 km，面积约 386 400 km²，湖水总容积为 76 000 km³。里海湖岸线长 7 000 km，有 130 多条河注入里海，其中伏尔加河、乌拉尔河和捷列克河从北面注入，3 条河的水量占全部注入水量的 88%。里海中的岛屿多达 50 个。海盆大体上为北、中、南 3 个部分，最浅的为北部平坦的沉积平原，平均深度 4～6 m；中部是不规则的海盆，西坡陡峻，东坡平缓，水深 170～788 m；南部凹陷，最深处达 1 024 m，整个里海平均水深 184 m，湖水蓄积量达 7.6×10^4 km³。虽然里海被称为世界上最大的咸水湖，但是它是古老地中海的一部分，海中也有海洋生物。

☞ **咸海**：咸海是亚洲中部干旱区境内最大的两条内陆河——锡尔河和阿姆河的尾闾湖，也是世界陆地上的第四大湖。其流域包括哈萨克斯坦、吉尔吉斯斯坦、塔吉克斯坦、乌兹别克斯坦、土库曼斯坦、阿富汗和伊朗 7 个国家，面积达 1.54×10^6 km²（图 2-6）。咸海作为亚洲中部干旱区最大的跨界水体，面积为 6.6×10^4 km²（水位

53.3 m 时）。流域地格局清晰，主要由图兰平原和山地两大单元组成。流域西和西北部是位于图兰平原上的卡拉库姆沙漠和克孜勒库姆沙漠。东和东南部为天山山脉及帕米尔高原山地。不同的地貌单元使流域内的气候环境具有明显的多样性。流域多年平均降水量 270 mm，东和东南部高山区年降水量 1 000～3 000 mm，低地和谷地的年降水量 80～200 mm，山麓地带 300～400 mm，山地南坡和西南坡年降水量 600～800 mm。由此可见，咸海流域的水资源主要是天山山系和帕米尔高原的雪冰融水及中山带的降水径流。流域地表水资源总量约 $1\,165\times10^8\,m^3$，其中锡尔河每年注入咸海 $72\times10^8\,m^3$，阿姆河 $793\times10^8\,m^3$。

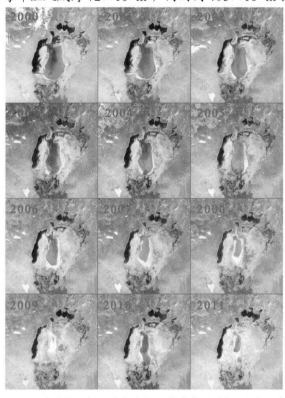

图 2-6　近期（2000—2011 年）咸海变化（阿布都米吉提·阿布力克木，2013）

- **伊赛克湖**：伊赛克湖为吉尔吉斯共和国的高山不冻湖，是世界第二大高山湖，位于天山山系的外伊犁山脉与且尔斯克依山脉之间，是一个典型的构造湖。它东西宽，南北窄，像一艘木舟横卧在海拔 1 600 m 处，最深处为 609 m，湖长 178 km，宽 60 km，平均深度 278 m（最深处 668 m），湖面海拔 1 608 m，面积 6 236 km²。在中国唐代称它为"热海"、"咸海"或"大清池"。在世界高山湖中，伊赛克湖的面积仅次于南美洲的喀喀湖，但伊赛克湖的湖深居世界高山湖第 1 位。湖水透明度超过 12 m，湖水含盐量较高，故又称"盐湖"。伊赛克湖湖区气候干燥，湖水碧蓝，空气清新，矿泉比比皆是，是吉尔吉斯著名的旅游胜地和疗养区。

- **巴尔喀什湖**：巴尔喀什湖在中国古称"夷播海"，又名巴尔喀什池。它东西长约 605 km，南北宽 8～70 km，西部宽 74 km，面积 1.83×10^4 km²。湖区海拔 340 m，呈狭长状，湖水很浅，平均水深 6 m，最深达 26 m，蓄水量为 11.2×10^4 m³。以湖中部的萨雷姆瑟克半岛以北的乌泽纳拉尔湖峡（宽约 3.5 km）为界，把湖水分为东西两半：西半部广而浅，东半部窄且深。西湖宽 27~74 km，水深不超过 11 m，湖水清澈，颜色浅淡，伊犁河自南岸注入湖中。东湖宽 10~20 km，湖水蔚蓝清澈，入湖河流有卡拉塔尔河、阿克苏河、列普萨河等。整个湖区属温带干旱、半干旱气候，年平均水温西部为 10℃，东部为 9℃，年降水量约 430 mm，年均降水量 120 mm，11 月底到 4 月初湖面冻结。东西两端湖滨有铁路干线通过，湖沿岸蕴藏有铜矿和铁矿，湖中产芦苇和鲤、鲈等鱼类。湖区是哈萨克斯坦旅游疗养地。

☞ **斋桑泊：** 斋桑泊位于阿尔泰山西南麓，额尔齐斯河流经此湖，为哈萨克斯坦境内东北部一大湖泊。湖面积原为 1 810 km²，1959 年下游水坝建成后，目前湖面已达到 5 500 km²。

☞ **博斯腾湖：** 博斯腾湖位于焉耆盆地东南面博湖县境内，是位于焉耆盆地的一个山间陷落湖。又称巴格拉什湖。北魏《水经注》称为敦薨浦。博斯腾淖尔，蒙古语意为"站立"，因三道湖心山屹立于湖中而得名。博斯腾湖古称"西海"，唐谓"鱼海"，清代中期定名为博斯。博斯腾湖距博湖县城 14 km，距焉耆县城 24 km，湖面海拔 1 048 m，东西长 55 km，南北宽 25 km，略呈三角形，大湖面积约 988 km²，蓄水量 99×10^8 m³。大湖西南部分布有大小不等的数十个小湖区，小湖区有较大的湖泊，总面积为 240 km²，湖水西东深，最深 16 m，最浅 0.8 m，平均深度约 10 m，总面积 1 228 km²。汇入湖泊的河流主要来自西北的开都河、乌拉斯台河、黄水沟、清水河等，多年平均入湖径流量为 26.8×10^8 m³，经西南部的孔雀河排出，平均每年出流量为 12.5×10^8 m³，穿铁门关峡谷，进入库尔勒地区，最后汇入罗布泊。是中国最大的内陆淡水吞吐湖。大湖水域辽阔，烟波浩渺，天水一色，被誉为沙漠瀚海中的一颗明珠。小湖区，苇翠荷香，曲径遂深，被誉为"世外桃源"。

☞ **乌伦古湖：** 乌伦古湖又名布伦托海、大海子（相邻的吉力湖则称小海子）、福海。为第四纪晚期形成的凹陷湖。北岸断崖，与额尔齐斯河仅距 2.1 km，湖盆是由断裂陷落而形成的，湖面高程 468 m。湖形似三角形，南北宽约 30 km，东西长 35 km，湖水面积 827 km²。发源于阿尔泰山的乌伦古河流入其中，为该湖主要水源，湖水平均深度为 8 m。乌伦古河先流入吉力湖，经西北流出，再经 8 km 的库依戈河汇入乌伦古湖。湖水矿化度由河道入口处向西逐渐升高到 2.7 g/L，有咸味。1969 年凿通了额尔齐斯河与乌伦古湖之间的分水岭，修建了引额济湖渠道工程，每年可引 1.85×10^8 m³ 水量注入乌伦古湖。乌伦古湖以产五道黑、红鱼、鲤鱼、贝加尔雅罗鱼、河鲈、斜齿鳊、东方真鳊等著称。湖滨地带是水草丰茂的牧场。乌伦古湖是往返阿勒泰市与克拉玛依市之间的必经之地，它的魅力在于它的"大海气度"和名扬区内外的"福海鱼"。冬季，乌伦古湖渔业生产以其独具特色的冰上捕捞方式吸引了众多疆内外游客观光游览。

☞ **赛里木湖** 赛里木湖古称"净海"，又名三台海子，因湖东岸的三台（即清代设立的鄂勒著依图博木军）而得名。它位于中国新疆博尔塔拉蒙古自治州博乐市境内的北天山山间盆地内，紧邻伊犁哈萨克自治州霍城县。属于封闭型的断陷湖，由四周的高山雪水汇聚而成，是一个风光秀美的高山湖泊。湖面海拔 2 071.9 m，东西长 30 km，南北宽 25 km，面积 453 km²，平均水深 46.4 m，最深处达 106 m，蓄水量 210×10⁸ m³。赛里木湖由雪峰环抱，湖水湛蓝，绿草如茵。虽然地处高山，但却位于古今交通要道上，古代的丝绸之路北道、如今的乌鲁木齐—伊犁公路、奎屯—赛里木湖高等级公路就从湖边经过，因此赛里木湖很早就以其优美的风光而闻名于世。宋代丘处机即有"天池海在山头上，百里镜空含万象"之诗；元代耶律楚材、清代林则徐等诸多途经此地的文人墨客都曾留下题咏。湖区还有岩画、乌孙国古墓群、寺庙遗址、鄂博、碑刻、古代驿站遗址等历史遗存。如今的赛里木湖被誉为"天山的明珠"，已成为一个著名的旅游景点，2004 年被列入国家重点风景名胜区。

（4）山地垂直结构。山地随着海拔的升高，气温随之下降，水热条件发生变化，地貌外力作用类型亦发生变化（杨发相，2011）。如天山三工河流域气候地貌外力作用过程自高向低依次是冰雪作用→冰缘作用→流水作用→半干燥—干燥作用→冲洪积作用→风沙作用。具体表现为海拔 3 700 m 以上，冰川作用高山，地表由冰川积雪覆盖或岩体裸露；海拔 3 700～2 800 m 冰缘作用亚高山，以冻融作用为主，为高寒草甸，由多年生草本植物构成；海拔 2 800～1 700 m 流水作用中山，以沟谷线状侵蚀和坡面面状侵蚀为主，沟谷众多、峡谷发育，滑坡，崩塌及泥石流等地貌灾害时有发生，其对植被的破坏性大；海拔 1 700～800 m 低山丘陵，以半干燥—干燥剥蚀作用为主，黄土覆盖区生长有蒿系植物但覆盖度不高，且黄土易蚀性强，故水土流失明显，遭暴雨便发生山洪泥石流；海拔 800～460 m 冲积扇、冲洪积平原区，地势平坦，土质优良，水源便利，人工作用强烈，耕地及居民点遍布；海拔低于 460 m 沙漠区，属古尔班通古特沙漠南缘部分，主要由固定、半固定沙丘及丘间洼地组成，以沙砾物质为主，生长梭梭、柽柳等（图 2-7）。

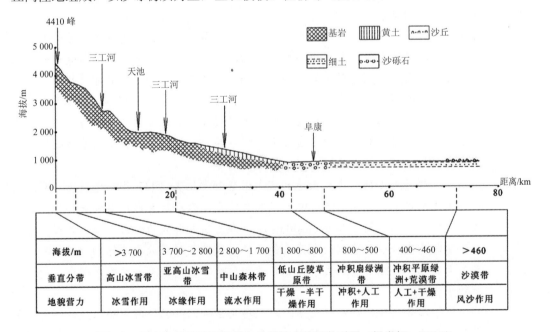

海拔/m	>3 700	3 700～2 800	2 800～1 700	1 800～800	800～500	400～460	>460
垂直分带	高山冰雪带	亚高山冰雪带	中山森林带	低山丘陵草原带	冲积扇绿洲带	冲积平原绿洲+荒漠带	沙漠带
地貌营力	冰雪作用	冰缘作用	流水作用	干燥-半干燥作用	冲积+人工作用	人工+干燥作用	风沙作用

图 2-7　天山三工河流域海拔与地貌外力作用关系图（杨发相，2011）

2.1.2.2 地貌类型

（1）构造地貌。根据板块理论，构造地貌类型主要有：主压远程再生山地、中间地块挤隆高原、非主压带回春山地、地台与地盾的构造台原、克拉通化褶皱系拱断山丘、后渊活化压陷对冲盆地、中间地块活化压陷盆地、古地台扭裂—断陷盆地、陆间残留海、年青台坪差异断陷盆地等（图2-8）。其主要特点如下（陈志明等，2010）。

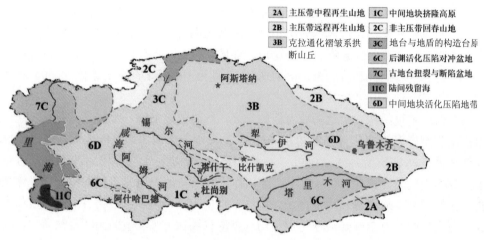

图2-8 亚洲中部干旱区构造地貌类型图（杨发相，2013）

陆内再生与回春山系

指大陆内部（板内）的古老造山带在现代板块碰撞作用的激发下，重新大幅度隆起的再生山地，以及在一般碰撞作用的波及下而中度上升的回春山地。再生山地都分布于亚洲南北向高压变形带的范围内，是其中古老造山带再生的产物，此类型自南向北有东昆仑山、天山、阿尔泰山等。包括以下类型。

☞ 主压带中程再生山地：首先从词义上讲，主压带（南北向）是高压变形带的同义词。其次，它的近程、中程与远程划分均涉及地壳增厚、地貌变形与隆起幅度的一般分类。因为亚洲高压变形带的主要动力源在南方主动碰撞的印度板块，而北亚板块是被动碰撞的。因此，它们的近程大致以东昆仑山链界。具体划分：以南的西藏高原属近程，以北至柴达木—中祁连地块和北祁连山属中程，位于天山与萨彦岭之间属远程。在中亚实际上是指东昆仑、阿尔金，这些山系在南北卡拉通台块的楔入下都具有被"挤托"隆起的特征。

☞ 主压带远程再生山地：再生山地的概念由奥勃鲁切夫1947年首先提出，它既特指天山与阿尔泰，也包括经历中生代末准平原化后在新生代再次被隆起的高大山块。这就是天山、阿尔泰等3500 m以上再生高山形成的动力。除此之外，这些山地同时都有被挤托隆起而成高山的条件。最典型的是天山，它的"挤托"山系与其南北的"压陷"盆地共同构成升降的对映体，是由同一动力作用形成的构造地貌组合。

☞ 非主压带回春山地：指亚洲大陆南北碰撞主压带以外的一般剥蚀山地，这类山地的形成动力主要是山地受强烈剥蚀，导致山体"变轻"而缓慢地出现均衡上升。

陆间碰撞型年青造山系

指冈瓦纳裂解后诸板块先后与亚欧大陆克拉通陆块碰撞形成的，以高原为主体边缘被造山带包围的中—新生代陆间复式造山系。如印度板块对亚欧板内的哈萨克斯坦年青地盾、塔里木—中朝地台等亚板块在特提斯域内先后发生的碰撞形成的复式造山系，其中的主体高原如青藏高原等。

在中亚仅有中间地块挤隆高原。其特点是中间地块都由一些相对稳定的中—小台块构成，以往都是漂浮在特提斯洋中的海底高原，经历沉降和接受稳定型的海相沉积，而后在大陆全碰撞期间它与整个陆间带一起被隆起，最终构成高原主体的核心。

陆内克拉通造陆型活化—蚀余山地

在大陆构造的两大单元中，古陆块与造山带在亚欧同样重要。古老地台与新、老造山带对应，它一般都形成起伏微缓的低山丘陵或微弱切割的广袤台原，这与新老造山带的大起伏、深切割的山地呈现明显的对照。然而对于亚洲高压变形带及其邻近地台区，由于强烈的挤压抬升，使这里的刚性台块都发生破裂而出现差异升降的断块山与地堑谷。中亚主要有以下类型。

☞ 克拉通化褶皱系拱断山丘：指非主压带的相对稳定地区，其古老褶皱带被克拉通化而差异升降形成的断块山地。如哈萨克斯坦亚板块，由于中—新生代被克拉通化，因而也被俄罗斯学者称为年青地盾。同样，那里的古老褶皱系也被"固化"，在南亚大陆碰撞的间接推挤下形成了断块山地。

☞ 地台与地盾的构造台原：指古老地台区的近水平岩层因受切割而形成的"桌状"台原。

☞ 山间活化压陷对冲盆地：指亚洲陆间碰撞复合造山带中由中间地块构成的"对冲式"压陷盆地。准噶尔盆地虽然不位于陆间造山带，但形成于亚洲高压变形带内的天山与阿尔泰山之间，因而也形成深度压陷的不对称"对冲"盆地，如其西南山前，仅新生界的最大厚度就达 15 km。但其盆地北部，渐—中新世统仅在向斜中保存，上新统安全缺失（彭希龄等，1990），显示由于南亚大陆碰撞导致现代盆地处于消亡阶段。

☞ 后渊活化压陷对冲盆地：主要指亚洲陆间碰撞造山带的后渊盆地。它们同样都是以克拉通台块为基底，如大青藏高原后渊的塔里木与阿拉善，其中，以塔里木最为典型，其盆地的中部有稳定地块形成的古生代隆起，而南北则是中—新生代受强烈挤压的山前凹陷带。该盆地中央隆起带的中—新生界最厚不超过 3 km，而南北凹陷中—新生界总厚 7～8 km，南部凹陷最厚达 12 km。中生代末到古近纪盆地又进入压陷环境，盆地得到加深与扩张而形成统一的大凹陷盆地。从上新世以来，随着南北山地的再生，盆地中堆积了巨厚的磨拉石，并断褶隆起，使盆地开始全面萎缩，特别在山前地带形成上新世—第四纪的最新褶皱，而中部被广泛的沙漠覆盖。

☞ 中间地块活化压陷盆地：这类盆地主要形成于非高压变形带的山间地区，但由于受南亚大陆碰撞及其陆内会聚影响，因而也形成了压陷盆地，只是压陷深度不如主压带内的同类盆地大，如中亚的木尤恩库姆台坪和克孜勒库姆台坪等。

克拉通旋转边缘扭裂—凹陷盆地

指大陆克拉通内缘地带，因主地台发生旋转而驱动台缘扭裂凹陷的各种盆地。主要有如下类型。

☞ 年青台坪差异断陷盆地：主要指在近代中西伯利亚古地台左旋的控制下，作为其地台边缘的西西伯利亚年青台坪发生差异扭裂的盆地。

☞ 古地台扭裂—断陷盆地：指处于阿拉伯地台东南部的广大地区中生代盆地。

陆间残留海

指南欧—西南亚与泛非洲之间的特提斯残留海，在中亚指里海。它是受到陆间带近代南北板块旋转碰撞的制约而获得新生的内陆海。

（2）气候地貌。主要有半干旱型内陆温带草原剥蚀地貌、半干旱—半湿润型内陆温带草原剥蚀地貌、半干旱—半湿润型多年冻土—流水—块体运动地貌、风成沙质沙漠、干旱型温带沙漠、干旱型温带戈壁、半干旱型干旱—半干旱山地、干旱型冻土高原、半干旱型多层分带的极高山与半干旱型冻土高原等（图2-9）。其主要特点如下（陈志明，2010）。

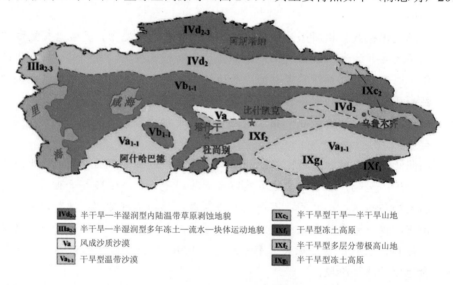

图2-9 亚洲中部干旱区气候地貌图（杨发相，2013）

寒冻亚寒冻冻土—流水地貌类

区内多年冻土不同时期以不同程度占据着不同地区，其特征以末次冰期为代表，这个时期的多年冻土在东亚的南界达到40°N，西亚也至50°N。至现代，冻土仍大面积占据本区北部，南界于64°～45°N间迁移。带内的多年冻土分3类：连续冻土、具有岛状融区的冻土和岛状冻土。

☞ 在中亚主要有多年冻土—流水—块体运动亚类：这里冬季长5～7个月，极严寒，1月平均气温达-40℃以下，绝对最低气温曾达-60℃以下。另外，这里7月平均气温可达10～12℃，故冻土上部季节性交替冻融的活动层幅度较大。夏季的降水加雪冰融水在永冻层阻滞下汇成活跃的流水作用，产生较强的下切侵蚀。

风成地貌类

本类指干旱荒漠区以风力为主的外力成因类型。按荒漠物质组成，可分为风成沙质荒漠和石、砾、黏土质荒漠等。

☞ 风成沙质荒漠：指干旱区风积地貌沙丘发育的荒漠，在中亚有温带沙漠，主要分布于中亚土兰低地、新疆塔里木与准噶尔盆地。土兰低地有卡拉库姆、克孜勒库姆、萨雷耶西克阿特劳和木云等沙漠，总面积达 $8.3 \times 10^5\ km^2$。其干旱始于白垩纪，虽然在中新世、中上新世、中更新世和全新世的大西洋期也曾出现过较湿润期，但总体上干旱是逐渐增强的，沙漠也随着逐渐扩大到目前的规模。其中，卡拉库姆沙漠风沙地貌为缓丘沙地、沙垄—缓丘复合沙地、蜂窝状沙丘、新月形—缓丘沙地、新月形沙丘链等。塔里木盆地形成从其西部自渐新世开始脱离古地中海（特提斯海），直至上新世才全部成陆，同时随着青藏高原的抬升，使之分成内陆干旱盆地，中央演变成塔克拉玛干大沙漠，面积 $3.27 \times 10^5\ km^2$。据沉积物孢粉分析，中新世晚期这里还是温带针阔叶的森林草原，到上新世转成草灌为主的局部沙漠，至晚更新世全部变成荒漠。该沙漠主要为复合新月形沙丘与沙丘链、复合纵向沙垄、金字塔沙丘、鱼鳞状沙丘群和穹状沙丘等。

☞ 流水—风力过程的石、砾与黏土质荒漠：对干旱区长期剥蚀作用生成的较平缓碎屑石质、沙砾质和黏土质荒漠的地面统称戈壁。石质荒漠缺乏或偶有松散覆盖层，一般只有厚不足 1 m 的残积—坡积岩屑，属流水与风力混合剥蚀系统。包括以下类型。

☞ 温带戈壁：主要分布于新疆和哈萨克丘陵。在新疆塔里木盆地边缘山麓形成宽 $10 \sim 30\ km$ 不等的戈壁带，这里沙砾堆积厚一般有 $500 \sim 600\ m$，属沙砾质戈壁。

干旱—半干旱山地

此类干旱区山地具有地貌结构稳定性的特征，自下而上为荒漠—半荒漠—森林灌木草地或秃山—高山冰川带。对此亚类山地起重要作用的是风力剥蚀，流水切割作用则见于亚高山的中上部，山顶常残留中生代和老第三纪古夷平面，后期被抬升、切割。

多层分带的极高山

它大体以帕米尔山结为枢纽，分为向北的山带，如天山等；向东和向南的山带，如昆仑山等；向西的山带，如兴都库什山等。其特点是多见高山冰川与寒冻作用及其产物冰川、冰缘地貌和多年冻土。喀喇昆仑山是亚洲山岳冰川最发达区，占全球中低纬 8 条长度大于 50 km 大冰川中之 6 条。其中巴托拉冰川长 59.2 km，雪线附近年降水量达 $1\,000 \sim 1\,300\ mm$，冰川径流量与流速均大，最大流速有 517.5 m/a。并且冰川侵蚀与搬运力大，下伸力强，冰舌伸至印度河支流谷地，谷中年降水量虽然仅有 100 mm，但末端仍下达到海拔 2\,540 m，属复合型冰川。该类现代高山多年冻土厚度随海拔升高的递增率为 $15 \sim 20\ m/100\ m$。本类由于山体高大，形成多层现代垂直带。

冻土高原

指高海拔冻土高原。仅见于新疆与藏北高原接壤地区，面积不大。青藏高原自上新世以来迅速抬升成目前平均海拔 4\,500 m 以上，是全球最高大的年青高原。其多年冻土的下界北起昆仑山北坡海拔 $4\,100 \sim 4\,400\ m$，南至喜马拉雅山南坡 $4\,900 \sim 5\,000\ m$，大体自北向南每降低 1°纬度，冻土下界约上升 110 m。同时，冻土厚度向南递减率为 6～8 m/100 km。青藏高原古夷平面形成于中生代末—早第三纪和中新世。后者在古热带"双重夷平"下发育成缓丘主夷平面，残存红色风化壳等（陈志明，2010）。

2.2 气候环境与水文特征

2.2.1 独特的区域气候环境

从图 2-10 可以看出，深居亚欧大陆腹地的亚洲中部干旱区，原本就接受不到大量海洋性气流的滋润，再加上周边青藏—帕米尔高原（世界第三极地）和天山山系对太平洋和印度洋水汽的阻隔，使得该地区海洋性气流更难入内，构成降水天气。从遥远的北冰洋和大西洋输送来的微弱的水汽，受地形的作用，降水集中于山地，广大盆地平原极度稀少，呈现出典型的温带大陆性气候特征（黄秋霞等，2013）。唯一在吉尔吉斯斯坦的南部局地有亚热带气流活动，四季分明。

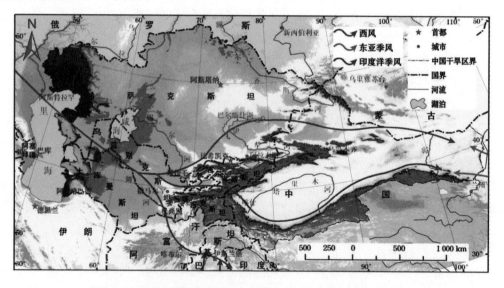

图 2-10　亚洲中部干旱区大气环流形势图（胡汝骥，2012）

由图 2-11 得知，亚洲中部干旱区的降水集中分布在帕米尔和天山山地，山区成为河川径流的形成区。区内降水呈现出明显的东西两端少雨，中间山地多雨的格局。帕米尔高原的迎风坡年降水量有超过 2 000 mm 的记录[①]，天山山脉的西部迎风坡年降水量也有超过 1 000 mm 的记载（胡汝骥，2004）。而在乌兹别克斯坦、土库曼里海—咸海低地和新疆塔里木、吐—哈盆地及甘肃河西走廊年降水量多在 100～150 mm，甚至低于 50 mm。这样，亚洲中部干旱区盆地平原就丧失了产生径流的条件，地表水和地下水基本完全依赖于山区

---

① Glazyrin G F.The influence of deglaciation on the runoff in Central Asia. Cryosphere of Eurasian Mountains:The International Conference Devoted to the Opening of the Central Asia Regional Glaciological Centre as a Category 2 Centre under the auspices of Unesco:Almaty,2012:54.

河流出山口的径流量补给。咸海的河川径流形成区（产流区）是帕米尔和天山山系的西部山区；巴尔喀什湖的产流区是中国天山山脉；博斯腾湖、艾比湖和玛纳斯湖的径流形成区都在中国天山山区。同时，在山地发育了森林草原绿色景观，在盆地平原则发展了荒漠生态景观（沙漠、戈壁和盐碱地）。

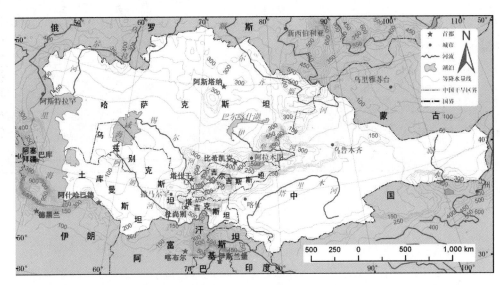

根据日本气象局人文自然气象研究所的同化栅格数据（0.25°，1950—2007 年）修正而成，等值线间隔为 50 mm。

图 2-11　亚洲中部干旱区降水量

应该指出，受山地效应的作用，高大的周边山脉屏蔽了山系内部地区，锋面云在翻越山岭时消失，广袤的内天山背风坡、谷地、盆地和峡谷的降水量急骤减少，以至于许多山间盆地和谷地（阿克奇拉克、阿克赛、卡腊科尔等）以气候干旱著称。这些盆地的降水量比迎风坡少约 100 mm。伊赛克湖盆地的年降水量为 200～400 mm，南（242 mm）北（399 mm）相差较大，干旱程度明显。

受青藏高原冬季风——反气旋环流的影响，吉尔吉斯斯坦和塔吉克斯坦东南部冬季低纬暖湿气流（印度洋暖湿气流）与中高纬度的干冷气流（北冰洋）汇合，从而降水增多。塔吉克斯坦降水在 160 mm 以上，吉尔吉斯斯坦 100 mm 左右，哈萨克斯坦东南部降水在 90 mm 左右，中北部为 45 mm 左右，伊犁河谷和额尔齐斯河谷在 30 mm 以上。同时，受地中海气候的影响，中亚五国自西南到东北，冬春季降水量明显大于夏秋季，以夏季最小，并且降水总量自西向东逐渐减少。

从图 2-12 可以看出，亚洲中部干旱区年平均气温的分布与年降水量的分布完全相反，表现出东西两端高，中间低的特点。土库曼斯坦和塔里木、吐—哈盆地及甘肃河西地区的沙漠地带气温最高，年平均在 15℃ 以上。塔吉克斯坦东部和吉尔吉斯斯坦及中国新疆境内的天山山区、阿尔泰山地年平均气温在-3℃ 以下，这与该区域地形高度较高有关。受地理位置的影响，准噶尔盆地的年平均气温略高，在 6℃ 以上，但盆地周边的绿洲区年平均气温较低。

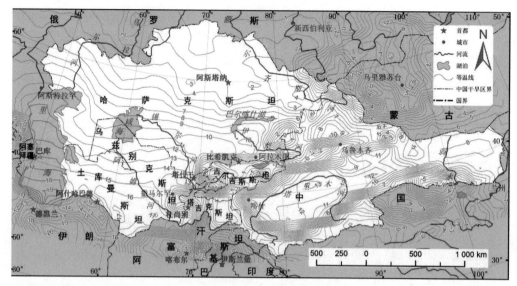

据普林斯顿大学水文系下载的全球气温同化栅格数据（0.5°，1948—2006 年）处理而成，等值线间隔为 1℃。

图 2-12　亚洲中部干旱区年平均气温等值线

亚洲中部干旱区西部广大平原盆地地区水热不同期是又一大气候特征（图 2-13）。中亚最热月平均气温与年降水分布完全相反。在平原地区，特别在夏季，乌兹别克斯坦和土库曼斯坦及哈萨克斯坦南部降水量不足 15 mm，而平均气温则高达 27℃和 24℃，天气干燥炎热蒸散强烈，人类经济社会活动完全依赖于山区河流出山径流维系，大陆性气候特征明显。应该指出，乌兹别克斯坦和土库曼斯坦冬季平均气温在 0℃以上，哈萨克斯坦南部接近 0℃，这有利于荒漠植物生长和人类社会活动。土库曼斯坦是中亚五国气温较高的地区，年平均气温在 15℃以上，乌兹别克斯坦次之。哈萨克斯坦年平均气温与纬度高低成正比。塔吉克斯坦西部年平均气温-3℃以下，吉尔吉斯斯坦东南部在 0℃以下光热资源丰富，但不稳定。亚洲中部气温年较差小，但日较差大，一般在 20～30℃。灾害天气气候种类颇多，主要有干旱、寒潮、大风、沙（盐）尘暴、低温冷冻、霜冻、冰雹、暴风雪、暴雨、山洪、泥石流和干热风等。

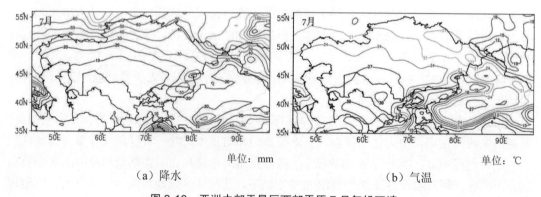

单位：mm	单位：℃
（a）降水	（b）气温

图 2-13　亚洲中部干旱区西部平原 7 月气候环境

综上所述，"高山极地雪冰气候与盆地平原极端高温"并存，是亚洲中部干旱区标志性的气候环境特征。

2.2.2　内陆水分循环模式造就了绿洲——荒漠特殊景观

人们知道，在全球水循环中，无地表径流和地下径流与全球大洋相通，也不与其他集水区相连，即无水力学联系的内陆水体流域占全球水循环的相当一部分。而亚洲中部干旱区却占了很大一部分（图 2-14）。如咸海和巴尔喀什湖与帕米尔、天山山系产流系统之间的循环。这个循环系统的一条路线是河流（锡尔河、阿姆河、楚河和伊犁河等）。它们把自己的河水注入盆地平原湖泊；另一条返回的路线是定常的大气底层气流。它们把水汽、盐粒、尘埃微粒和孢子花粉、昆虫幼虫，甚至其他生物物质由平原盆地往山区输送。

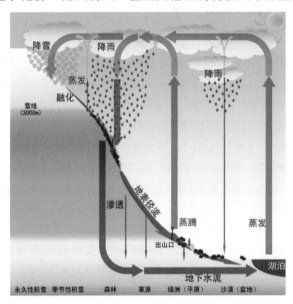

图 2-14　干旱区水循环示意图（胡汝骥，2010）

基于亚洲中部特别的大山和大盆地平原相间的地貌和地理位置及气候环境，构成山区河流出山口径流量，成为决定盆地平原生态系统的重要因素条件。

内陆河湖流域的山区与尾闾盆地平原水体的水力学联系是通过流域水系（河流）的子系统来实现的。故而，子系统赋予内陆河湖流域以独特的属性。与此同时，在各自水系内部实现直接的质量、能量交换。河川径流是液态径流、固态径流、离子径流和生物原径流的复合径流。河流带给尾闾湖的不仅是水，而且还有泥沙，特别是富营养化的淤泥，集水面淋溶的盐类和其他地球化学元素、生物残体等。这些物质为盆地平原河流冲—洪积扇、冲洪积平原及河道沿岸提供了优质的成土物质条件，孕育了河岸林（吐加依林）、盐化草甸等镶嵌于辽阔的荒漠戈壁上，构成一幅干旱地区内别具一格，而且十分美丽的绿洲生态画卷（图 2-15）。

基于中亚五国特殊的地理位置、地形及气候环境，降水高度集中在山区、盆地平原谷地降水稀少且不能产生地表径流，山区河流出山口径流量成为决定盆地平原谷地一切生命赖以生存的主要因素（姚海娇等，2013）。

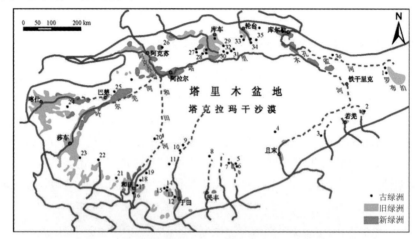

图 2-15　塔里木盆地的绿洲（古城）遗迹图（樊自立，1998）

1. 楼兰；2. 米兰古城；3. 瓦古峡古城；4. 古且末；5. 铁英古城；6. 达乌孜勒克古城；7. 安迪尔古城；8.尼雅；9. 喀拉墩；10. 马坚里克；11. 丹丹乌里克；12.黑哈斯古城（黑哈斯古城与归达摩玛沟之间，尚有"哈得里克古城"）；13.归达摩玛沟；14. 乌曾塔提；15. 卡纳沁古城；16. 买力克阿瓦提；17. 约特干；18. 阿克斯比尔；19. 热瓦克；20. 麻扎塔格古城；21. 藏桂古城；22. 古皮山；23. 拉一晋；24. 达漫城；25. 托宇沙赖；26. 喀拉玉尔滚；27. 大望库木；28. 通古孜巴什；29. 穷沁；30. 黑太沁；31. 于什甲提；32. 皮加克；33. 黑太克尔；34. 着果特；35. 野支部沟；36. 营盘

其中，中亚五国的淡水总量约 $10\,000 \times 10^8\,m^3$ 以上。根据联合国粮农组织 2004 年关于中亚五国实际水资源量的统计，为 $2\,213 \times 10^8\,m^3$，受地理位置和地形的影响分布极不均匀。哈萨克斯坦、吉尔吉斯斯坦和塔吉克斯坦水资源总量相对较多，而土库曼斯坦和乌兹别克斯坦很少，其总量分别为 $14 \times 10^8\,m^3$ 和 $163 \times 10^8\,m^3$（表 2-1），属缺水国家。中亚五国的用水主要依赖发源于塔吉克斯坦境内的阿姆河和发源于吉尔吉斯斯坦境内的锡尔河由此可以说，是阿姆河和锡尔河把中亚五国紧密地联系在一起了。

表 2-1　中亚五国水资源

国家	平均降水量/ mm	地表水资源量/ $10^8\,m^3$	地下水资源量/ $10^8\,m^3$	重复计算量/ $10^8\,m^3$	水资源量/$10^8\,m^3$	出入境水量/$10^8\,m^3$	可利用水量/$10^8\,m^3$	人均水资源量/m^3
哈萨克斯坦	804	693	161	100	754	342	1 096	7 307
吉尔吉斯斯坦	1 065	441	136	112	465	−259	206	4 039
塔吉克斯坦	989	638	60	30	668	−508	160	2 424
土库曼斯坦	787	10	4	0	14	233	247	4 333
乌兹别克斯坦	923	95	88	20	163	341	504	1 937
合计		1 877	449	262	2 064	149	2 213	3 788

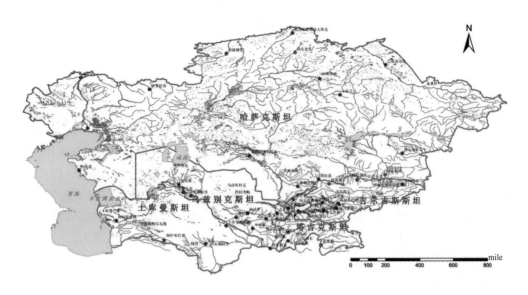

图 2-16　中亚流域和水系分布示意图（钟瑞森，2010）

由图 2-16 可以看出，中亚五国有大小河流上万条，1 000 km² 以上的大河流近 10 条。主要是锡尔河、阿姆河、乌拉尔河、额尔齐斯河、伊犁河、楚河和捷詹河等。其中，锡尔河源于帕米尔高原，流经乌兹别克斯坦、塔吉克斯坦和哈萨克斯坦 3 国，经过图兰低地最后注入咸海。全长 3 019 km，流域面积 2.19×10^5 km²，河口多年平均流量 1 060 m³/s，年均径流量 336×10^8 m³；阿姆河是中亚流程最长、水量最大的内陆河，源于帕米尔高原东南部海拔 4 900 m 的高山雪冰地带，是咸海的两大水源之一。上游位于阿富汗境内，沿克孜勒库姆沙漠和卡拉库姆沙漠之间的乌、土两国交界地带蜿蜒穿行，于乌兹别克斯坦的木伊纳克附近入咸海；河流分布极不均匀。吉尔吉斯斯坦、塔吉克斯坦和哈萨克斯坦东北部山系和高原相连，丰富的雪冰水资源孕育了众多河流和湖泊，河网密集，成为亚洲中部干旱区径流形成区域。土库曼斯坦、乌兹别克斯坦和哈萨克斯坦中、南部为平原、低地和沙漠，河网稀疏（胡汝骥等，2011）。

综上所述，中亚河流的主要特征可归纳为以下几点。

（1）中亚内陆河流众多，除额尔齐斯河汇入鄂毕河注入北冰洋外，其余均为内陆河系。河流源于山区，流出山口后，除部分用于灌溉而河流消失于荒漠、绿洲外，大部分最后注入低地，形成大小不等形态各异的湖泊湿地。如伊赛克湖（Issyk-Kul）位于吉尔吉斯斯坦东北部的天山山脉北麓的伊赛克湖盆地，属内陆咸水湖，为天山构造陷落形成，由 118 条河流组成。伊赛克湖东西长 178 km，南北宽 60 km，面积约 6 236 km²，湖容 1 738 km³，湖面海拔 1 608 m，平均水深 278 m，最深 668 m，水中盐度 5.8‰，是高山不冻湖，有"热海"之称。在世界高山湖中，面积仅次于南美洲的喀喀湖，但湖深居第一位；巴尔喀什湖位于哈萨克斯坦东部，是一个堰塞湖，湖面海拔 340 m，湖区狭长，东西长 605 km，南北宽 9～74 km，湖水水面面积在 1.8×10^4～1.9×10^4 km²。湖水很浅，最深为 26 m，蓄水量 112×10^4 m³；咸海位于哈萨克斯坦和乌兹别克斯坦之间，海拔 53 m，南北长 435 km，东西宽 290 km，总面积 6.8×10^4 km²，平均水深 13 m，最深处 64 m。里海是世界上最大的湖泊，属海迹湖，位于中亚西部和欧洲东南端，西面为高加索山脉。海域狭长，南北长约 1 200 km，东西平均宽 320 km。总面积约 3.86×10^5 km²，相当全世界湖泊总面积（2.70×10^6 km²）的 14%，里海最深达 1 024 m，平均水深 184 m，湖水蓄积量达 7.6×10^4 m³。里海在亚洲中部干旱区区域交通运输网以及石油和天然气的生产中具有重要地位。

（2）中亚主要河流均源出于天山山脉和帕米尔西坡受湿润气流作用的极地雪冰地域。那里终年降雪，积雪覆盖大地，同时形成冰川。据不完全统计，冰川总面积约 16 768 km²，储水量达 $19\,000 \times 10^8$ m³。雪冰融水成为河流的主要补给来源，尤其是积雪融水补给比例更大。

（3）中亚主要河流径流的季节性变化明显，但年径流变异系数（C_V）小，径流量相对稳定。河流有春汛和夏汛，而且夏汛较大。冬季寒冷漫长，多数河流有结冰期，且有凌汛发生。中亚河流上游谷深，落差大，水流湍急，水能资源丰富；中下游，特别是在下游地势平坦、落差小，流速平缓，湖泊湿地发育。在哈萨克斯坦境内拥有数以万计的湖泊湿地（吉力力·阿不都外力等，2013）。

（4）中亚主要河流都为跨境河流。由北到南，乌拉尔河为俄罗斯与哈萨克斯坦的跨境河；伊犁河为中国和哈萨克斯坦的跨境河；楚河—塔拉斯河是吉尔吉斯斯坦和哈萨克斯坦的跨境河，锡尔河是吉尔吉斯斯坦、乌兹别克斯坦、塔吉克斯坦和哈萨克斯坦四国的跨境河流；阿姆河跨吉尔吉斯斯坦、塔吉克斯坦、乌兹别克斯坦和土库曼斯坦四国；捷詹河—哈里河是阿富汗、土库曼斯坦和伊朗的跨境河。

中亚五国同位于亚洲中部干旱区特定的山地森林草原—盆地平原绿洲寓于荒漠，并与荒漠共存的自然生态地理格局之中。由于各国在其地理格局中的地理位置不同，乌兹别克斯坦和土库曼斯坦及哈萨克斯坦南部分布在盆地平原绿洲荒漠地带，降水稀少，本身不产生径流，水资源完全依赖于吉尔吉斯斯坦和塔吉克斯坦，即山地森林草原带所产生的河流出山口径流量。这样，导致了国家间水资源利用的矛盾。但是，也为中亚五国团结一致发展社会经济、共同富裕提供了物质基础。

2.3 植被与土壤

2.3.1 多样性的生物区域

基于地理位置、地质演变和气候变迁过程，亚洲中部干旱区既分布有第三纪，甚至是白垩纪的孑遗——古地中海干热环境下的物种，而且随着第四纪以来，周边喜马拉雅山、喀喇昆仑山、昆仑山和天山山体的隆升，荒漠半荒漠植物占据了广大平原盆地，发育了大批特有属和特有种，极大地丰富了种质与基因资源（图2-17）。

由图 2-17 可知，中亚（五国）西部主要是贫瘠和多石的图尔盖高原（250～300 m）及广阔的图兰低地；沙漠分布于南部和中部。在不同的生态地理环境影响下，中亚温带荒漠植被带里，自北向南依次被分为哈萨克荒漠—草原植被区、中亚北部温带荒漠区和南部荒漠区（图2-18，图2-19，图2-20，图2-21）。

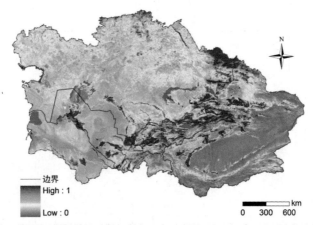

图 2-17　亚洲中部植被覆盖度（1 km 空间分辨率，罗格平，2013）

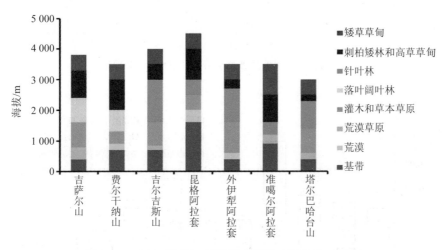

图 2-18　中亚（五国）植被垂直带谱（胡汝骥，2013）

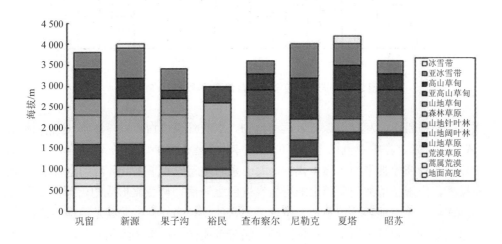

图 2-19　天山伊犁河谷植被垂直带谱（胡汝骥，2004）

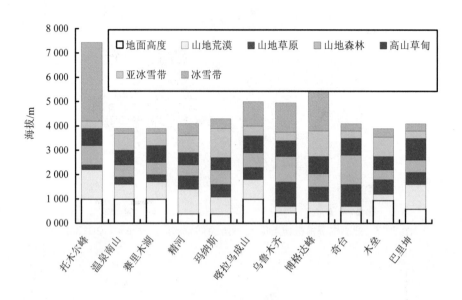

图 2-20　天山北坡植被垂直带谱（胡汝骥，2004）

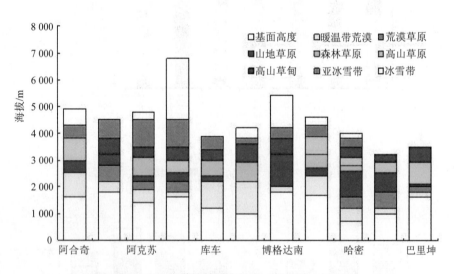

图 2-21　天山南坡植被垂直带谱（胡汝骥，2004）

　　在这个植被带里，发育了砾石质荒漠植物、沙质荒漠植物和稀疏灌木及河谷林（又称"吐加依林"）。耸立在中亚五国东南部的帕米尔世界屋脊和向北、东延伸的天山山系，阻止了中亚温带荒漠植被带的东移步伐。几大山系的隆起改变了大气环流的运行过程和降水的分布模式，出现了植被类型随山地海拔高度的上升而交替变化形成的山地垂直带谱。

　　山地多样的生态地理环境条件，孕育了丰富的物种多样性，尤其是植物多样性。其典型垂直带谱结构自山麓平原至山顶依次是：温带荒漠带—山地（灌丛）草原带—山地落叶阔叶林带—山地暗针叶林带（有时缺失）—亚高山草甸带—高山灌丛草甸带—高山垫状植被带。在费尔干纳山、恰特卡尔山、塔拉斯山、准噶尔阿拉套山、外伊犁山、吉尔吉斯山地的北坡，其主要特征是中山带发育有落叶阔叶林。在天山西部，落叶阔叶林以野胡桃林为主，在北部则以野苹果（*Malus pumila* Mill.）林为主（林培钧和崔乃然，2000）。在恰特卡尔山和塔拉斯山，落叶阔叶林呈不连续的斑块状，与草原植被镶嵌形成山地森林草原带。因此，中亚山地成为世界 34 个生物多样性研究热点地域之一。

据不完全统计，中亚五国的植物区系包含 127 科、1 279 属和 9 346 种（包括亚种）。其中，具有属的多样性最丰富的 10 个科分别是：菊科（181 属）、十字花科（113 属）、禾本科（111 属）、伞形科（103 属）、豆科（53 属）、紫草科（41 属）、石竹科（37 属）、毛茛科（29 属）、玄参科（22 属）和蓼科（19 属）。

对于物种的多样性而言，最丰富的前 10 科是：菊科（1 520 种）、豆科（1 097 种）、禾本科（640 种）、十字花科（491 种）、伞形科（418 种）、石竹科（360 种）、紫草科（248 种）、玄参科（238 种）、毛茛科（218 种）和蓼科（163 种）。上述 10 个科中包括了中亚植物区系中 55.43% 的属。此外，仅有 4.44% 的科中含有单属。

中亚植物资源丰富。有药用植物 2 014 种，其中，野生种类 1 451 种，农用植物 120 种以上。食用植物中，野生果树种类 103 种，大型食用真菌 200 种以上。维生素植物 50 种以上。油料植物近 100 种。蜜源植物多达 500 余种。具有观赏价值和绿化环境的植物资源中，防护林树种 80 种以上，固沙植物 100 余种之多，观赏植物超过 300 种，仅野生花卉就有 180 种。该区天然野生牧草有 230 种。其中数量大、质量高的种类占 13.04%，计有 382 种。有 500～600 种木本植物，包括 100～150 种树木，其余为灌木，该区代表性的类群，包括沙拐枣属、柽柳属、黄耆属、枸子属、蔷薇属和山楂属等。种质植物资源中，野生谷类作物的近缘种有 87 种、野生果树近缘种 70 余种。同时，适应极端环境的耐盐、抗旱和耐寒耐病虫的种质资源也十分丰富。

2.3.2 典型荒漠土壤

土壤是母质在气候、生物、地形和时间等因素综合作用下逐渐发育形成的。自人类诞生以来，人为因素越来越深刻而广泛地影响着土壤的形成和演变过程。

土壤和大气不间断地进行着水分和热量的交换（图 2-22），成为土壤形成的基本因素。生物因素在土壤形成中起主导作用（图 2-23）。自然土壤与自然植被有着很好的对应性。不同地貌单元特征对土壤的形成具有重要的控制作用。地形的改变往往是导致土壤类型改变的重要因素。成土母质是决定土壤发育与土壤肥力特征的重要基础。

在生物气候带、母岩组分和性质的共同作用下（图 2-24），中亚土壤从西到东，从北到南荒漠土发育过程显明，并占据了中亚 2/3 以上的土地面积，成为世界典型的温带荒漠土分布地区。

土壤剖面中风化物和成土的弱转移，使其外表层不显著；缺乏具有草原类型成土的草皮层，取而代之的是多孔硬壳和片层状皮（壳下）下土层；较少的腐殖质层和低的富里酸有机质成分含量；低吸收量；矿物质的弱聚合度和沙尘组分（图 2-25）；土壤剖面淤泥粒级的再分配，且在其中部伴随有更紧密的、明显的黏质和铁质化的褐色或粉褐色淀积层形成；土壤中碳酸盐度普遍发达，部分碱度较弱。

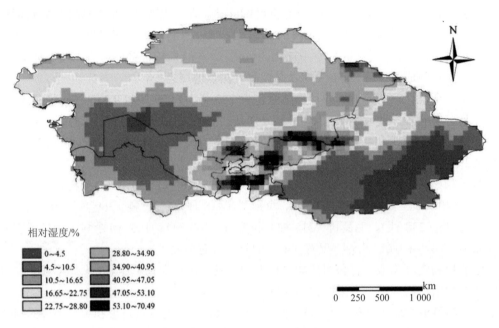

相对湿度/%

0～4.5	28.80～34.90
4.5～10.5	34.90～40.95
10.5～16.65	40.95～47.05
16.65～22.75	47.05～53.10
22.75～28.80	53.10～70.49

图 2-22　亚洲中部土壤湿度（罗格平，2013）

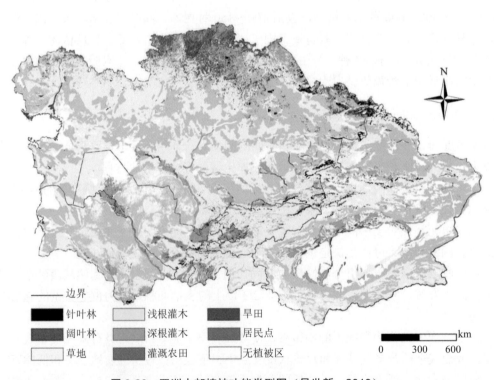

边界

针叶林	浅根灌木	旱田
阔叶林	深根灌木	居民点
草地	灌溉农田	无植被区

图 2-23　亚洲中部植被功能类型图（吴世新，2013）

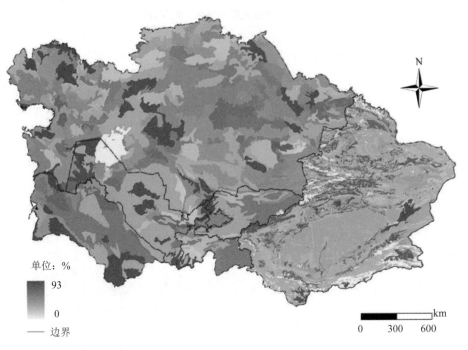

单位：%

93

0

—— 边界

图 2-24　亚洲中部地区土壤砂含量分布图[世界土壤数据库（HWSD），2008]

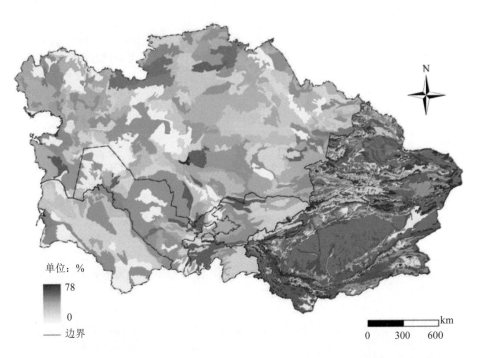

单位：%

78

0

—— 边界

图 2-25　亚洲中部地区土壤粉砂含量分布图[世界土壤数据库（HWSD），2008]

中亚土壤的水平和垂直分布见表 2-2 和表 2-3。

表 2-2 中亚五国土壤水平地带特征

地带	亚带	面积/ 10^4 hm²	主要土壤	腐殖层厚度/ cm	腐殖质含量/ %	C/N	腐殖酸/富里酸	土地农业利用的可能性
森林草原	半湿润森林草原	0.4	灰色森林脱碱黑钙土	50~60	5~7	12		稳定非灌溉土壤区，保证农作物春小麦（小麦属，Triticum Linn.）有充足的水分，易耕地，无须进行土壤改良，可完全开发，其余的土地可用于牧场和草场。
	丛状森林草原	0.2	草甸黑钙土	50~70	6~9	9~11	1.5~2	
				60~70	8~12			相对稳定非灌溉土壤区，季节性干旱，大部分区域可保证农作物有充足的水分
草原	半干旱草原	12.0	普通黑钙土	55~65	6~8	8.5~11.5	1.3	土壤含有轻质机械成分及碳酸盐，可免受风蚀，综合成土碱化程度高，需进行土壤改良，耕地需施磷肥，干旱期占全年的20%。
	干旱草原	12.9	南黑钙土	40~55	5~6	9~11	1.1 1	不够稳定的非灌溉土壤区，大部分区域不足以保证农作物所需的水分，干旱期占整个年份的30%，土壤改良建议如上。
	半干旱草原	27.7	暗栗钙土	35~45	3.5~4.5	9~10		
	干旱草原	25.4	典型栗钙土	30~40	3~3.5	8~9		不够稳定的非灌溉土壤牧区，大部分区域不足以保证农作物所需的水分，耕地需施磷肥，土壤干旱，风蚀严重，干旱期占整个年份的40%。
								不稳定的非灌溉土壤牧业区，几乎不能保证作物所需的水分，干旱期占整个年份的50%，是好的春季牧场
半荒漠	荒漠草原	37.5	淡栗钙土	25~30	2~3	8~9	0~9	高产的牧区，不能保证农作物所需的水分，干旱期占整个年份的75%，农作物（黍、大麦 Hordeum vulgare L.、瓜类）主要生长在西部水分较充足的地段
荒漠	北部荒漠	58.0	灰褐色荒漠土	20~25	1~3	7~8	0.8	秋冬产草量不足的牧区，农作物只能靠灌溉生长，但不能保证灌溉用水。
	中部荒漠		灰褐色龟裂	10~15	0.7~1	6~7	0.5	产草量少的牧区，在锡尔河、楚河和伊犁河等河流下游发育着可耕种的耕地，主要在龟裂土区。耕地需要施氮肥和磷肥。在南部荒漠区种植棉花（Gossypium.）作物
	南部荒漠	59.3	状砂土	10~25	1~1.2	6.5~7	0.6	

表 2-3　中亚五国土壤垂直地带特征

高山带	面积/ 10^6 hm²	主要土壤	腐殖层厚度 (A+B)/cm	A 层腐殖质含量/%	腐殖质组成 C/N	腐殖质组成 腐殖酸/富里酸	土地利用的可能性
山下-山麓半荒漠	16.0	淡灰钙土 典型灰钙土 暗灰钙土 淡栗钙碳酸盐土	18～20 25～30 60～70 30～40	1～1.5 1.5～2.5 2.5～3.5 2～3	6～8 7～8 8～9 7～9	0.6～0.7 0.7～0.8 0.8～0.9 0.9～1.0	灌溉和旱地耕作及高效的春秋季牧场。在水浇地可种植棉花（Gossypium.）、甜菜（Beta vulgaris L.）、烟草、玉米、苜蓿（苜蓿属，Medicago Linn.）、蔬菜和发展园艺。在旱地主要为冬、春小麦（小麦属，Triticum Linn.）。氮肥和磷肥对灌溉地非常有效。土地与水资源保障适于扩大灌溉面积
低山草原	9.7	山地灰钙土 山地暗栗钙土 山地普通黑钙土	50～70 40～50 50～70	2～3 3～5 6～8	8～9 8～9 8.5～9	0.7～0.9 1.1 1.2	非灌溉耕作和畜牧业占优势。东部适于种植粮食作物（春小麦（小麦属，Triticum Linn.）。多数面积种植牧草。南部园艺业发达。高效的夏秋季牧场和割草地
中高山草甸森林	4.7	山地淋溶黑钙土 山地褐土 山地灰森林土 山地暗森林土	80～100 60～100 70～80 35～50	10～13 4～12 15～17 8～12	8～10 9～11 11～12 11	1.2～1.4 0.8～1.0 0.9 0.7～0.9	不适于发展农业耕作（地形切割严重，生长期短等）。高效的夏季牧场和地带下部部分割草地发展较好
高山草甸亚高山与高山带	3.0	山地草甸亚高山土 山地草甸高山土 高山草甸草原土	35～55 55～65 30～50	11～12 12～18 13～15	9～14 11～12 8～13	0.8～0.9 0.8～1.0 —	良好的夏季牧场

中亚土壤区域性分布规律　土壤通常受区域性因素的变化呈有规律的分布。下面将以几个具有代表性的地貌类型（或地段），来揭示土壤区域性分布的一般规律。

2.3.2.1　山前洪积—冲积平原

以山前洪积—冲积平原的地貌组合形式的出现最为广泛。一般由洪积—冲积扇群和古老冲积平原两大部分组成，各带内的土壤分布规律如下：

（1）在山前平原上部的洪积—冲积扇群地段，为地表水渗漏带，地下水位很深。洪积—冲积扇上部，靠近山前丘陵，雨量稍多而较湿润（与灰漠土区相比较）。地表生长禾本科植物和蒿属，与之相适应的土壤为棕钙土。洪积—冲积扇中部，植被为温带荒漠类型，土壤未经过水成过程阶段，发育成为地带性土壤——灰漠土。洪积—冲积扇下部，即接近扇缘的部位，地下水位稍高，开始有草甸植被，分布着草甸灰漠土。

（2）扇缘地段，一般称为地下水溢出带，这里的地下水位较高，部分有地下水溢出而形成泉眼或泉水沟。在此扇缘地段的稍高处，生长草甸植被；而在微域洼地上由于地下水位较高，生长着盐化草甸植被、沼泽植被和盐化沼泽植被等，与其相适应的土壤有：暗色草甸土、盐化草甸土、盐化沼泽土等。

（3）位于扇缘以北的古老冲积平原上，属地下水散失带，随着地下水位的下降，非地带性土壤朝地带性土壤发展，形成草甸灰漠土；在古老冲积平原中部，早期脱离了地下水影响，发育着残余盐化灰漠土和碱化灰漠土等。

2.3.2.2 山间谷地

由山前平原和有多级阶地的冲积平原所组成。在山前平原和冲积平原的交接处，出现地下水溢出带，在这里分布着草甸土和沼泽土。除山前平原的中部和下部分布着灰钙土外，土壤分布规律通常与阶地的发育相一致，而土壤的发育又与不同时期的河流下切和阶地形成相联系。土壤的分布自高阶地至河滩地，从高到低的排列顺序是：灰钙土—草甸灰钙土或盐化灰钙土—草甸土或盐化草甸土—草甸沼泽土—沼泽土。此外，在河滩地上的部分地段，还有新积土等。

2.3.2.3 山间盆地

在山前洪积—冲积扇群上部分布着石膏棕漠土和砾质棕漠土，洪积—冲积扇群的中、下部和各小河的高阶地细土物质上分布着灌耕棕漠土和灌漠土；扇缘带分布着沼泽土、盐化草甸土和盐土等。

2.3.2.4 冲积平原

下切性河流形成的冲积平原，在窄狭的河滩地和低阶地上分布着草甸土和部分沼泽土，一般未见盐化现象，只在沿河的凸岸部分才有明显的盐化；在第二级阶地上，盐化过程较为强烈，分布着盐土和盐化草甸土，部分地下水位较低，分布着灰漠土和草甸灰漠土；在河间高地或古冲积平原上，地下水位较深，分布着灰漠土、残余盐化灰漠土、碱化灰漠土、龟裂土、风沙土和残余盐土等。泛滥性河流冲积平原，在河漫滩上分布着新积土或盐化新积土；在河流两侧地下水位 2.5～4 m 的自然堤上分布着林灌草甸土或盐化林灌草甸土、浅色草甸土或盐化草甸土、盐土或草甸棕漠土等；河间低地上分布着盐化草甸土、草甸盐土等，部分低洼地上发育着草甸沼泽土、腐殖质沼泽土；有季节性泛滥河水到达的河漫滩上形成了新积土；在地形较高处，分布着草甸盐土、盐化草甸土；在古冲积平原上分布着典型盐土、残余盐土、棕漠土、风沙土等。

此外，在泛滥性冲积平原中，河流改道使土壤产生演变。在古河道两岸分布着荒漠化的林灌草甸土和草甸土以及典型盐土、风沙土等。在新河道两侧，土壤水分得以补给，形成浅色草甸土和盐化土壤。土壤演变比较迅速而频繁，是荒漠地区泛滥性冲积平原上最突出的特征。

2.3.2.5 洪积—冲积扇与干三角洲

亚洲中部干旱区的内陆性河流或小河流出山口以后，形成洪积—冲积扇，在扇缘以下即行散流形成干三角洲，这些散流常消失于干三角洲以下的风沙土区。在洪积—冲积扇群地段地下水位较深的戈壁地上，分布着灰棕漠土或砾质棕漠土；而在细土母质上发育着灰漠土或棕漠土以及残余盐土；在扇缘带的地下水位较高，与其相适应的土壤有：暗色草甸土或浅色草甸土，还有沼泽土、林灌草甸土和盐土等；在干三角洲地段，地下水位又复变深，与其相适应的土壤有草甸灰漠土、残余盐化灰漠土、碱化灰漠土、残余盐土、碱土等，或草甸棕漠土、残余盐化棕漠土、棕漠土等。

参考文献

[1] 胡汝骥. 中国天山自然地理. 北京：中国环境科学出版社，2004.

[2] 胡振华. 中亚五国志. 北京：中央民族大学出版社，2006.

[3] 陈曦，姜逢清，王亚俊，等. 亚洲中部干旱区生态地理格局研究. 干旱区研究，2013，30（3）：385-390.

[4] 胡汝骥，陈曦，姜逢清，等. 人类活动对亚洲中部水环境安全的威胁. 干旱区研究，2011，28（2）：189-197.

[5] 黄秋霞，赵勇，何清. 基于 CRU 资料的中亚地区气候特征. 干旱区研究，2013，30（3）：396-403.

[6] 胡汝骥，姜逢清，王亚俊，等. 新疆气候由暖干向暖湿转变的信号及其影响. 干旱区地理，2002，25（3）：194-200.

[7] 姚海娇，周宏飞，苏风春. 从水土资源匹配关系着中亚地区水问题. 干旱区研究，2013，30（3）：391-395.

[8] 陈曦. 中国干旱区自然地理. 北京：科学出版社，2010.

[9] 林培钧，崔乃然. 天山野果林资源. 北京：中国林业出版社，2000.

[10] 吉力力·阿不都外力，等. 干旱区湖泊与盐尘暴. 北京：中国环境科学出版社，2012.

[11] 王树基. 亚洲中部山地夷平面研究——以天山山系为例. 北京：科学出版社，1998.

[12] 中国科学院新疆地理研究所. 天山山体演化. 北京：科学出版社，1986.

[13] 陈志明，等. 亚洲地貌圈及其板块构造纲要；亚洲与毗邻区陆海地貌全图（1 800 万），北京：测绘出版社，2010.

[14] 李锦铁. 中国大陆地质历史的旋回与阶段. 中国地质，2009，36（3）：504-527.

[15] 李锦铁，王克卓，李亚萍，等. 天山山脉地貌特征、地壳组成及地质演化. 地质通报，2006，25（8）：895-909.

[16] 李锦铁，张进，杨天南，等. 北亚造山区南部及其毗邻地区地壳构造分区与构造演化. 吉林大学学报（地球科学版），2009，39（4）：584-605.

[17] 乌尔坤·别克. 阿尔泰山若干地貌发育问题的讨论//中国科学院新疆地理研究所. 阿尔泰地区科学考察论丛. 北京：气象出版社，1991，1J16.

[18] 肖文交，舒良树，高俊，等. 中亚造山带大陆动力学过程与成矿作用. 新疆地质，26（1）：4-8.[18]

[19] 杨发相. 2010. 新疆地貌及其环境效应. 北京：地质出版社，2008.

[20] Jahn B M，Griffin W L，Windley B. Continental growth in the Phanerozoic：evidence from Central Asia. Tectonophysics，2000，328（1）：vii-x.

[21] Şengör A M C，Natal'in B A. Evaluation of the altaid tectonic collage and Palaeozoic crustal growth in Eurasia. Nature，1993，364（22）：299-307.

[22] Şengör A M C，Natal'in B A. Palaeotectonics of Asia：fragments and synthesis. In：Yin A.，Harrison M（eds.）. The tectonic evolution of Asia. Cambridge University Press，1996，486-640.

[23] Xiao W，Huang B，Han C，et al. A review of the western part of the Altaids：a key to understanding the architecture of accretionary orogens. Gondwana Research，2010，18（2）：253-273.

第3章　亚洲中部干旱区气候环境演变过程

亚洲中部干旱区气候变化极度敏感和脆弱（UNDP，2005；IPCC，2007）。气温上升导致蒸发加剧、冰川退缩和水资源匮乏（Kutuzov，2005；UNDP，2005；胡汝骥等，2011；Siegfried et al.，2012；Sorg et al.，2012；陈曦等，2013）。亚洲中部干旱区气候变化对水资源和生态平衡具有重要意义，因此，对该区域气候变化的研究成为一个急需解决的问题（IPCC 2 001；Lioubimtseva et al.，2005；Lioubimtseva and Cole，2006；Lioubimtseva and Henebry，2009）。IPCC（2001）报告指出，在20世纪期间该地区存在1~2℃的增温。然而，该报告并未给出详细的气温变化的时间和空间信息。由于降水变化自身的复杂性，加之该区域的地形多种多样，使得亚洲中部降水的时间和空间变化信息匮乏。同时，根据数目有限的气象站点信息或者利用对CRU数据进行简单的空间插值（New et al.，1999，2000；Mitchell and Jones，2005）来描述气候变化存在极大的不确定性。

Lioubimtseva 和 Cole（2006）指出，空间插值和外推法在地形复杂，且站点分布极不均匀的亚洲中部干旱区都会产生较大误差。除中国站点外，大部分站点在苏联解体后的20世纪90年代期间废弃（Chub，2000），并且在最近的几十年内无连续的气象记录（Schiemann et al.，2008）。现存的数据问题使得分析亚洲中部干旱区气候时空格局变化面临巨大的挑战。

NCEP-NCAR 再分析数据（Kalnay et al.，1996）提供了可选择的数据源并克服了数据上的一些问题。在区域气候分析中再分析数据得到广泛应用（Marshall 2002；Blender and Fraedrich 2003；Bromwich and Fogt 2004；Bordi et al.，2006；Bromwich et al.，2007；Song

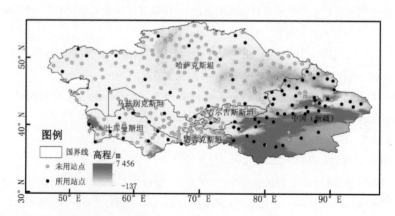

注：绿色站点表示未用站点，黑色表示所用站点。

图 3-1　研究区和站点分布图

and Zhang 2007； Grotjahn 2008； Dessler and Davis 2010； Bao and Zhang 2013），而在亚洲中部地区的应用很少（Schiemann et al.，2008）。最近几年，一批具有高精度和高空间分辨率的再分析数据的出现为解决这一问题提供了新的途径。这些数据包括：NCEP 的 CFSR（Saha et al.，2010）、ECMWF ERA-Interim（Dee et al.，2011）和 MERRA（Rienecker et al.，2011）。由于不同数据在不同地区具有不同的适用性（Pitman and Perkins，2009），因此，在对该区域进行分析之前要对再分析数据进行验证（Ma et al.，2008）。

3.1　气候环境

首先，利用站点数据，对 CFSR、ERA-Interim 和 MERRA 3 套再分析数据进行验证；再根据 3 套数据和 CRU 数据，对亚洲中部干旱区 1979—2011 年的气温时空变化格局进行分析和讨论。最后利用 CFSR、ERA-Interim 和 MERRA 3 套再分析数据和 APHRO、GPCC 空间数据；对亚洲中部干旱区的降水时空变化给出结果。

3.1.1　气温变化

3.1.1.1　分析方法

2 m 地表气温日数据来自 365 个气象站点。其中，中亚五国有 295 个气象站点，数据来源于美国国家气候中心的 NOAA；70 个气象站点数据来自中国国家气象信息中心（NMIC）和新疆气象局。观测数据记为 OBS。空间数据包括：CRU v3.1（New et al.，1999；Mitchell and Jones，2005）1901—2009 年月数据、CFSR、ERA-Interim 和 MERRA 数据。再分析数据的其他情况见表 3-1。高程数据采用美国国家地质调查局地球资源观测系统数据中的水平分辨率 30s 的 GTOPO30 全球数字高程数据集（http：//eros.usgs.gov）。将其分别重采样到 3 套再分析数据的分辨率上。为分析亚洲中部干旱区生态系统和水资源对气候变化的响应。采用植被区和冰川区由分辨率 300 m 的欧洲航天局的全球土地覆盖数据 GlobCover 2009（Arino et al.，2010）。陈曦等人（2013）已采用该数据对亚洲中部干旱区的环境变化进行研究。

表 3-1　2 m 地表气温数据集

数据集	来源	处理技术	资料长度	分辨率
OBS	NOAA，NMIC，新疆气象局	气象观测	1901 年—至今	日
CRU v3.1	CRU	反距离插值	1979 年—至今	月 0.5°× 0.5°
CFSR	NCEP	3D var	1979 年—至今	小时 0.313°× 0.313°
ERA—interim	ECMWF	4D var	1979 年—至今	小时 0.750°×0.750°
MERRA	NASA	3D var	1979 年—至今	小时 0.500°×0.667°

研究方法包括：站点观测数据的质量控制（包括均一性检验，Alexandersson，1986；Aguilar et al.，2003；Li et al.，2004；DeGaetano，2006），对 365 个气象站点质量控制后得

到 1979—2011 年 81 个站点，1960—2011 年 62 个站点，1980s、1990s 和 2000—2011 年（2000s+）的气象站点。3 套再分析数据的年和季节气温变化由 1980s、1990s 和 2000—2011 年（2000s+）的气象站点观测数据验证。在天山区域内讨论了年和季节的气温随海拔变化情况（℃/100 m）。

根据绝对误差（AE）、相关系数（CC）、平均绝对误差（MAE）和均方根误差（RMSE）来描述再分析数据的验证结果（Ma et al.，2008；You et al.，2010）。在山区和平原区分别对再分析数据进行验证。山区根据联合国环境计划定义：海拔大于 2 500 m，或者在 1 500～2 500 m 之间且坡度大于 2°，或者海拔在 1 000～1 500 m 之间且坡度大于 5°（Blyth et al.，2002）。除山区以外的区域为平原区。

进一步比较 OBS 和 CRU，OBS 和 3 套再分析数据的气温变率。在比较中每一个气象站点和空间数据的格点看成一个样点，区域平均的气温变化情况也得到比较。气温的变化趋势根据线性拟合得到，突变检验由非参数检验的 Mann-Kendall 方法（或者 M-K 检验）得到（Mann，1945；Kendall，1948）。当一个趋势超过 95% 的显著水平，则称变化趋势统计显著。季节的气温变化（春季：3—5 月；夏季：6—8 月；秋季：9—11 月；冬季：12—2 月）和年气温变化得到分析。根据 OBS 和 CRU 分析亚洲中部干旱区中长期气温变化（1961—2011 年，1901—2009 年）。并将之与 1979—2011 年的气温变化进行对比。为分析气温的年代变化，利用不同年代间的平均气温差：

$$\mathrm{DIF}_{1990s-1980s} = T_{1990s} - T_{1980s}$$

$$\mathrm{DIF}_{2000s\pm1990s} = T_{2000s} \pm T_{1990s}$$

式中：T——10 年平均气温，℃。

利用经验正交函数方法（EOF，Lorenz，1956）对 CRU、CFSR、ERA-Interim 和 MERRA 数据的年平均气温的距平进行分析，比较不同数据间气温的空间格局。通过 North 准则（North et al.，1982）对 EOF 结果进行显著性检验。最后，以天山为研究子区分析了气温变化与海拔间的关系。

3.1.1.2　观测数据和空间数据的比较

在 365 个气象站点中分别选取有连续记录的 20 世纪 80 年代有 107 个站点，90 年代 112 个站点和 2000 年代 114 个站点，1979—2011 年 81 个站点，对 CFSR、ERA-Interim 和 MERRA 进行验证。OBS 和 3 套再分析数据的年和季节气温无显著差别。

如表 3-2 所示，CFSR、ERA-Interim 和 MERRA 数据与 OBS 显著相关，CC 高达 0.82～0.87。与 OBS 数据比较，AE 从 ERA-Interim 的−0.59℃到 MERRA 的 1.6℃。平原区的验证结果（CC：0.90～0.92）好于山区（CC：0.63～0.79）。在年代际验证中，CC 从 80 年代和 90 年代的 0.87 下降到 2000 年代的 0.81。

在 3 套数据中，CFSR 的验证效果最好。上述结果均表明：3 套再分析数据可以用来描述亚洲中部干旱区的气温变化。

表 3-2　CFSR，ERA-Interim 和 MERRA 数据的验证结果

时段	区域	再分析数据	统计指标			
			AE	CC	MAE	RMSE
1980s	平原区（74 站点）	CFSR	0.4	0.93	1.27	1.73
		ERA-Interim	0.25	0.92	1.19	1.9
		MERRA	1.79	0.92	2.08	2.71
	山区（33 站点）	CFSR	−1.19	0.83	2.54	3.44
		ERA-Interim	−2.12	0.68	3.47	4.62
		MERRA	1.59	0.85	3.22	4.03
	整个区域（107 站点）	CFSR	−0.09	0.89	1.66	2.37
		ERA-Interim	−0.48	0.84	1.9	2.99
		MERRA	1.73	0.89	2.43	3.16
1990s	平原区（80 站点）	CFSR	0.37	0.95	1.18	1.65
		ERA-Interim	0.11	0.93	1.2	1.89
		MERRA	1.72	0.92	2.07	2.68
	山区（32 站点）	CFSR	−1.63	0.78	2.85	3.84
		ERA-Interim	−2.43	0.61	3.62	4.80
		MERRA	1.35	0.79	3.23	4.02
	整个区域（112 站点）	CFSR	−0.21	0.89	1.66	2.46
		ERA-Interim	−0.61	0.85	1.89	3.00
		MERRA	1.62	0.89	2.4	3.11
2000s	平原区（81 站点）	CFSR	0.66	0.88	1.78	2.42
		ERA-Interim	0.16	0.85	1.99	2.75
		MERRA	1.97	0.85	2.69	3.47
	山区（33 站点）	CFSR	−2.05	0.75	3.17	4.15
		ERA-Interim	−2.72	0.6	3.82	5.1
		MERRA	0.18	0.69	3.43	4.46
	整个区域（114 站点）	CFSR	−0.13	0.84	2.18	3
		ERA-Interim	−0.67	0.78	2.52	3.57
		MERRA	1.45	0.81	2.91	3.76
1979—2011 年平均值	平原区	CFSR	0.48	0.92	1.41	1.93
		ERA-Interim	0.17	0.90	1.46	2.18
		MERRA	1.83	0.90	2.28	2.95
	山区	CFSR	−1.62	0.79	2.85	3.81
		ERA-Interim	−2.42	0.63	3.64	4.84
		MERRA	1.04	0.78	3.29	4.17
	整个区域	CFSR	−0.14	0.87	1.83	2.61
		ERA-Interim	−0.59	0.82	2.10	3.19
		MERRA	1.60	0.86	2.58	3.34

* AE—绝对误差；CC—相关系数；MAE—平均绝对误差；RMSE—均方根误差。

3.1.1.3 气温的时间变化趋势

OBS，CRU 和 3 套再分析数据表明，在 1979—2011 年期间亚洲中部气温出现显著增温。大部分地区（最小二乘得到 75%～90% 地区，M-K 检验得到 60%～85% 地区）在过去的 33 年中（1979—2011 年）有显著的增温趋势（显著性超过 95%）（图 3-2a 和图 3-2b）。通过最小二乘法得到，33 年中亚洲中部年平均气温的平均增长率为 0.39（0.36～0.42）℃/10a（图 3-3 和图 3-4a）。该速率高于过去 52 年的 0.30℃/10a 和 109 年的 0.15℃/10a（图3-3b，3.33C 和图 3-4a）。

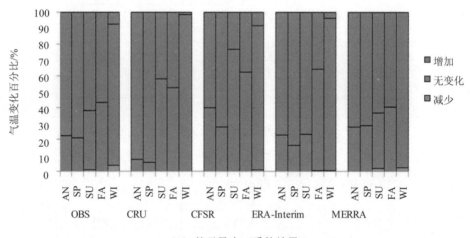

（a）基于最小二乘的结果

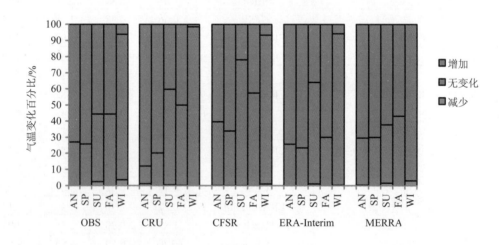

（b）基于 M-K 检验的结果

注：灰色—无显著变化；红色—显著变暖；蓝色—显著变冷；显著变化—在 95% 显著水平下气温有变化；AN—年；SP—春季；SU—夏季；FA—秋季；WI—冬季。

图 3-2　研究区气温变化的面积百分比

年代际间，每 10 年的年和季节气温差中，21 世纪 00 年代与 20 世纪 90 年代的气温差比 90 年代和 80 年代的高 35%～200%，这表明气候的连续变暖持续到 21 世纪，且变暖趋势更显著（图 3-4b）。M-K 检验表明，气温增温主要发生在 90 年代后期和 00 年代前期，这也说明了 21 世纪前期是一个增温期（图 3-2a）。

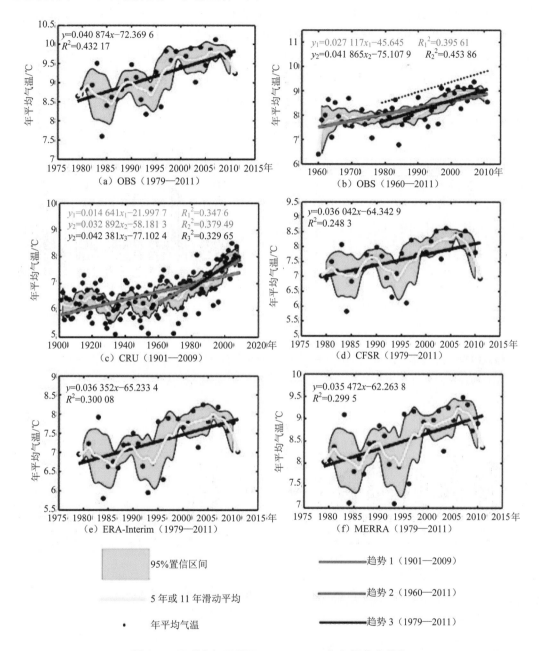

图 3-3 亚洲中部干旱区 1979—2011 年气候变化趋势

（a）81 个气象站点 1979—2011 年气温变化趋势；（b）62 个气象站点 1979—2011 年和 1960—2011 年气温变化趋势；（c）CRU 数据 1901—2009 年，1960—2009 年和 1979—2009 年的气温变化趋势；（d）~（f）: 分别为 CFSR，ERA-Interim 和 MERRA 数据 1979—2011 年气温变化趋势。

黄色曲线为 5 年（1979—2011 年）或者 11 年（1901—2009 年，1960—2011 年）滑动平均，浅蓝色为 95% 的置信区间

　　在气温的季节变化中，OBS、CRU 和 3 套再分析数据有类似的结论（图 3-4a）。所有数据表明 1979—2011 年期间春季增温最快（0.64～0.81℃/10a）。图 3-b 表明在 00s+和 90s 的温差上，春季增温占 75%～83%，再次证明在本世纪初期出现的一个加速增温过程。除冬季外，在 1979—2011 年其他季节也表现出明显增温（图 3-2）。OBS 和 MERRA 数据表明，在最近的 30 年亚洲中部有 3%～4% 的地区冬季出现降温。由 MERRA 冬季平均气温得到，在 1979—2011 年间出现降温趋势-0.27℃/10a。OBS，ERA-Interim 和 MERRA 表明 2000—2011 年冬季平均气温为 0.11～0.39℃低于 20 世纪 90 年代的冬季平均气温（图 3-4b）。CRSR 和 CRU 数据则表现出冬季的微弱增温。

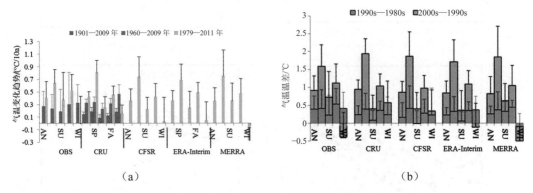

图 3-4　亚洲中部干旱区 1979—2011 年和季节的气温变化趋势

（a）1979—2011 年，1960—2009 年和 1901—2009 年和季节的气温变化趋势；

（b）1979—2011 年年代际多年平均气温温差。图中只给出误差上限

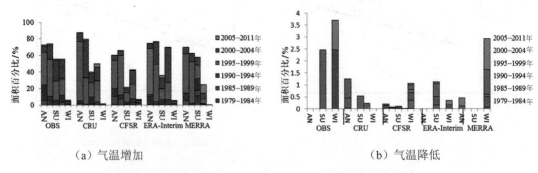

图 3-5　亚洲中部干旱区 1979—2011 年气温变化的突变时段

3.1.1.4　气温的空间变化

　　CRU 和 3 套再分析气温数据在空间分布上存在差异。图 3-6b 和图 3-6c 表明，CFSR 和 ERA-Interim 有类似气温变化的空间分布：在 Turanian 北部和西南部以及新疆的东部为主要增温区。这与 OBS（图 3-7）和 CRU 的空间结果一致（图 3-6a），与 MERRA 的空间分布不同（图 3-6d）。MERRA 结果表明，在新疆出现很少的气温变化，而哈萨克斯坦的北部和东部出现大面积的增温。图 3-8 给出 4 套空间数据每 10 年的年平均气温温差比较：20 世纪 90 年代年平均气温减去 80 年代年平均气温，00+年代平均气温减去 90 年代年平均

气温。结果表明：①不同数据集有相同的气温变化，尽管 MERRA 数据在哈萨克斯坦北部边缘有大幅度的变暖；②从 80 年代到 90 年代间，中亚五国的中部和中南部出现变冷趋势，而在 2000—2011 年上述区域呈变暖趋势，且增温幅度巨大（图 3-8b、d、f 和 h）。

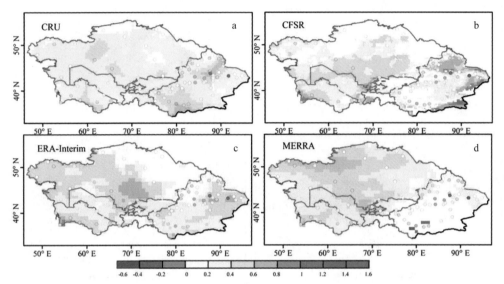

注：白色区域为无显著变化。图上圆圈为站点，不同颜色表示不同的变化趋势，白色为变化趋势在 95% 显著水平下变化不显著的区域或者站点。

图 3-6　1979—2011 年亚洲中部干旱区年气温变化趋势（℃/10a）的空间分布

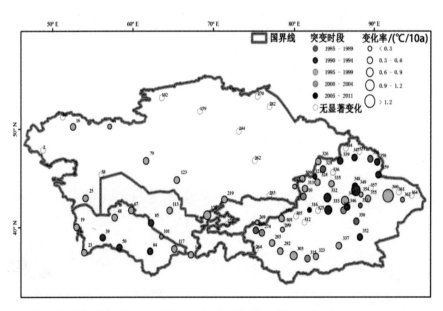

注：圆圈大小表示气温变化趋势的大小；圆圈颜色表示气温突变的时间段。

图 3-7　亚洲中部干旱区 81 个气象站点 1979—2011 年年平均气温的变化趋势

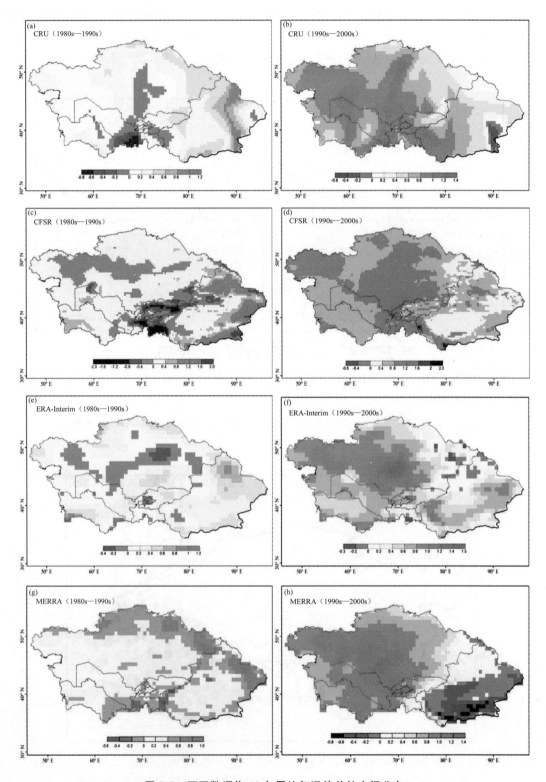

图 3-8　不同数据集 10 年平均气温偏差的空间分布

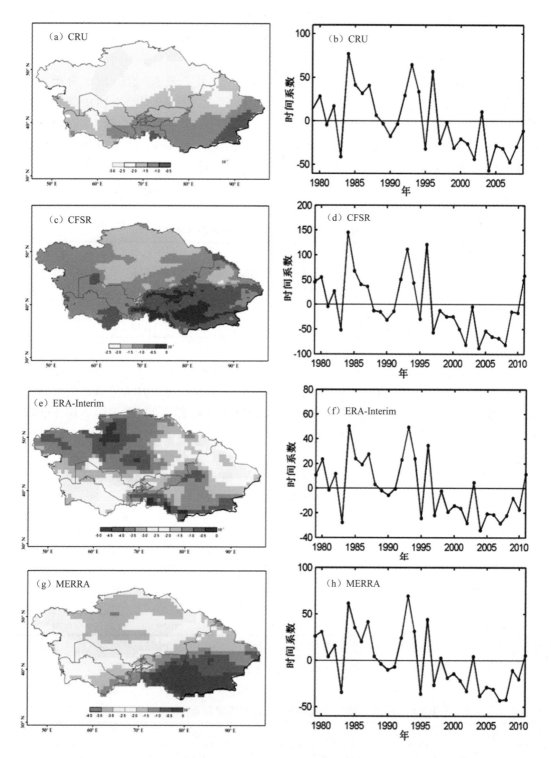

图 3-9　CRU、CFSR、ERA-Interim 和 MERRA 数据集年平均气温距平（℃）的
EOF 第一模态和对应的时间系数

图 3-8 表明，在亚洲中部的东部地区（中国新疆）20 世纪 80—90 年代期间增温显著，而中亚五国的部分地区在相同时间段出现微弱的降温。从 90 年代到 2000s 新疆地区增温不明显，而中亚五国增温显著。

采用 EOF 来分析亚洲中部干旱区气温的时空格局变化。表 3-3 给出 EOF 分析方差贡献结果。EOF 第一模态的方差贡献达到 63%～73%。因此，图 3-9 只给出 EOF 第一模态及其对应的时间系数。EOF 第一模态显示，亚洲中部干旱区的气温变化与图 3-8 有明显不同（图 3-9）。表明亚洲中部干旱区局部气候的区域变化过程，EOF 第一模态表明，并且在亚洲中部气温变化呈现出西北到东南递减的格局。哈萨克斯坦北部气温出现大幅度的变化，而新疆西南部地区气温变化不明显（图 3-9a、图 3-9c、图 3-9g 和图 3-9e）。

表 3-3　EOF 分析的特征根（λ）和方差贡献（R）

数据集	λ_1	R_1/%	λ_2	R_2/%	λ_3	R_3/%	λ_4	R_4/%
CRU	1 186.55	72.50	145.25	8.88	132.28	8.08	39.34	2.40
CFSR	3 490.33	62.99	577.43	10.42	355.58	6.06	280.59	5.06
ERA-Interim	521.21	69.05	77.59	10.28	64.68	8.57	17.82	2.36
MERRA	917.21	70.43	132.36	10.16	82.68	6.35	37.32	2.87

亚洲中部地区的植被区（VG）、无植被区（NV）和冰川区（GC）的气温变化表明：CFSR 和 ERA-Interim 在 VG、NV 和 GC 表现出类似的结果；MERRA 在 VG 的增温速率高于其他两个再分析数据（表 3-4）。此外，MERRA 在 VG 有显著的增温速率 0.41℃/10a，远远高于冰川区的增温速率 0.24℃/10a。

表 3-4　1979—2011 年不同数据集在中亚（CA）植被区（VG）无植被区（NV）和
冰川区的气温的变化率

单位：℃/10a

数据集	CA	VG	NV	GC
CRU	0.42	0.42	0.42	0.42
CFSR	0.36	0.37	0.34	0.33
ERA-Interim	0.36	0.36	0.37	0.33
MERRA	0.36	0.41	0.29	0.24

同时，表 3-5 给出了世界其他地区相比较分析的资料。

表 3-5　1979—2011 年亚洲中部干旱区气温与全球其他地区比较　　单位：℃/10a

文献	研究区	研究时段	数据与方法	年	春	夏	秋	冬
Aizen et al.，1997	天山山区	1940—1991	110 站点	0.10	—	—	—	—
Li et al.，2011	新疆	1961—2005	65 站点	0.28	—	0.12	—	0.45
Li et al.，2012	中国干旱区	1960—2010	74 站点	0.34	—	—	—	—

文献	研究区	研究时段	数据与方法	年	春	夏	秋	冬
Pollner et al.，2008	中亚五国	From 1980—1999 to 2030—2050	GCM 模拟	0.38	—	0.48	—	0.32
Lioubimtseva and Henebry，2009	中亚五国	From 1961—1990 to 2080	4 AOGCM 模拟	0.29～0.48	—	—	—	—
Re et al.，2005	中国	1951—2004	740 站点	0.25	—	0.15	—	0.39
Jones et al.，1997；Wang & Gong，2000	中国	1979—1998	10 个研究子区观测数据	0.52	—	—	—	—
Simmons，2004	欧洲	1958—2001	CRU	0.17	—	—	—	—
Kattsov，2008	俄罗斯	1980—2006	气象站点数据	0.43	—	—	—	—
		1907—2006		0.13	—	—	—	—
Easterling et al.，1997	全球	1950—1993	4 100 站点观测	—	—	0.05～0.11	—	0.11～0.25
IPCC2007	全球	1901—2005	CRU，NCDC，GISS，Lugina（2005）	0.07～0.08	—	—	—	—
		1979—2005		0.19～0.32	—	—	—	—
胡增运，2013	亚洲中部干旱区	1979—2011	81 站点	0.41	0.64	0.38	0.52	-0.01
			CRU	0.42	0.81	0.25	0.46	0.16
			CFSR	0.36	0.74	0.22	0.42	0.02
			ERA-Interim	0.36	0.69	0.24	0.49	0.05
			MERRA	0.36	0.75	0.36	0.47	-0.28
		1960—2009	CRU	0.33	0.34	0.23	0.32	0.47
		1960—2011	62 站点	0.27	0.23	0.19	0.31	0.33
		1901—2009	CRU	0.15	0.19	0.09	0.12	0.19

CAS: Central Asia States; OBS: Observations; GCMs: General circulation models; AOGCMS: Atmosphere-Ocean General Circulation Models; CRU: climate research unit(http: //www.cru.uea.ac.uk/cru/data/temperature); NCDC: National Climatic Data Center，United States.

图 3-10 给出 3 套再分析数据年和季节的气温变化率与海拔的关系。整体上，海拔升高气温变化率降低。与 ERA-Interim 和 MERRA 相比，CFSR 的气温变化率与海拔呈现较好的线性负相关。

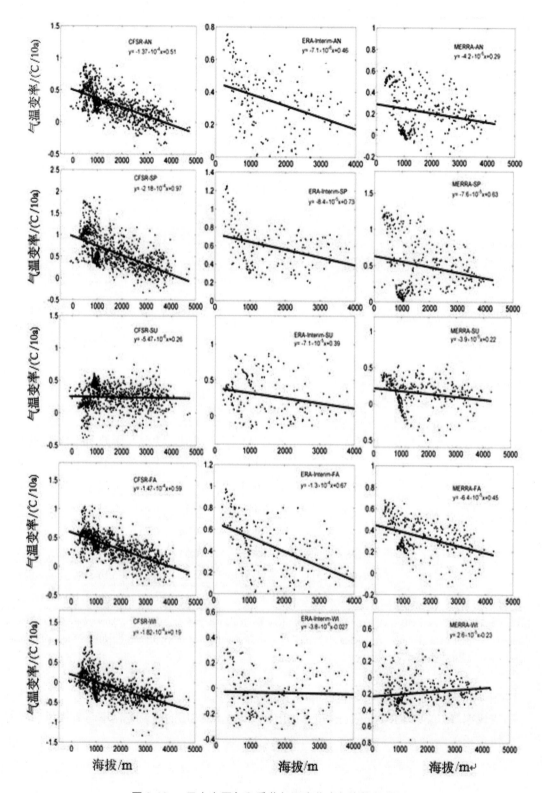

图 3-10　天山山区年和季节气温变化率与海拔的关系

3.1.2　降水的变化

利用 NOAA 81 个气象站点观测数据（OBS）和 CFSR，ERA-Interim 和 MERRA 空间数据，对亚洲中部干旱区近 30 年降水的时间和空间变化进行分析。CFSR、ERA-Interim 和 MERRA3 套再分析数据可以用来分析新疆和中亚五国的降水变化趋势（范彬彬等，2013；胡增运等，2013）。

表 3-6　OBS（1979—2002 年）、CFSR、ERA-Interim 和 MERRA（1979—2011 年）年及四季的降水变化趋势　　　　　　　单位：mm/a

数据	年	春季	夏季	秋季	冬季
OBS	−0.95	−0.23	−0.31	−0.41	0.06
CFSR	−4.80	−1.22	−2.01	−1.03	−0.59
ERA-Interim	−0.41	−0.09	0.16	−0.32	−0.21
MERRA	−1.07	−0.43	0.21	−0.52	−0.34

3.1.2.1　降水的时间分布

图 3-11 给出 1979—2002 年观测数据（OBS）、CFSR、ERA-Interim 和 MERRA1979—2011 年年降水量的变化趋势。结果表明在 1979—2002 年亚洲中部降水呈现减少趋势，降

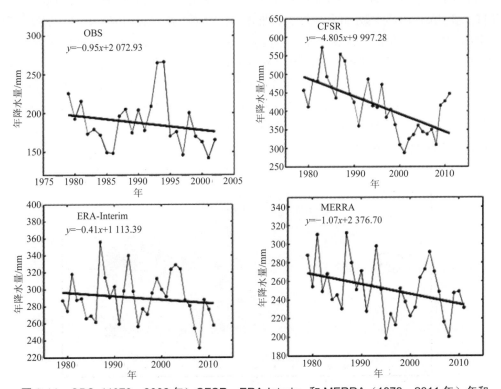

图 3-11　OBS（1979—2002 年）CFSR、ERA-Interim 和 MERRA（1979—2011 年）年和四季的降水变化趋势

水变化范围在 142.12～266.12 mm，最大降水和最小降水年份分别出现在 1994 年和 2001 年，多年平均变化率为-0.95 mm/a（图 3-11OBS）；在 1979—2011 年的降水变化中，CFSR 的降水变化范围在 287.81～571.96 mm，最大降水和最小降水年份分别为 1983 年和 2001 年，多年降水平均变化趋势为-4.8 mm/a；ERA-Interim 的降水变化范围在 231.23～356.13 mm，最大降水和最小降水年份分别为 1987 年和 2008 年；MERRA 的降水变化范围在 198.85～312.12 mm，最大降水和最小降水年份分别为 1987 年和 1995 年，且 ERA-Interim 和 MERRA 有相似的降水变化趋势（图 3-11ERA-Interim 和图 3-11MERRA）。

在降水的四季变化趋势中，OBS 的秋季降水减少最多，达-0.41 mm/a，冬季降水出现小幅度的增加 0.06 mm/a；CFSR 的夏季降水减少最多，降水变率为-2.01 mm/a，冬季降水变率减少最小，为-0.59 mm/a。

ERA-Interim 和 MERRA 的降水减少最多季节出现在秋季，分别为-0.32 mm/a 和-0.52 mm/a，而在夏季均出现降水增加趋势，降水变率分别为 0.16 mm/a 和 0.21 mm/a。

3.1.2.2 降水的空间分布

利用 CFSR、ERA-Interim 和 MERRA 的降水数据，得到亚洲中部 1979—2011 年年降水变率的空间分布图（图 3-12）。CFSR、ERA-Interim 和 MERRA 的多年降水平均变率分别为-18～14 mm/a、-9～10 mm/a 和-8～8 mm/a。图 3-12CFSR-AN 表明，1979—2011 年，在中亚五国绝大部分地区和新疆南部地区降水呈现减少趋势，在新疆西南部地区和哈萨克斯坦北部地区出现降水减少中心；在新疆的北部和东南部地区降水增加。在 ERA-Interim 的年降水变化趋势的空间分布上，新疆的西北部、哈萨克斯坦的东部地区、乌兹别克斯坦的东南部、塔吉克斯坦的南部和土库曼斯坦中部的部分地区降水增加，其他地区降水减少，减少区域大部分降水变率在-4～0 mm/a。在 MERRA 年降水变化趋势的空间分布上，哈萨克斯坦西部的小部分地区、土库曼斯坦的南部地区、与中国接壤的中亚五国地区和新疆的绝大部分地区降水增加，降水增加的中心出现在昆仑山和帕米尔高原，变率为 4～8 mm/a，其他地区降水减少。上述分析表明，在近 30 多年，中亚五国的年降水出现减少趋势，而在新疆的大部分地区年降水增加。

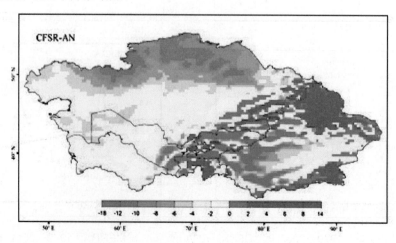

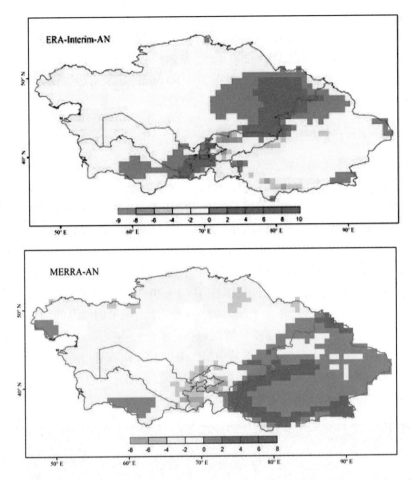

图 3-12　CFSR、ERA-Interim 和 MERRA 1979—2011 年年降水变化的空间分布

3.2　新疆的气候环境

新疆地处亚洲中部干旱区的东部，冬冷夏热，气温年日较差大，光照充足。由于远离海洋，高山环绕，致使降水稀少。同时蒸发强烈，干热风与沙尘暴频发，在这里没有灌溉就没有农业。南疆气温高于北疆气温，山地垂直递减明显。光热资源极为丰富，新疆太阳总辐射量达 5 440～6 280MJ·m^{-2}，年平均日照时数达 2 500～3 400 h，是全国日照时数最长的地区之一。年平均气温 4～14℃，天山北麓大于等于 10℃ 的积温为 3 000～3 600℃，而南疆则高达 4 700℃（李江风，1991；范丽红等，2006）。

新疆的西部、北部及中部的高大山脉，为拦截深入内陆空中的由纬向西风环流带来的西来水汽和北冰洋的干冷水汽（施雅风等，2002；2003；俞亚勋等，2003；胡汝骥等，2002；2003；胡汝骥，2004）提供了有利条件，创建了干旱区山地降水远远大于盆地平原的特征（张家诚，林之光，1985；姜逢清等，1998），山区总面积占全疆总面积的 42.7%，多年平均降水量 2 062×10^8 m^3，折合降水深度 294 mm，占全疆总降水量的 81.1%。平原区面积

63

（含沙漠和荒漠区）占全疆总面积的 57.3%，多年平均降水资源量 $2\,062\times10^{8}\,m^{3}$，折合水深仅为 51.1 mm，占全疆降水量的 18.9%。就北疆和南疆分别而论，北疆山地降水一般在 400～800 mm，盆地边缘降水一般在 150～200 mm，盆地中心降水约为 100 mm；南疆山地降水一般在 200～500 mm，盆地边缘降水一般在 50～80 mm，其东南边缘仅为 20～30 mm，盆地中心降水约仅为 20 mm（张家宝，袁玉江，2002）。

3.2.1 气温的时空变化格局

3.2.1.1 1962—2011 年新疆气温变化

在分析新疆地区气温的变化趋势中，选取了 50 个代表性较好的时间系列较长的国家气象站点观测数据作为分析依据，简称 OBS。其中山区站 10 个，海拔 1 500～3 504 m，（平均 2 307 m）；平原站 40 个（平均 918 m）。50 处资料系列都达到了 50 年（图 3-13）。在 95%的置信水平上，通过 Mann-Kendall 方法对 50 个观测站点记录的 1962—2011 年气温数据进行趋势分析与突变检验。结果表明：50 个站点中有 49 个存在增温趋势，1 个站点没有显著的变化趋势。40 个站点记录的气温在 1962—2011 年发生了突变，其中 9 个站点发生了多次突变，30 个站点的突变发生在 1985—1996 年，年平均气温的增长速率 0.036℃/a（图 3-14、表 3-7）。46 个站点在冬季呈增温趋势，3 个站点呈降温趋势，1 个站点没有显著的变化趋势，冬季增温速率为 4 个季节中最大 0.044℃/a。其他 3 个季节也有显著的增温趋势，夏季增温速率为 4 个季节中最小（0.021℃/a）。大部分站点的季节气温发生了突变，部分站点存在多次突变。

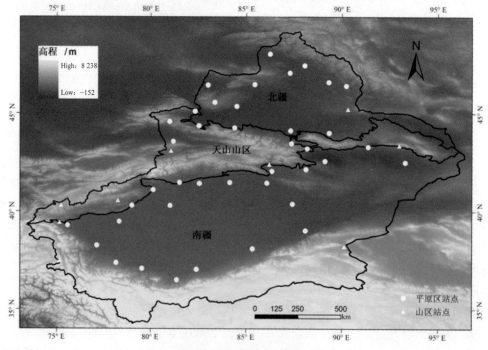

图 3-13　观测站点分布图

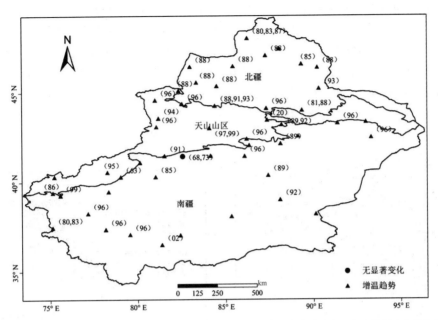

注：括弧内数值为发生突变的年份，如（88）表示为 1988 年，存在多次突变的站点，标示其所有的突变年份。

图 3-14　1962—2011 年新疆地区年平均气温趋势及突变

表 3-7　1962—2011 年 Mann-Kendall 分析结果统计

	变化率/（℃/a）	标准差	增温趋势	降温趋势	无显著趋势
年	0.036	0.76	49（39）	0	1（1）
春季	0.028	1.06	32（32）	5（5）	13（13）
夏季	0.021	0.71	39（34）	3（3）	8（8）
秋季	0.042	1.01	46（42）	0	4（4）
冬季	0.044	1.45	46（45）	1（1）	3（3）

注：括弧内的数值为发生突变的站点数。

3.2.1.2　再分析数据的评估

再分析数据是在多种来源的数据驱动下，利用数值天气预报模式同化得到的高时空分辨率的网格化历史气象数据，可为气象资料缺少的新疆地区提供较高精度的气象时空分布信息。利用 CFSR，ERA-Interim 和 MERRA（Saha S et al.，2010；Dee et al.，2011；Rienecker et al.，2011）分析新疆的气温变化时空格局。

考虑到数据的生产者对全球场的再分析数据很少进行精度的评估，其生产的产品质量如何并不明确。因此，使用再分析资料分析新疆气温变化的时空格局前，先对其进行可信度分析和质量检验。

3 套再分析数据与观测数据描述的气温年际变化趋势一致（图 3-15），其中 CFSR、ERA-Interim 和观测数据的相关性达到极显著水平（$P<0.001$），MERRA 和观测数据的相关性未通过显著性检验（$P<0.05$）。从数值上分析，CFSR 和 ERA-Interim 在 1979—2008 年对新疆地区气温的模拟始终呈低估的趋势，MERRA 始终呈高估的趋势，CFSR 与观测

数据最接近，MERRA 的偏差量最大。1979—2008 年，3 套再分析数据和观测数据所描述的气温变化趋势一致，都呈增温的趋势（趋势线斜率 $k>0$），观测数据的气温增长速率为 0.049℃/a，其值大于 1962—2011 年的气温增长速率 0.036℃/a，说明近 30 年新疆地区的气温在加速上升。3 套再分析数据和观测数据的相关性都达到了极显著水平（$P<0.001$），CFSR、ERA-Interim 大部分站点位于 1∶1 趋势线下方，说明 CFSR、ERA-Interim 大部分站点气温存在低估，而 MERRA 大部分站点位于 1∶1 趋势线上方，说明 MERRA 模拟的大部分站点气温存在高估。

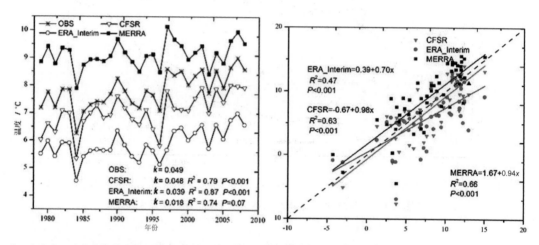

注：直线表示站点数据和再分析数据的线性拟合，R^2 和 P 值分别表示相关性和显著性，其中观测数据为 y 轴，再分析数据为 x 轴。

图 3-15　观测数据和 3 套再分析数据气温区域平均变化趋势（左侧）及站点数据和 3 套再分数据多年平均温的对比（右侧）

为比较分析站点数据和再分析数据的空间一致性，下面给出站点观测数据与再分析数据相关系数的空间分布图和距平标准化均方根误差空间分布图。

大部分站点 1979—2008 年观测数据和再分析数据相关性较好（图 3-16 左），3 套再分析数据平原区的相关系数高于山区的相关系数，平原区偏差值低于山区偏差值。CFSR 和 ERA-Interim 呈低估趋势，ERA-Interim 山区的偏差值为-2.55℃，平原区偏差值为-1.79℃，MERRA 呈高估趋势（表 3-8）。

表3-8　3 套再分析数据的气温精度分析　　　　　　　　　　　　　　单位：℃

区域	数据集	AE	CC	MAE	E
平原区（40）	CFSR	−0.50	0.77	2.27	0.74
	ERA-Interim	−1.79	0.84	2.41	0.58
	MERRA	1.58	0.74	2.48	0.63
山区（10）	CFSR	−1.94	0.62	3.13	0.82
	ERA-Interim	−2.55	0.73	4.71	0.67
	MERRA	−0.02	0.63	2.81	0.73

区域	数据集	AE	CC	MAE	E
	CFSR	−0.78	0.74	2.44	0.75
总计（50）	ERA-Interim	−1.94	0.82	2.87	0.59
	MERRA	1.26	0.72	2.55	0.65

注：AE—相对误差；CC—相关系数；MAE 绝对误差；E—距平标准化均方根误差；统计值由 50 个站点求算术平均根得到。

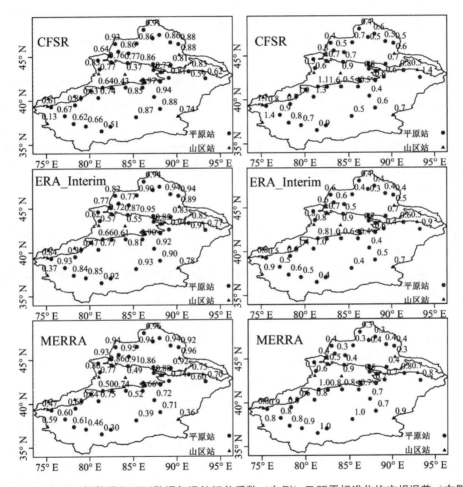

图 3-16　3 套再分析数据和观测数据气温的相关系数（左侧）及距平标准化均方根误差（右侧）

进一步采用距平标准化均方根误差分析 3 套再分析数据的可信度（图 3-16 右），根据距平标准化均方根误差的定义，如果其值小于 1.0，则表示再分析数据在数值上与站点实测值误差较小，再分析数据具有适用性。3 套再分析数据距平标准化均方根误差山区值高于平原值，但只有少数站点的距平标准化均方根误差大于 1.0。

比较气温的相关分析和距平标准化均方根误差分析结果，发现它们之间具有很好的反向对应关系，距平均方根误差大，再分析资料与实测资料的相关性就差；反之，距平均方根误差小，则对应两者之间的相关性就较好。这表明两种分析方法之间具有联系，但也存在差别，相关分析更多地反映了两者变化趋势的一致性，距平标准化均方根误差分析则能够体现出误差的相对大小。对比相关系数、距平标准均方根误差的空间分布，3 套再分析数据在新疆地区具有较好的可信度，并且平原区比山区可信度更高。在山区的误差大于平原区的原因可能与山区地形复杂，模式地形与实测地形存在很大差异有关，另外还与山区地面站点稀少，缺乏有效的同化数据有关。

3.2.1.3　再分析数据对新疆 1979—2008 年气温变化的分析

通过评估了 3 套再分析数据在新疆的适用性，3 套再分析数据在不同方面各有优缺，具有一定的可信度，都可作为新疆地区研究气温变化的空间数据。

EOF 是气候分析中常用的统计方法之一，EOF 得到的特征向量可以反映出变量场主要空间变化特征，通过分析其对应时间系数的变化，则可以进一步了解变量场这一空间分布随时间的变化特征。通过 EOF 方法将 3 套再分析数据分解为特征向量和时间系数，进一步分析新疆地区 1979—2008 年气温变化的时空格局。CFSR、ERA-Interim 和 MERRA 年均温距平 EOF 的第一模态方差贡献分别为 67.27%、77.61% 和 61.05%，包含了大量的信息，3 套再分析数据年平均气温距平 EOF 的第一模态方差贡献均通过了 North's 方法在 95% 置信水平上的显著性检验（North et al.，1982）。包含主要信息的 EOF 第一模态特征向量空间分布及其时间系数见图 3-17。

在新疆绝大部分地区 CFSR 第一模态表现为负值，说明 CFSR 所描述的新疆地区 1979—1962 年气温变化在空间上表现出较好的一致性[图 3-17（CFSR）]，且数值从西南向东北呈递减的趋势，低值中心值为 $-0.05 \sim 0.04℃$ 位于准噶尔盆地南缘及东天山北坡，正值中心位于昆仑山西南部，其值为 $0.004℃$。与其对应的时间系数，在 1984 年和 1996 年出现了明显的增大，自 1996 年后时间系数开始下降，且变为负值。时间系数在 1979—1986 年、1988 年、1995 年、1996 年为正值，其他大部分时间为负值，说明大部分时间新疆地区气温呈增温的趋势。1996 年后时间系数均为负值，说明自 1996 年后，新疆仅在昆仑山西南部发生了降温，其他地区皆为增温，并且从新疆西南到东北增温越来越大。ERA-Interim 第一模态在新疆全境表现为负值[图 3-17（ERA-Interim）]，数值从西南向东北呈递减的趋势，低值中心位于东天山南坡其值为 $-0.08 \sim -0.09℃$；正值中心位于昆仑山东南部，其值为 $-0.04 \sim 0.03℃$。与其对应的时间轴系数，在 1984 年和 1996 年发生了明显的增大，自 1996 年后开始下降且变为负值，1996 年前则多为正值，说明 1996 年前新疆气温多表现为降温，而在 1996 年后则呈增温的趋势，并且从西南到东北增温越来越大。MERRA 第一模态在新疆全境表现为负值[图 3-17（MERRA）]，且数值从西南向东北呈递减的趋势，低值中心位于准噶尔盆地北部和西天山北坡，其值为 $-0.08 \sim -0.09℃$，高值中心位于阿尔泰山西南部，其值为 $-0.01 \sim 0℃$。与 MERRA 第一模态相对应时间系数年际波动较大，1984 年、1993 年、1996 年、2003 年时间系数为较大正值，表明降温趋势明显，而 1997 年和 2007 年时间系数为较大负值，表明增温趋势明显。

从上述分析中发现，3 套再分析数据第一特征向量在数值上有一定差异，但在空间分布形式上较为相似。温度变化的空间格局和纬度密切相关，新疆北部气温变化比南部更加剧烈。

表 3-9　1979—2008 年 3 套再分析数据气温距平 EOF 分解特征根及累计方差贡献

数据集	λ_1	R_1/%	λ_2	R_2/%	λ_3	R_3/%	λ_4	R_4/%
CFSR	5 199.01	67.27	851.69	78.29	502.07	84.78	372.34	89.60
ERA-Interim	812.99	77.61	126.87	89.72	28.07	92.40	22.37	94.54
MERRA	496.86	61.05	154.43	80.02	38.85	84.79	31.34	88.64

注：λ—特征根；下标 1、2、3、4—第 n 特征根；R—累计方差贡献；下标 1、2、3、4—前 n 方差贡献的累计值。

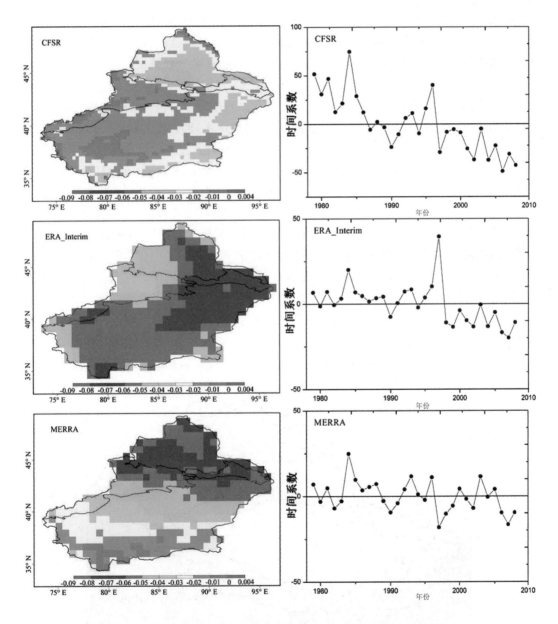

图 3-17　1979—2008 年 3 套再分析数据地面气温距平 EOF 分解得到的
第一特征向量空间分布（左）及其时间系数（右）

3.2.2　降水变化分析

在新疆降水变化分析中，降水站点观测资料来自于国家气象信息中心和新疆气象局；空间数据利用日本气象厅的高分辨率逐日亚洲陆地降水数据集（APHRO），全球降水气候中心（The Global Precipitation Climatology Centre，GPCC）GPCC V6.0。1901 年 12 月至 2010 年降水数据（ftp：//ftp.dwd.de/pub/data/gpcc/html/fulldata_v6_doi_download.html）、美国国家环境预报中心再分析数据集（CFSR）、欧洲中期数值预报中心的再分析数据集（ERA-Interim）和美国国家航空航天局的再分析数据集（MERRA）。①根据站点观测数据（OBS）对 3 套再分析数据进行验证；②利用再分析数据对新疆近 30 年降水时空格局进行分析；③根据降水站点观测数据和空间数据给出新疆降水的变化情况。

3.2.2.1　降水的验证

观测资料包括从新疆气象局获得的 74 个气象站点的降水资料（简称 OBS），剔除数据不完整的站点，最后用于比较分析的站点数为 70 个（图 3-18），站点多分布于准噶尔盆地、塔里木盆地边缘的绿洲区和天山海拔较低的区域。在格点尺度，以日本综合地球环境研究所（RIHN）和日本气象厅研究所（MRI/JMA）联合实施的 Asian Precipitation-Highly Resolved Observation Data Integration Towards Evaluation of Water Resources 计划生成的降水数据集（简称 APHRO）为基准。该数据利用经过优化的反距加权法，同时考虑了地形要素和气候要素插值产生的逐日、高分辨率（0.25°×0.25°）的网格化降水数据集（Yatagai et al.，2009），其在中国的质量和精度已得到验证（韩振宇，周天军，2012）；在研究降水偏差（APHRO 与 CFSR、MERRA）和海拔的关系时，采用美国国家地质调查局地球资源观测系统数据中心（USGS-EDC）通过的融合多种栅格和矢量地形数据生成的水平分辨率 30 秒（30arc，约 1 km）的 GTOPO30 全球数字高程数据集，其总体质量控制在 90%置信水平上，精度 ±160 m（Gesch & Larson，1996）。

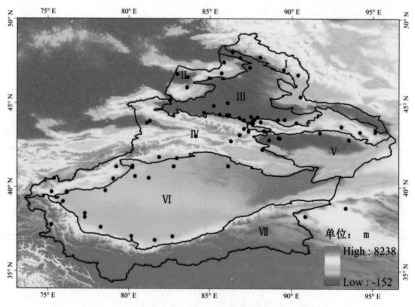

图 3-18　观测站点分布图

新疆地区降水在不同的区域存在较大差异，为详细比较 3 套再分析数据在不同地区的质量，依据新疆地貌及气候特征，将研究区划分为阿尔泰山（Ⅰ）、准噶尔西部山地（Ⅱ）、准噶尔盆地（Ⅲ）、天山山地（Ⅳ）、吐—哈盆地（Ⅴ）、塔里木盆地（Ⅵ）、昆仑山（Ⅶ）共 7 个子区（Lorrey et al.，2007）。

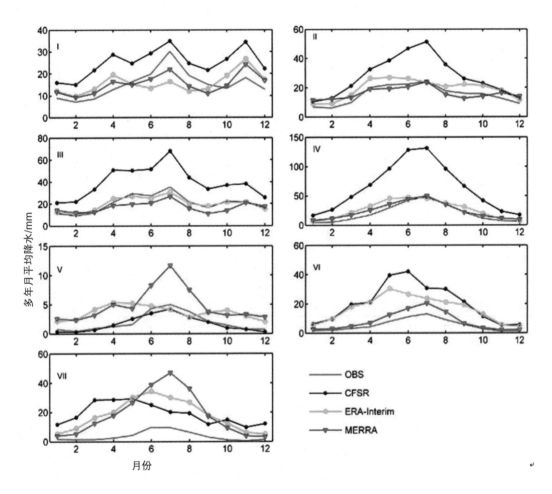

图 3-19　月平均降水的年内变化

（1）年内降水的验证。图 3-19 是月平均降水在区域平均状况下观测数据与 3 套再分析数据的年内变化。CFSR 与观测数据的年内波动相一致，且在吐—哈盆地（Ⅴ）降水的模拟与观测值接近，而在其他地区降水量的模拟值均大于观测值。CFSR 对夏季（6—8 月）降水高估最明显，在天山山地（Ⅳ）7 月高估达到了 100 mm。ERA-Interim 与观测数据的年内分布差异显著，在阿尔泰山（Ⅰ）、准噶尔西部山地（Ⅱ）、准噶尔盆地（Ⅲ）、吐—哈盆地（Ⅴ）、塔里木盆地（Ⅵ）、昆仑山（Ⅶ）春季和秋季均呈高估的趋势。在塔里木盆地（Ⅵ）5 月模拟值达 40 mm，为观测数据 5 mm 的 8 倍。但在夏季 ERA-Interim 的模拟值与观测数据较接近。ERA-Interim 降水在年内的波动格局呈"M"形。与 CFSR、ERA-Interim 相比，MERRA 在准噶尔西部山地（Ⅱ）、准噶尔盆地（Ⅲ）、天山山地（Ⅳ）和观测值具有较好的一致性，但在昆仑山（Ⅶ）3 套再分析数据均存在较大偏差。为定量分析模拟的效果，本小节采用均方根误差（RMSE）、相关系数 R 等指标来判别模拟精度，并对相关系数的显著性进行 t 检验（魏凤英，2007）。CFSR 在昆仑山（Ⅶ）t＜t_α 未通过显著性检验，ERA-Interim 在阿尔泰山（Ⅰ）和吐—哈盆地（Ⅴ）t＜t_α 未通过显著性检验，MERRA 在 7 个子区都通过了显著性检验（表 3-10）。3 套再分析数据在不同季节、不同区域与观测资料的差异是不同的，尽管这种差异与各个区域观测站点的站点数有一定的关系，但仍具有一定的区域代表性。由图 3-19 可得，新疆地区夏季降水复杂多变，集中了近 50%的全年降水。因此，以下本小节重点评估 CFSR、ERA-Interim 和 MERRA3 套再分析数据表征新疆夏季降水时空分布特征的适用性。

表 3-10　3 套再分析数据在区域平均状况下的月平均降水精度分析

数据	OBS/CFSR			OBS/ERA-Interim			OBS/MERRA		
	R	t	RMSE	R	t	RMSE	R	t	RMSE
Ⅰ	0.802	4.247	3.044	0.719	**0.888**	1.855	0.719	3.387	1.183
Ⅱ	0.952	9.939	4.155	0.844	9.514	1.252	0.844	5.599	0.989
Ⅲ	0.925	7.707	5.956	0.956	12.613	0.656	0.956	4.978	1.614
Ⅳ	0.982	16.469	14.593	0.972	7.857	2.390	0.972	18.356	1.359
Ⅴ	0.943	9.024	0.163	0.532	**1.087**	0.665	0.532	10.078	0.928
Ⅵ	0.891	6.210	5.064	0.961	4.598	3.597	0.961	24.626	1.0 142
Ⅶ	0.378	**1.294**	4.836	0.687	5.702	4.616	0.687	10.436	5.449

注：$n=12$，$t_{\alpha-0.05}=2.23$。OBS/CFSR、OBS/ERA-Interim、OBS/MERRA 分别为观测数据和 CFSR、ERA-Interim、MERRA 之间的精度判别指标。

图 3-20 是观测数据和 3 套再分析数据在区域平均状况下的夏季平均降水。3 套再分析数据和观测数据在空间分布上表现一致，其中 3 套再分析数据在天山山地（Ⅳ）降水量整体显著大于其他地区，吐—哈盆地（Ⅴ）降水量整体显著小于其他地区。3 套再分析数据在不同区域各有优缺，CFSR 对阿尔泰山（Ⅰ）降水的模拟和观测值接近，在吐哈盆地（Ⅴ）以外的其他地区均表现为不同程度的高估；ERA-Interim 对准噶尔西部山地（Ⅱ）降水的模拟和观测值接近，在阿尔泰山（Ⅰ）、准噶尔盆地（Ⅲ）、天山山地（Ⅳ）表现为低估，在塔里木盆地（Ⅵ）、昆仑山（Ⅶ）表现为高估。与其他 2 套再分析数据相比，MERRA 对吐哈盆地（Ⅴ）和塔里木盆地（Ⅵ）的模拟较好，但在大部分地区呈现低估的趋势。3 套再分析数据对昆仑山（Ⅶ）都存在明显的高估。总体上，3 套再分析数据对新疆地区夏季降水场的模拟 CFSR 呈高估趋势；MERRA 呈低估趋势；ERA-Interim 不存在显著性趋势。

（2）观测数据与再分析降水数据的比较。由图 3-21 可得，在各个子区内 3 套再分析数据对年际变化特征的模拟与站点数据年际变化特征存在着显著的差异，只有在少量时段能够与观测数据保持一致。3 套再分析数据都未能够捕捉到新疆地区夏季降水的年际变化特征。

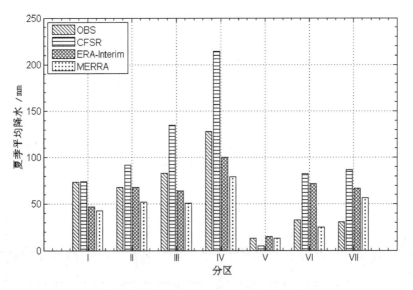

图 3-20　不同区域多年夏季平均降水量

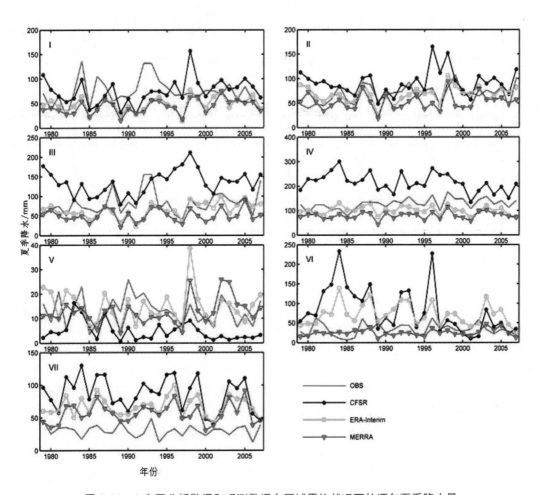

图 3-21　3 套再分析数据和观测数据在区域平均状况下的逐年夏季降水量

73

图 3-22，是在区域平均状况下多年夏季降水距平及 5 年滑动平均。由图可得，观测数据和 3 套再分析数据均反映吐—哈盆地（Ⅴ）和塔里木盆地（Ⅵ）夏季降水总量变化显著大于其他 5 个区的特征。可能是由于吐—哈盆地（Ⅴ）和塔里木盆地（Ⅵ）降水总量少，降水均值小，而导致较小变化，出现明显振荡。CFSR、ERA-Interim、MERRA 的 5 年滑动平均与观测值所反映的 5 年滑动平均存在显著差异。在 0.05 的显著性水平上对降水距平随时间变化进行显著性检验，得观测资料在准噶尔西部山地（Ⅱ）和天山山地（Ⅳ）降水随时间发生了显著的变化（$p<0.05$），显著性检验 p 值分别为 0.034 1 和 0.018 0。只有 CFSR 在天山山地（Ⅳ）发生了显著的变化，显著性检验 p 值为 0.026 4。3 套再分析数据未能在时间序列上模拟出降水随时间的长期变化趋势。

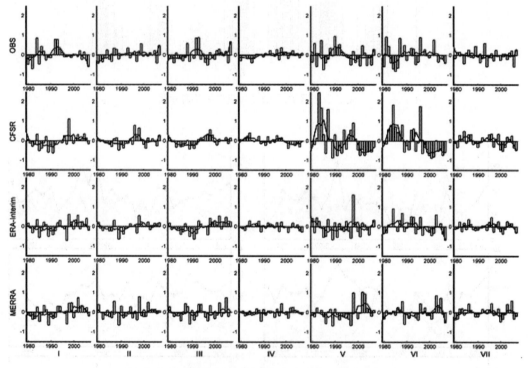

图 3-22　不同区域多年夏季降水距平及 5 年滑动平均

由图 3-23 可得，与 APHRO 对比，CFSR、ERA-Interim、MERRA 3 套再分析数据均能反映出研究区内各分区夏季降水的空间分布特征。在塔里木盆地（Ⅵ）、吐—哈盆地（Ⅴ）以及阿尔泰山（Ⅰ）的东南部存在一片连续的低降水区域，在天山山地（Ⅳ）的大部分地区、准噶尔西部山地（Ⅱ）、阿尔泰山（Ⅰ）的北部降水量丰富。主要的差异表现在昆仑山（Ⅶ）的西北部及附近区域。3 套再分析数据中 MERRA 和 APHRO 的空间分布一致性好，各子区的降水量也最接近。CFSR 降水量与 APHRO 存在较大偏差，在天山山地（Ⅳ）、准噶尔西部山地（Ⅱ）和阿尔泰山（Ⅰ）的北部呈现出不规则纹理。产生这一现象的原因，可能是由于数据同化模式中使用的下垫面描述造成。在出现纹理的地区均为海拔较高的地区，且存在一定数量的冰川和沼泽等特殊地表分类。在区域气候模式（RegCM 等）中，这些会对该分类的格点降水造成极大的影响。

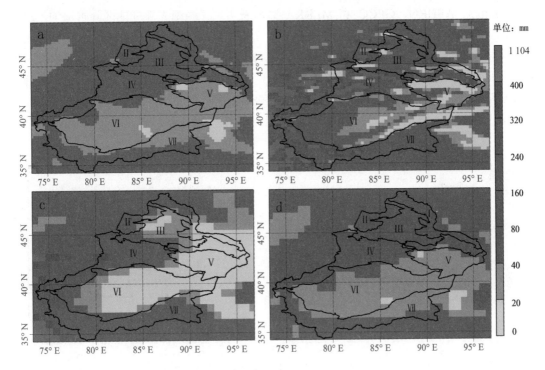

注：a 为 APHRO；b 为 CFSR；c 为 ERA-Interim；d 为 MERRA。

图 3-23　[GS（2008）453]APHRO 和再分析数据夏季降水的空间分布

3.2.2.2　降水的时空格局分析

利用 47 个国家气象站点 1960—2010 年的日观测数据和 5 套空间数据（包括 APHRO、GPCC、CFSR、ERA-Interim 和 MERRA），对新疆降水的时空变化进行分析。图 3-24 给出了 OBS、APHRO、GPCC、CFSR、ERA-Interim 和 MERRA 在新疆（XJ）的年降水变化趋势。

6 套数据对新疆近 30 年的降水变化描述中，只有 CFSR（1979—2010 年）和 ERA-Interim（1979—2010 年）表现出减少趋势分别为 -4.34 mm/a（$p<0.05$）、-0.73 mm/a（$p>0.05$）；其他 4 套数据均表现出降水增加趋势，具体为：OBS（1979—2010 年）1 mm/a（$p<0.05$）、APHRO（1979—2007 年）0.58 mm/a（$p>0.05$）、GPCC（1979—2010 年）0.68 mm/a（$p>0.05$）、ERA-Interim（1979—2010 年）-0.73 mm/a（$p>0.05$）和 MERRA（1979—2010 年）1.17 mm/a（$p<0.05$）。这表明在最近 30 年新疆降水呈增加趋势。

在降水的中长期变化过程中，观测资料表明新疆在近 50 年（1960—2010 年）降水显著增加（0.81 mm/a，图 3-24A）；APHRO 和 GPCC 也表明新疆降水有显著增加趋势，年降水变化分别为 0.55 mm/a（1960—2007 年）和 0.67 mm/a（1960—2010 年）。根据 APHRO、GPCC、CFSR、ERA-Interim 和 MERRA 5 套空间数据分析新疆降水的空间分布。

图 3-25 表明：APHRO、GPCC、CFSR、ERA-Interim 和 MERRA 在 1979—2010 年的年降水趋势变化范围分别为：-2～4 mm/a、-2～4 mm/a、-14～10 mm/a、-8～8 mm/a 和

−4～8 mm/a。APHRO、GPCC 和 MERRA 数据表明，新疆绝大部分地区降水增加，增幅较大的区域出现在天山、阿尔泰山和昆仑山。而 CFSR 和 ERA-Interim 在北疆大部分地区表现出降水增加，其他地区出现降水减少，这与整体上表现出新疆在近 30 年降水减少一致。在最近 30 年，新疆降水无论在时间上还是空间上都表现出增加趋势，天山山区降水增加趋势较大。这与近 50 年的时空变化中对 1980 年后新疆降水的描述一致（Zhang et al., 2012）。

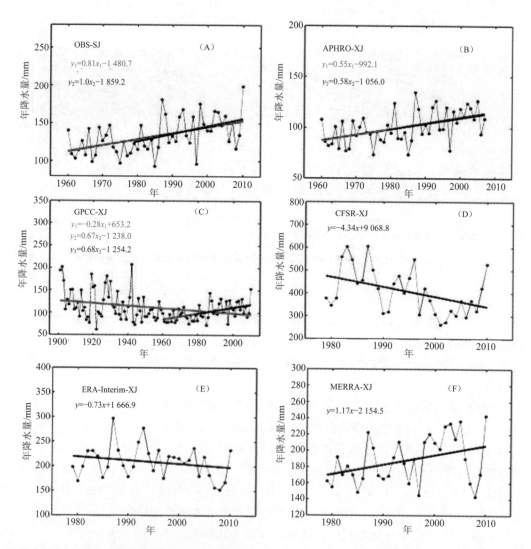

注：红色线为 1900—2010 年降水趋势线；蓝色线为 1960—2010 年降水趋势线；黑色线为 1979—2010 年降水趋势线。
图 3-24A 是基于国家气象信息中心中新疆 47 个气象站点 1960—2010 年年降水数据得到的。

图 3-24 OBS、APHRO、GPCC、CFSR、ERA-Interim 和 MERRA 在新疆（XJ）的
年降水变化趋势图（最小二乘法）

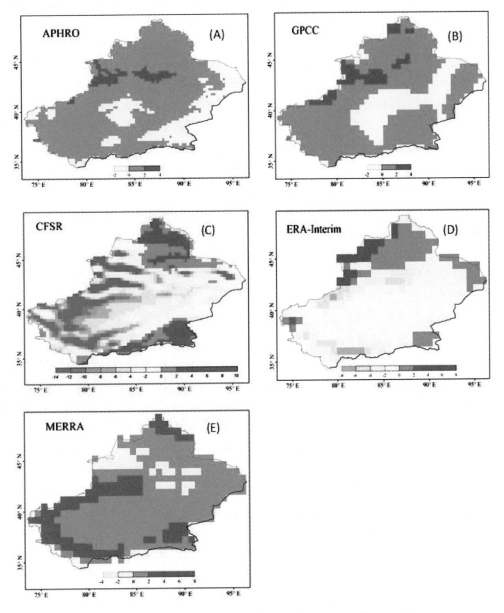

图 3-25　APHRO、GPCC、CFSR、ERA-Interim 和 MERRA
在新疆近 30 年（1979—2010 年）年降水空间分布

3.3　中亚五国的气候环境

IPCC 报告指出，20 世纪中亚五国地区出现了 1～2℃的增温，并通过未来情景模拟预测这一现象将持续到 21 世纪的中期（IPCC，2001；Lioubimtsevae，Cole，2006；New et al.，2000）。但是，该区域气象变化特征仍有很大的不确定性，特别是巨大山盆交错与绿洲—

荒漠镶嵌的地表因素影响,造成了气候变化强烈的空间异质性(Lioubimtsevae,Cole,2006)。受北半球西风环流控制并依赖于大西洋湿润气团带来降水,造成了其湿度年际变化格局与亚洲季风区明显不同(Chen et al.,2009)。而来自北方的极地急流和来自南方的阿拉伯海气流扰动降水季节格局,增加了气候的不确定性(Schiemann et al.,2008)。中亚西部和西北平原受大西洋气团和北冰洋气团控制。南部地区,印度洋气流受喜马拉雅山、帕米尔高原和天山山脉阻挡,难以深入,所以该地区降水稀少,年平均降水量仅为 100~200 mm(Schiemann et al.,2008)。空间分布上,山区年降水量高达 1 000 mm,如西天山迎风坡和费尔干纳山西南坡甚至可达 2 000 mm;而咸海附近和土库曼斯坦的荒漠年降水量仅为 75~100 mm(Balashova et al.,1960);降水的年内变化主要受西风环流的位置和强度影响,降水集中在 3 月和 4 月(Chanysheva et al.,1995)。

中亚五国气象站点稀少,分布不均,多集中在绿洲和平原区(Lioubimtsevae et al.,2005)。自苏联解体后,大部分气象站点废弃,只有极少站点在 1990—2000 年有气象数据记录(Chub,2000)。这些有限的站点观测资料及其空间插值数据,难以准确描述整个区域的气候变化趋势和时空格局分布,尤其是近 30 年中亚五国地区气候变化特征。

再分析数据是在多种数据驱动下,利用数值天气预报模式同化得到的历史气象数据,是具有高时间分辨率的格网气象数据(Poccard,2000)。由于其基于大气动力机制模拟与地面观测的数据融合,且具有空间连续性,因此可以克服站点数据稀少的限制,以及空间插值数据所固有的误差,成为区域(特别是中亚五国地区这样气候资料稀少地形复杂地区)气候变化研究的重要数据源(Poccard,2000;Bao,Zhang,2013;Bromwich et al.,2007)。研究表明,再分析数据如 ERA(The European Centre for Medium-Range Weather Forecasts,ECMWF)和 JRA(Japanese Reanalysis),一般能较好地表现气温的年际变化特征(支星,徐海明,2013)。目前常用的再分析数据主要包括:美国国家环境预报中心的 NCEP1 和 NCEP2、美国国家航空航天局的 MERRA 和欧洲中期数值预报中心推出的 ERA-15 和 ERA-40 等。但这些数据空间分辨率普遍过低(2.5°×2.5°),无法反映中亚五国绿洲—荒漠区气候格局的空间异质性(Lioubimtseva,Cole,2006)。最近 3 年,新一代再分析数据,包括 CFSR(The NCEP Climate Forecast System Reanalysis)、ERA-Interim、MERRA(Modern Era Retrospective-Analysis),因其更高的空间精度和质量而适用于中亚五国地区的气候研究(Saha et al.,2010;Dee et al.,2011;Rienecker et al.,2011)。考虑到中亚五国气候系统的空间异质性和再分析数据的可能误差(Bosilovich et al.,2008;Zolina et al.,2004;Bromwich et al.,2007),本部分将利用多套数据源,包括站点观测数据、空间插值数据和较高精度的再分析数据(CFSR、ERA-Interim 和 MERRA),先基于观测记录对再分析数据进行评估,而后采用趋势分析、Mann-Kendall 检验和经验正交函数(EOF)分解等方法,对中亚五国气候变化趋势和时空格局进行分析。

3.3.1 中亚五国气温的时空变化

3.3.1.1 分析方法

1980—2009 年中亚五国温度数据来源于 NOAA 的观测台站(ftp://ftp.ncdc.noaa.gov/pub/data/gsod/)。具有连续观测记录且通过数据检验的气象站点共计 31 个(哈萨克斯坦 17 个,乌兹别克斯坦 4 个,土库曼斯坦 10 个,图 3-26)。空间数据为:CFSR、ERA-Interim、MERRA 3 套再分析数据和 CRU TS3.1 根据陆地表面实测站点资料插值得到的格网数据,空间分辨率为 0.5°×0.5°。

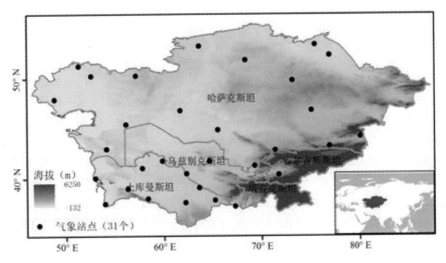

图 3-26　研究区及气象站点分布

CRU、CFSR、ERA-Interim 和 MERRA 作为空间插值数据和天气预报模式同化数据,在不同的地区其模拟效果不同。因此,在利用空间数据对某一研究区进行气候分析时要利用站点数据或者探空资料进行质量检验。利用中亚五国地区 31 个站点数据对 CRU、CFSR、ERA-Interim 和 MERRA 温度数据进行质量评估。利用站点所在格点数据作为该站点的模拟数据,依次将与 31 个站点温度数据对应的 CRU、CFSR、ERA-Interim 和 MERRA 格点数据提取出来分析(You et al.,2010)。主要统计指标有绝对误差(AE)、相关系数(CC)、平均绝对误差(MAE)及均方根误差(RMSE)可以通过下面的公式来计算:

$$\text{AE}=\frac{\sum\limits_{i=1}^{n}(x_i-y_i)}{n} \qquad \text{CC}=\frac{\sum\limits_{i=1}^{n}(x_i-\bar{x})(y_i-\bar{y})}{\sqrt{\sum\limits_{i=1}^{n}(x_i-\bar{x})^2(y_i-\bar{y})^2}}$$

$$\text{MAE}=\frac{\sum\limits_{i=1}^{n}|x_i-y_i|}{n} \qquad \text{RMSE}=\sqrt{\frac{\sum\limits_{i=1}^{n}(x_i-y_i)}{n\text{-}1}}$$

式中:$X=(x_1,\ x_2,\ \cdots,\ x_n)$,$Y=(y_1,\ y_2,\ \cdots,\ y_n)$ 分别是模拟值与观测值。

在时间序列趋势分析中,Mann-Kendall 检验是一种非参数检验方法,该方法既可以检测序列的变化趋势,也可以进行突变点的检测。同时,Mann-Kendall 检验不需要样本遵从一定的分布,也不受少数异常值的干扰,适用水文、气象等非正态分布的数据,计算简便。因此,该方法得到世界气象组织推荐,并广泛应用于降水、径流、气温和水质等要素时间序列的趋势变化研究中(Birsan et al.,2005;Yue et al.,2002;Lins,Slack,1999;Fan et al.，2013）。

经验正交函数（EOF）分解作为气候科学研究中分析变量场特征的工具，能够将原变量场分解为正交函数的线性组合，构成为数很少的互不相关典型模态，有效地将气候变量场的时空结构分离（魏凤英，2007）。并利用 EOF 对 CRU、CFSR、ERA-Interim 和 MERRA 在中亚五国地区 1980—2009 年的年平均温度进行时空特征分析。

3.3.1.2 空间数据验证

根据中亚五国 31 个站点观测数据 1980—2009 年的年和四季气温，对所选用的 4 套空间数据的模拟精度进行分析（表 3-11）。分析结果表明：4 套数据能够很好地反映年、四季气温变化，实际观测值和模拟值相关系数在 0.84～0.99，可以作为空间数据来研究中亚五国地区气温变化。其中，CRU、CFSR 和 ERA-Interim 3 套数据的模拟值均略小于年、四季的站点观测数据，表现出对观测温度的低估，低估范围在−0.88～0.14℃；而 MERRA 对观测数据表现出高估，高估范围在 0.27～2.46℃。其次在年和四季模拟中，CRU、CFSR 和 ERA-Interim 3 套数据的最大低估均出现在春季；CRU 和 CFSR 的最低低估出现在冬季，而 ERA-Interim 出现在秋季；MERRA 数据最大高值出现在夏季，最小高值出现在冬季。

表 3-11　CRU、CFSR、ERA-Interim 和 MERRA 数据精度评估

	数据集	AE	CC	MAE	RMSE
年	CRU	−0.48	0.95	0.78	1.69
	CFSR	−0.25	0.95	1.10	1.60
	ERA-Interim	−0.32	0.96	1.00	1.63
	MERRA	1.22	0.96	1.64	2.04
春 （3—5 月）	CRU	−0.56	0.94	0.84	1.78
	CFSR	−0.51	0.90	1.35	2.36
	ERA-Interim	−0.41	0.94	1.05	1.82
	MERRA	1.22	0.94	1.81	2.30
夏 （6—8 月）	CRU	−0.78	0.89	1.02	1.89
	CFSR	−0.88	0.84	1.43	2.46
	ERA-Interim	−0.27	0.89	1.34	2.19
	MERRA	2.46	0.90	2.91	3.26
秋 （9—11 月）	CRU	−0.21	0.95	0.85	1.61
	CFSR	−0.24	0.92	1.27	2.04
	ERA-Interim	−0.15	0.96	0.92	1.50
	MERRA	1.15	0.97	1.56	1.92
冬 （12—2 月）	CRU	−0.14	0.97	0.85	1.60
	CFSR	−0.21	0.95	1.37	2.19
	ERA-Interim	−0.19	0.99	0.76	1.16
	MERRA	0.27	0.99	1.07	1.45

3.3.1.3 气温的时间变化趋势

根据 OBS 和 4 套空间温度数据，利用最小二乘线性拟合、滑动平均和 Mann-Kendall

检验，研究 1980—2009 年中亚五国气温的时间变化趋势和突变情况。

图 3-27 给出了 1980—2009 年中亚五国地区温度距平的变化趋势。OBS、CRU、CFSR、ERA-Interim 和 MERRA 均显示这段时期中亚五国显著增温的趋势（$P<0.05$），增温速率分别为 0.42℃/10a、0.44℃/10a、0.46℃/10a、0.45℃/10a 和 0.53℃/10a。其中 1980—1993 年气温震荡波动；1990s 中后期到 2000s 前期是一段比较长的增温期；而 2000s 后期又出现降温的趋势；1984 年、1993 年、1996 年、2011 年该区出现了温度极小值；1983 年、1990 年、1995 年、2004 年出现了温度的极大值。

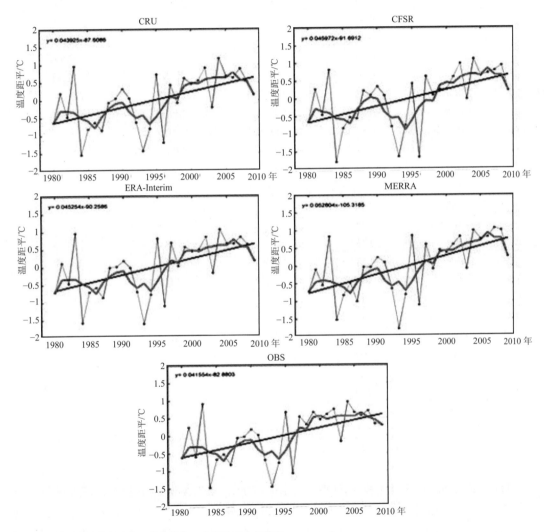

注：黑色直线为线性拟合线；蓝色线为 5 年滑动平均趋势线。

图 3-27　1980—2009 年中亚五国年平均温度距平及拟合趋势线

为深入分析中亚五国地区气温变化的突变趋势和年份，通过 Mann-Kendall 检验对该地区 1980—2009 年这段时期的年、四季平均气温进行分析（表 3-12）。

在四季的气温平均变化速率中，春季和秋季有显著变暖趋势（$P<0.05$），而夏季

（MERRA 除外）和冬季无显著变化（$P>0.05$）；OBS、CRU、CFSR、ERA-Interim 和 MERRA 均表明有强烈的春季增温，分别为 0.76℃/10a、0.83℃/10a、0.89℃/10a、0.83℃/10a 和 1.02℃/10a。

表 3-12　1980—2009 年中亚五国年、四季气温突变分析

	数据集	K/（℃/10a）	突变点	突变前平均气温/℃	突变后平均气温/℃
年	OBS	0.42*	1996	10.80	11.55
	CRU	0.44*	1998	7.43	8.30
	CFSR	0.46*	1999	7.96	8.90
	ERA-Interim	0.45*	1998	7.51	8.39
	MERRA	0.53*	1999	8.58	9.59
春	OBS	0.76*	2003	11.35	12.63
	CRU	0.83*	2003	7.93	9.31
	CFSR	0.89*	2003	7.86	9.41
	ERA-Interim	0.83*	2003	8.01	9.42
	MERRA	1.02*	2003	9.08	10.82
夏	OBS	0.18	—	25.39	
	CRU	0.18	—	22.48	
	CFSR	0.18	—	22.95	
	ERA-Interim	0.09	—	22.66	
	MERRA	0.35*	1994	24.63	25.35
秋	OBS	0.53*	1996	10.48	11.44
	CRU	0.46*	2001	7.75	8.66
	CFSR	0.51*	2000	7.99	8.94
	ERA-Interim	0.56*	1998	7.53	8.41
	MERRA	0.61*	1998	8.46	9.43
冬	OBS	−0.06	—	−3.56	
	CRU	0.17	—	−7.60	
	CFSR	0.21	—	−6.52	
	ERA-Interim	0.28	—	−7.36	
	MERRA	−0.12	—	−7.55	

注：*表示在95%的显著性；未标星号表示不显著。

　　Mann-Kendall 突变检验表明，OBS、CRU、CFSR、ERA-Interim 和 MERRA 的气温突变年份分别在 1996 年、1998 年、1999 年、1998 年和 1999 年，均为 1990s 后期，并且突变前后时段年均气温的差值在 0.75℃以上。在四季变化中，5 套数据的春季温度突变均发生在 2003 年，突变前后时段的气温差值在 1.26～1.53℃；秋季温度突变时间都发生在 1990s 后期和 2000s 前期，突变前后时段的温度差值 0.77～1.06℃。夏季（MERRA 除外）和冬季温度无显著突变。多套数据源均指明中亚五国地区在 1990s 后期温度迅速增温，并且升温突变点在 1998—1999 年（图 3-28）。

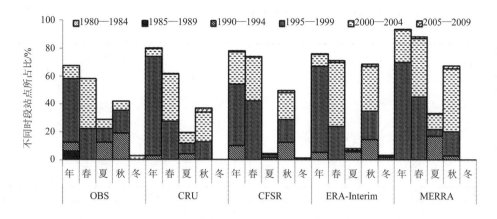

图 3-28　年、四季气温突变变暖时段统计

3.3.1.4　气温的空间格局分布

图 3-29 显示：研究区内年平均气温的多年平均范围是−12～21℃，高温区集中在中亚五国南部土库曼斯坦的大部分地区，而低温区分布于中亚五国东南部昆仑山、天山等高海拔区。

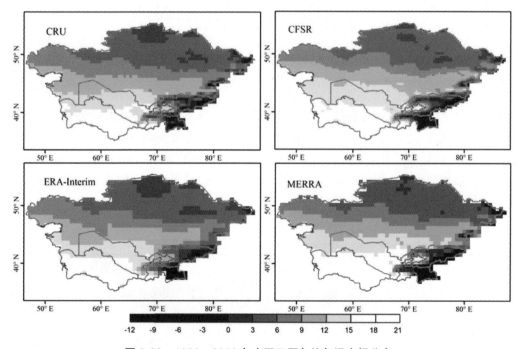

图 3-29　1980—2009 年中亚五国年均气温空间分布

从图 3-30 可以看出，中亚五国大部分区域气温显著上升（$P<0.05$），增温速率的范围普遍在 0.2～0.8℃/10a；中亚五国主要增温区域集中在中亚五国中部、西南部、西部和西北部；CRU 显示中亚五国北部、东北部气温无显著变化；CFSR 显示中亚五国东北部、东南部气温无显著变化（$P>0.05$）；ERA-Interim 显示在中亚五国东北部气温无显著变化；

MERRA 显示中亚五国东南部气温无显著变化。

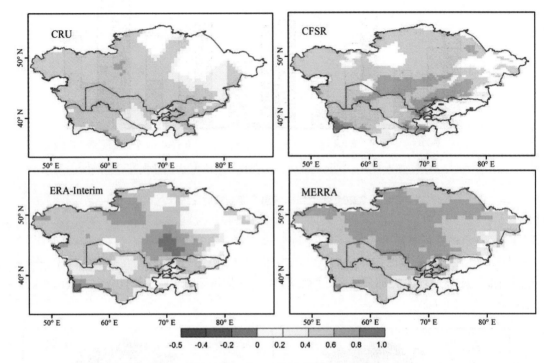

图 3-30　1980—2009 年温度变率的空间分布

表 3-13 统计出 4 套空间数据显示的中亚五国年、四季的气温变化及其各变化类型（显著变暖、显著变冷）所占面积比。显然，显著变暖区的面积占绝对优势。四季增温速率排序为：春＞秋＞夏＞冬，春季增温速率最为明显，显著变暖区的增温速率在 0.90～1.09℃/10a，明显高于其他季节，分布面积占整个区域面积的 61.76%～88.05%，这显示出气候变暖加剧的趋势。而在冬季气温变暖区面积很小，显示出这一时段冬季气温并没有显著性变化。

表 3-13　1980—2009 年中亚五国年、四季温度变率

	数据集	显著变暖区		显著变冷区	
		面积比/%	K 平均值/（℃/10a）	面积比/%	K 平均值/（℃/10a）
年	CRU	79.80	0.46	0	—
	CFSR	78.05	0.52	0.21	−0.42
	ERA-Interim	76.09	0.52	0	—
	MERRA	93.18	0.55	0.07	—
春	CRU	61.76	0.90	0	—
	CFSR	74.07	1.01	0.51	−0.58
	ERA-Interim	71.12	0.91	0	—
	MERRA	88.05	1.09	0	—

	数据集	显著变暖区		显著变冷区	
		面积比/%	K 平均值/（℃/10a）	面积比/%	K 平均值/（℃/10a）
夏	CRU	19.73	0.43	0	—
	CFSR	4.29	0.46	0	—
	ERA-Interim	8.17	0.44	2.60	−0.33
	MERRA	33.19	0.47	0	—
秋	CRU	37.08	0.54	0	—
	CFSR	49.62	0.62	0	—
	ERA-Interim	68.88	0.64	0	—
	MERRA	67.51	0.71	1.00	—
冬	CRU	0.05	0.37	0	—
	CFSR	1.44	0.76	0.80	−0.79
	ERA-Interim	3.20	0.70	0.12	0.40
	MERRA	0.35	0.54	0	—

注：变暖区、变冷区的面积百分比由 Mann-Kendall 检验得到。

采用 EOF 技术分析了 1980—2009 年中亚五国年平均温度的时空结构。CRU、CFSR、ERA-Interim 和 MERRA 的 EOF 前三模态的特征根 λ_i（i=1，2，3）和累积方差贡献 R_i（i=1，2，3）见表 3-14；EOF 的第一模态和相应的时间系数见图 3-31。

如表 3-14 所示：CRU、CFSR、ERA-Interim 和 MERRA 的 EOF 第一模态的解释方差超过 74%，其中 MERRA 的最大（79.81%），CFSR 的最小（74.10%），前三模态的累积方差贡献均高达 85% 以上。因此，第一模态和相应的时间系数足以反映这些气候数据集的大部分时空信息。

表 3-14　CRU、CFSR、ERA-Interim 和 MERRA 的 EOF 前三模态特征根和累积方差贡献

数据集	λ_1	R_1	λ_2	R_2	λ_3	R_3
CRU	1 062.26	78.50	105.51	86.3	78.12	92.07
CFSR	3 189.98	74.10	324.88	81.65	241.35	87.26
ERA-Interim	503.26	77.64	48.83	85.17	35.54	90.65
MERRA	919.61	79.81	71.56	86.02	55.79	90.86

EOF 的第一空间模态（图 3-31）数值呈现出从东南到西北的递减规律，正值区域仅占中亚五国的小部分地区，且主要集中在中亚五国东部和东南部；负值中心主要分布在中亚五国西北部，体现出该地区温度变化的两种不同的位相分布特征。图 3-31 右列同时显示了 4 套空间数据的时间系数分析：20 世纪 90 年代前期时间系数年际变化较大，90 年代后期时间系数主要为负值且无剧烈波动，这表明 90 年代前期中亚五国地区温度有较大的年际波动，90 年代后期中亚五国地区气温主要呈稳定上升趋势。

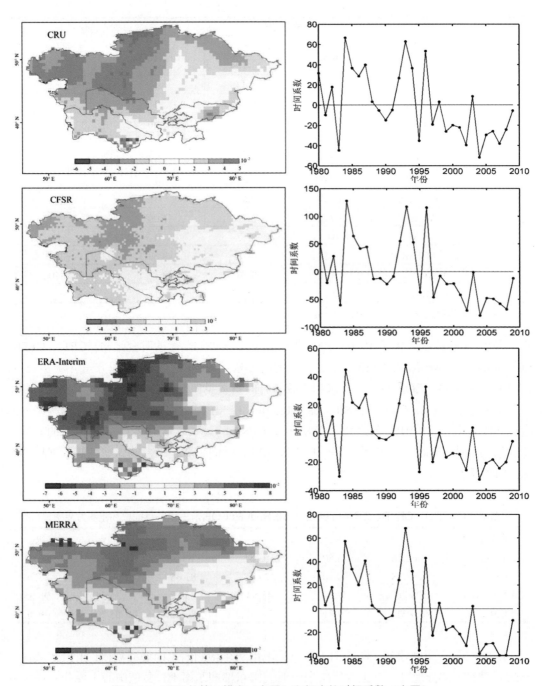

图 3-31　EOF 的第一模态（左图）和相应的时间系数（右图）

3.3.2　中亚五国降水的时空变化

3.3.2.1　数据及方法

　　观测数据（OBS）采用美国国家冰雪数据中心（NSIDC）的中亚 270 个观测台站月降水数据以及美国国家海洋和大气管理局（NOAA）数据的 300 个观测台站日降水数据。所有数据经过质量检验，剔除数据缺测超过 5%的站点，得到比较分析的 162 个站点数据。其中，1979 年 1 月—1989 年 12 月有 80 个站点，1979 年 1 月—1999 年 12 月有 70 个站点；1979 年 1 月—2011 年 12 月有 3 个站点；2000 年 1 月—2011 年 12 月有 9 个站点。站点分布的最低海拔 23 m，最高海拔 4 169 m（图 3-32）。空间数据采用 APHRO、GPCC、CFSR（1979—2010 年）、ERA-Interim（1979—2010 年）和 MERRA（1979—2010 年）。

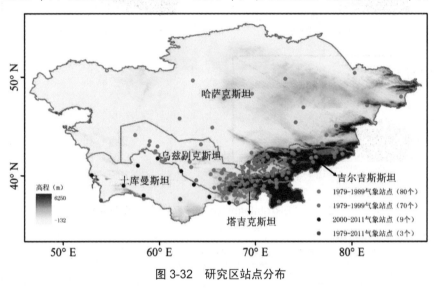

图 3-32　研究区站点分布

利用站点数据对 3 套再分析数据（CFSR，ERA-Interim 和 MERRA）进行适用性分析；再根据站点数据和 5 套空间观测数据分析中亚五国降水的时空分布格局。对每一站点根据其经纬度信息，利用双线性插值方法从 CFSR、ERA-Interim 和 MERRA 3 套再分析数据集分别得到对应的月降水数据（Kalnay et al.，1996）。然后利用相关分析、t 检验和最小二乘法，将再分析数据与站点观测值（OBS）进行比较，并采用平均偏差（MBE）、平均绝对误差（MAE）、相关系数（R）和均方根误差（RMSE）等统计指标，分析评估其精度（Willmott，Matsuura，2005）。

利用线性趋势分析中亚五国降水的区域平均变化和空间分布情况。

3.3.2.2　数据验证

3 套再分析数据与观测资料都显著相关（$P<0.05$），但对亚洲中部干旱区月降水均有高估，MBE 分别为 27.04 mm、17.75 mm 和 5.12 mm。相对而言，MERRA 的模拟效果最好（$R=0.71$，MBE=5.12 mm）；ERA-Interim 次之（$R=0.53$，MBE=17.75 mm）；CFSR 最差（$R=0.50$，MBE=27.04 mm）（图 3-33，其他指标见表 3-15）。CFSR、ERA-Interim 和 MERRA 均在 500～1 000 m 地区表现出最好的降水精度（R 分别为 0.65、0.72 和 0.82；MBE 分别为 10.56 mm、4.54 mm 和−2.55 mm）（表 3-15），最差出现在 2 500 m 以上（R 分别为 0.37、0.39 和 0.49；MBE 分别为 84.26 mm、38.02 mm 和 17.98 mm），海拔超过 1 000 m 地区，随着海拔的升高降水精度下降。CFSR 和 ERA-Interim 表现出高估，而 MERRA 在 0～500 m 地区出现低估。这表明 3 套再分析数据的降水精度存在空间差异性。

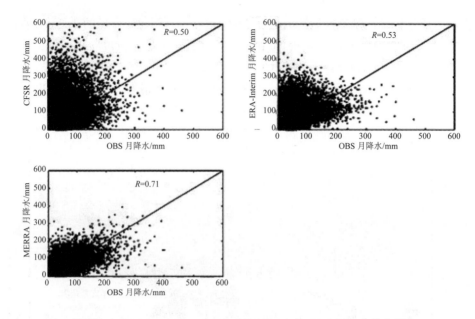

图 3-33　CFSR、ERA-Interim 和 MERRA 与 OBS 月降水散点图

表 3-15　CFSR、ERA-Interim 和 MERRA 与 OBS 在不同海拔的评估结果

再分析数据	海拔	站点数	MBE/mm	R	MAE/mm	RMSE/mm
CFSR	23~4 169 m	162	27.04	0.50	39.23	69.70
	<500 m	57	12.64	0.42	20.16	45.45
	500~1 000 m	34	10.56	0.65	25.74	43.88
	1 000~1 500 m	17	30.65	0.43	45.88	69.44
	1 500~2 000 m	16	42.63	0.41	61.10	90.21
	2 000~2 500 m	16	44.26	0.46	60.87	88.63
	>2 500 m	22	84.26	0.37	94.51	127.23
ERA-Interim	23~4 169 m	162	17.75	0.53	29.30	49.32
	<500 m	57	11.51	0.47	18.47	36.17
	500~1 000 m	34	4.54	0.72	18.21	29.52
	1 000~1 500 m	17	32.41	0.48	45.08	65.04
	1 500~2 000 m	16	31.79	0.44	44.60	63.15
	2 000~2 500 m	16	23.89	0.42	43.09	63.60
	>2 500 m	22	38.02	0.39	52.59	73.96
MERRA	23~4 169 m	162	5.12	0.71	18.93	30.62
	<500 m	57	2.67	0.60	12.02	21.84
	500~1 000 m	34	-2.55	0.82	14.92	23.66
	1 000~1 500 m	17	8.40	0.79	21.24	31.44
	1 500~2 000 m	16	11.49	0.65	26.86	38.19
	2 000~2 500 m	16	10.52	0.64	29.24	40.66
	>2 500 m	22	17.98	0.49	35.03	48.40

超过 97%的站点与 3 套再分析降水数据的相关性通过 95%的显著性检验。图 3-34 显示了不同再分析数据集与 OBS 相关性分布的直方图。其中，对于 CFSR，27%的站点相关系数高于 0.80，超过 56%的站点相关系数在 0.50~0.80，相关系数低于 0.50 的站点不足18%；对于 ERA-Interim，超过 38%的站点相关系数高于 0.80，51%的站点相关系数在 0.5~0.8，而相关系数低于 0.5 的站点不足 11%；对于 MERRA 数据，超过 45%的站点相关系数达到 0.80 以上，相关系数低于 0.5 的站点仅占 9%；其他站点相关系数在 0.5~0.8。

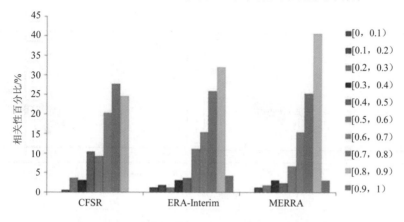

图 3-34 再分析数据集与 OBS 相关性的分布直方图

图 3-35 统计了 3 套再分析数据与 OBS 的平均偏差百分比分布情况。其中，CFSR 与OBS 的 MBE 范围在−52.20~191.04 mm，26%的站点出现低估，−20~20 mm 的站点占41%，大于 60 mm 的站点达到 22.8%；对于 ERA-Interim，MBE 范围在−47.18~107.94 mm，最高偏差只有 CFSR 最高偏差的一半左右，出现低估的站点占到 32%，−20~20 mm 的站点达到一半以上（56%），大于 60 mm 的站点为 11.7%；对于 MERRA 数据，MBE 范围只有−32.87~66.37 mm，最高偏差仅为 CFSR 最高偏差的 34.7%，低估的站点达到 41%，高达 75%的站点 MBE 仅出现在−20~20 mm，大于 60 mm 的站点仅有 4 个，占总站点的不足 2.5%。

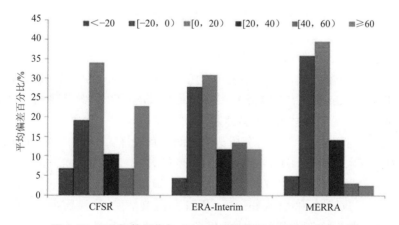

图 3-35 再分析数据集与 OBS 平均偏差百分比的分布直方图

3 套再分析与 OBS 数据的相关性具有一致的空间分布格局（图 3-36）。MERRA 对 OBS 的降水模拟精度明显高于 CFSR 和 ERA-Interim。其中，R 超过 0.8 的站点集中在乌兹别克斯坦东南和塔吉克斯坦西部。同时，R 较低的站点出现在地形复杂的山区。就 MBE 的空间分布来看，CFSR、ERA-Interim 和 MERRA3 套再分析数据降水高估超过 40 mm 的平均站点海拔分别为 2 059.23 m、1 925.90 m 和 2 120.11 m；低估站点的平均海拔分别为 1 033.36 m、910.37 m 和 1 034.12 m。每套数据在高海拔存在降水精度高的站点，低海拔地区存在降水精度极差的站点。

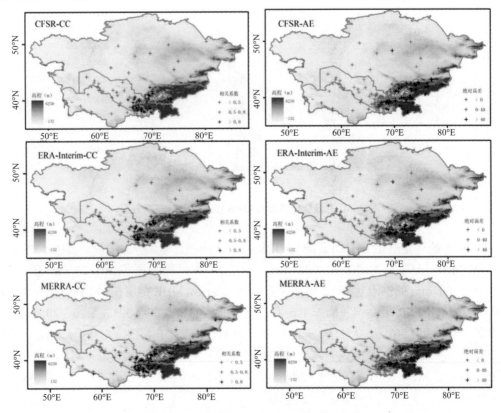

图 3-36　3 套数据集和 OBS 在每个站点的相关性和平均偏差的空间分布

通过上述分析和比较，有如下主要结论：

（1）3 套再分析数据的降水精度存在明显差异。其中，MERRA 的降水精度最高（$R=0.71$），ERA-Interim 次之（$R=0.53$），CFSR 最差（$R=0.50$）；这体现出 3 套数据不同分辨率、不同的同化方案和数据源导致降水精度的差异。

（2）降水的年内变化上，3 套再分析数据之间具有较好的一致性，但对 OBS 均表现出高估，并且对高降水月份（3 月、4 月）高估幅度最大。

（3）3 套再分析数据在 500～1 000 m 地区降水模拟精度最好，超过 1 000 m 后，随海拔升高精度下降。与 CFSR 和 ERA-Interim 相比，MERRA 在 500～1 000 m 地区出现低估。

3 套再分析数据在中亚大部分区域具有较好的降水精度，3 套数据可以用来描述中亚五国地区降水的时空变化趋势。

3.3.2.3　降水的时间格局分析

图 3-37 给出了 OBS、APHRO、GPCC、CFSR、ERA-Interim 和 MERRA 在中亚五国的降水变化趋势。

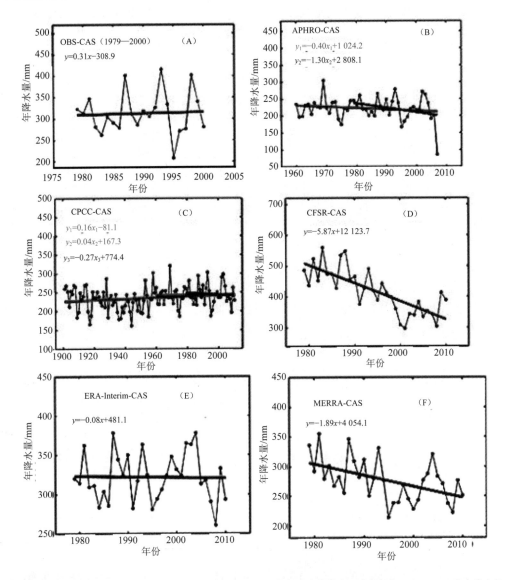

注：红色线为 1900—2010 年年降水趋势线；蓝色线为 1960—2010 年年降水趋势线；黑色线为 1979—2010 年年降水趋势线。图 3-37A 是基于 NSIDC 中亚五国 43 个气象站点 1979—2000 年年降水数据得到。

图 3-37　OBS、APHRO、GPCC、CFSR、ERA-Interim 和 MERRA 在中亚五国（CAS）的年降水变化趋势图（最小二乘法）

近 30 年中亚五国的降水变化中，除站点观测记录（1979—2000 年）没有显著的降水增长外（0.31 mm/a，$P>0.05$），其他数据表现出降水减少趋势（表 3-16）。GPCC 表明，百年尺度上（1901—2010 年），中亚五国表现出上升趋势但不显著（0.16 mm/a，$p>0.05$）。

CRU 数据表明，近 80 年来，主要受西风环流控制的中亚五国年降水整体上表现出增加趋势，年降水以冬季降水增加趋势最为明显（0.7 mm/10a，Chen et al.，2011）。

表 3-16　OBS、APHRO、GPCC、CFSR、ERA-Interim 和 MERRA 降水在中亚五国年和四季的变化趋势

单位：mm/a

数据	中亚五国				
	年	春	夏	秋	冬
OBS	0.31	−0.70	0.44	−0.01	0.80
APHRO（1979—2007）	−1.30	−0.42	−0.11	−0.58*	−0.20
GPCC	−0.27	0.11	−0.03	−0.35	0.04
CFSR	−5.87*	−1.35*	−2.46*	−1.39*	−0.66*
ERA-Interim	−0.08	0.07	0.53	−0.52	−0.17
MERRA	−1.89*	−0.59	−0.11	−0.79*	−0.40

注：春季：3—5 月；夏季：6—8 月；秋季：9—11 月；冬季：12—2 月；−0.58* 表示降水减少速率为 0.58 mm/a 且在 95%水平下显著。

3.3.2.4　降水的空间格局分析

为分析中亚降水的空间格局，本部分利用 APHRO、GPCC、CFSR、ERA-Interim 和 MERRA 空间数据，研究该区域的年降水的空间变化。图 3-24 给出 5 套数据年降水变化率的空间分布情况。

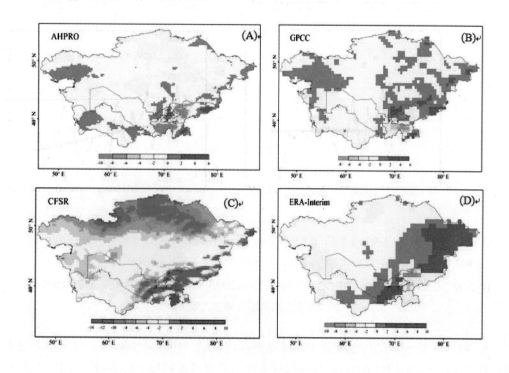

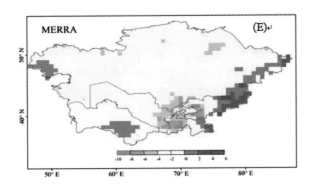

图 3-38　APHRO、GPCC、CFSR、ERA-Interim 和 MERRA 在中亚五国近 30 年
年降水变化的空间分布

在近 30 年的降水变化中，中亚五国大部分地区降水减少，主要集中在中亚五国中部和西部；降水增加地区集中在中亚五国东部和东南部；五套数据在中亚五国地区的年降水变化率分别为：APHRO：−10～6 mm/a、GPCC：−8～6 mm/a、CFSR：−14～10 mm/a、ERA-Interim：−10～10 mm/a 和 MERRA：−10～6 mm/a。

3.4　亚洲中部干旱区气候演变趋势

1979—2011 年，亚洲中部地区的平均增温速率为 0.39℃/10a，高于 1979—2005 年全球的增温速率 0.27～0.31℃/10a（Brohan et al.，2006；Smith and Reynolds，2005），并且是欧洲增温速率的两倍（Simmons，2004）。这个速率与中国增温速率一致（0.25～0.34℃/10a，Re et al.，2005；Li et al.，2011，2012）。

在长期的气温变化中，亚洲中部地区在 1901—2011 年的气温变率为 0.15℃/10a，这与俄罗斯 0.17℃/10a 的增温速率一致（Kattsov et al.，2008），是全球同时期增温速率 0.07～0.08℃/10a 的两倍多（Brohan et al.，2006；Smith and Reynolds，2005）。与其他的比较详见表 3-5。在季节的气温变化中，已有研究（Zoi Environment Network，2009，Huang et al.，2005；Li et al.，2011，Ren et al.，2005，Trenberth et al.，2007）表明：冬季增温对年气温变暖贡献最大。全球模型预测：在 21 世纪，亚洲中部地区的增温中冬季增温最快（Kattsov et al.，2008；Lioubimtseva and Henebry，2009）。

OBS、APHRO、GPCC、CFSR、ERA-Interim 和 MERRA 在新疆地区 1979—2010 年期间的年降水变化率分别为：1.0 mm/a，0.58 mm/a，0.68 mm/a，−4.34 mm/a，−0.73 mm/a 和 1.17 mm/a。中亚五国的降水变化在百年尺度上（1901—2010 年）呈现出微弱的上升趋势（GPCC，0.16 mm/a，$p > 0.05$）；CRU 数据表明，近 80 年来，主要受西风环流控制的中亚五国与新疆地区一样，年降水整体上表现出增加趋势。

参考文献

[1] 陈曦，姜逢清，王亚俊，等. 亚洲中部干旱区生态地理格局研究. 干旱区研究，2013，30（3）：385-390.

[2] 范彬彬，罗格平，张驰，等. 3套再分析数据夏季降水在新疆的适用性评估. 地理研究，2013，9：004.

[3] 范丽红，崔彦军，何清，等. 新疆石河子地区近40a来气候变化特征分析. 干旱区研究，2006，23（2）：334-338.

[4] 胡汝骥，陈曦，姜逢清，等. 人类活动对亚洲中部水环境安全的威胁. 干旱区研究，2011，28（2）：189-197.

[5] 胡汝骥，姜逢清，王亚俊，等. 新疆气候由暖干向暖湿转变的信号及其影响. 干旱区地理，2002，25（3）：194-200.

[6] 胡汝骥，姜逢清，王亚俊，等. 新疆雪冰水资源带环境评估. 干旱区研究. 2003，20（3）：187-191.

[7] 胡汝骥. 中国天山自然地理. 北京：中国环境科学出版社，2004.

[8] 胡增运，倪勇勇，邵华，等. CFSR，ERA-Interim 和 MERRA 降水资料在中亚地区的适用性. ARID LAND GEOGRAPHY，2013，36（4）.

[9] 姜逢清，胡汝骥，马虹. 新疆气候与环境的过去、现在及未来情景. 干旱区地理，1998，21（1）：1-9.

[10] 李江风. 新疆气候. 北京：气象出版社，1991.

[11] 施雅风，沈永平，胡汝骥. 西北气候由暖干向暖湿转型的信号、影响和前景初步探讨. 冰川冻土，2002，24（3）：219-226.

[12] 施雅风，等. 中国西北气候由暖干向暖湿转型问题评估. 北京：气象出版社，2003.

[13] 魏凤英. 现代气候统计诊断与预测技术. 北京：气象出版社，2004.

[14] 俞亚勋，王劲松，李青燕. 西北地区空中水汽时空分布及变化趋势分析. 冰川冻土，2003，25（2）：149-156.

[15] 张家宝，袁玉江. 试论新疆气候对水资源的影响. 自然资源学报，2002，17（1）：1-10.

[16] 张家诚，林之光. 中国气候. 上海：上海科学技术出版社，1985.

[17] 魏凤英. 现代气候统计诊断与预测技术，北京：气象出版社，2007.

[18] 支星，徐海明. 3套再分析资料的高空温度与中国探空温度资料的对比：年平均特征. 大气科学学报，2013，36（1）：77-87.

[19] Aguilar E，Auer I，Brunet M，et al. Guidance on metadata and homogenization. WMO TD N. 1186（WCDMP N. 53），2003，51.

[20] Alexandersson H A. Homogeneity test applied to precipitation data. J. Climatol，1986，6：661-675.

[21] Arino O，Ramos J，Kalogirou V，et al.，GlobCover 2009，Proceedings of the living planet Symposium，SP-686，2009.

[22] Blender R，Fraedrich K. Long time memory in global warming simulation，Geophysical Research Letters，2003，30：1769.

[23] Blyth S，Groombridge B，Lysenko I，et al. Mountain Watch. UNEP World Conservation Monitoring

Centre，Cambridge，UK. Archived from the original on 2009-02-26. Retrieved 2009-02-17，2002.

[24] Bordi I，Fraedrich K，Petitta M，et al. Large-Scale Assessment of Drought Variability Based on NCEP/NCAR and ERA-10 Re-Analysis，Water Resource Management，2006，20，899-915.

[25] Brohan，P，Kennedy，J. J，Harris，I，et al. Uncertainty estimates in regional and global observed temperature changes：A new dataset from 1850. J. Geophys. Res，111，D12106，doi：10.1029/ 2005JD006548，2006.

[26] Bromwich D H，Fogt R L. Strong trends in the skill of the ERA-40 and NCEP-NCAR reanalyses in the high and midlatitudes of the Southern Hemisphere，1958-2001.Journal of climate，2004，17，4603-4619.

[27] Bromwich，D H，Fogt R L，Hodges K I. et al. A tropospheric assessment of the ERA-40，NCEP，and JRA-25 global reanalyses in the polar regions. J. Geophys. Res，122，D10111，doi：10.1029/ 2006JD007859，2007.

[28] Chub，V E. Climate Change and its Impact on the Natural Resources Potential of the Republic of Uzbekistan.（Izmenenijaklimata I ego Vlijanije na Prirodno-Resursnij Potensial Respubliki Uzbekistan）. Gimet，Tashkent253pp（in Russian），2000.

[29] DeGaetano，A T. Attributes of several methods for detecting discontinuities in mean temperature series. Journal of Climate，19，838-853.Dessler，A. E. and S. M. Davis，2010：Trends in tropospheric humidity from reanalysis systems，Journal of Geophysical Research，2006，115，D19127.

[30] Easterling D R，Horton B，Jones P D，et al，Maximum and Minimum Temperature Trends for the Globe，Science，1997，277，364-367.

[31] Gesch D B，Larson K S. Techniques for development of global 1-kilometer digital elevation models. In：Pecora Thirteen，Human Interactions with the Environment Perspectives form Space，Sioux Falls，South Dakota，August，1996，20-22.

[32] Grotjahn，R，Different data，different general circulations？ A comparison of selected fields in NCEP/DOE，AMIP-II and ERA-40 reanalyses，Dynamics of Atmospheres and Oceans，2008，44，108-142.

[33] IPCC，2001：Climate Change 2001. The Scientific Basis. Contribution of Working Group I to the Third Assessment Report of the Intergovernmental Panel on Climate Change，Houghton，J.T，Y. Ding，D.J. Griggs，M. Noguer，P.J. van der Linden，X. Dai，K.

[34] IPCC，2007：Climate Change 2007. Impacts，Adaptation and Vulnerability. Contribution of Working Group II to the Fourth Assessment Report of the Intergovernmental Panel on Climate Change，M.L. Parry，O.F. Canziani，J.P. Palutikof，P.J. van der Linden and C.E. Hanson，Eds，Cambridge University Press，Cambridge，UK，976.

[35] IPCC，2007：Climate Change 2007. The Physical Science Basis. Contribution of Working Group I to the Fourth Assessment Report of the Intergovernmental Panel on Climate Change，edited by S. Solomon et al，Cambridge Univ. Press，Cambridge，U. K.

[36] Jones，P D，Osborn，T J，Briffa，K R. Estimating Sampling Errors in Large-Scale Temperature Averages，Journal of Climate，1997，10，2548-2568.

[37] Kalnay E，Kanamitsu M，Kistler R，et al. The NCEP/NCAR 40-year reanalysis project. Bull. Amer. Meteor. Soc，1996，77，437-471.

[38] Kattsov V，Govorkova V，Meleshko V，et al. Climate Change Projections And Impacts In Russian Federation And Central Asia States. Research report by the North Eurasia Climate Centre，Saint Petersburg，Russia，2008.

[39] Kendall M G. Rank Correlation Methods. Hafner，New York，1948.

[40] Kharlamova N F，Revyakin V S. Regional climate and environmental change in Central Asia. Environmental Security and Sustainable Land Use -with Special Reference to Central Asia，H. Vogtmann，and N. Dobretsov，Eds，Springer，2006，19-26.

[41] Kutuzov S. The retreat of Tian Shan glaciers since the Little Ice Age obtained from the moraine positions，aerial photographs and satellite images. PAGES Second Open Science Metting，10-12 August 2005，Beijing，China.

[42] Li B F，Chen Y N，Shi X. Why does the temperature rise faster in the arid region of northwest China？Journal of Geophysical Research，2012，117，D16115.

[43] Li Q H，Chen Y N，Shen Y J. Spatial and temporal trends of climate change in Xinjiang，China，J. Geogr. Sci，2011，21（6）1007-1018.

[44] Li Q X，Li W，Si P，et al. Assessment of suface air warming in northeast China，with emphasis on the impacts of urbanization. Theor Appl Chimatol，2010，99，469-478.

[45] Li Q X，Liu X N，Zhang H Z，et al. Detecting and Adjusting Temporal Inhomogeneity in Chinese Mean Surface Air Temperature Data. Advances in Atmospheric Sciences，2004，21，260-268.

[46] Lioubimtseva E，Henebry G M. Climate and environmental change in arid Central Asia：Impacts，vulnerability，and adaptations. Journal of Arid Environments，2009，73，963-977.

[47] Lioubimtseva E，Cole R，Adams J M，et al. Impacts of climate and land-cover changes in arid lands of Central Asia. Journal of Arid Environments，2005，62，285-308.

[48] Lorenz E N. Empirical orthogonal functions and statistical weather prediction. Technical report，Statistical Forecast Project Report 1，Dept. of Meteor，MIT，1956，49.

[49] Lorrey A，Fowlera A M，Salingerb J，et al. Regional climate regime classification as a qualitative tool for interpreting multi-proxy palaeoclimate data spatial patterns：A New Zealand case study. Palaeogeography，Palaeoclimatology，Palaeoecology，2007，253：407 -433.

[50] Ma L J，Zhang T J，Li Q X，et al. Evaluation of ERA-40，NCEP-1，and NCEP-2 reanalysis air temperatures with ground-based measurements in China. Journal of Geophysical Reserch，2008，113，D15115.

[51] Mamtimin B，Et-Tantawi A M M，Schaefer D，et al. Recent trends of temperature change under hot and cold desert climates：Comparing the Sahara（Libya）and Central Asia（Xinjiang，China）. Journal of Arid Environments，2011，75，1105-1113.

[52] Mann H B. Non-parametric test against trend. Econometrika，1945，13，245-259.

[53] Marshall G J. Trends in Antarctic Geopotential Height and Temperature：A Comparison between Radiosonde and NCEP-NCAR Reanalysis Data. Journal of climate，1945，15，659-674.

[54] Maskell，Johnson C A. Eds，Cambridge University Press，Cambridge，United Kingdom and New York，NY，USA，881pp.

[55] MCD12Q2, 2012: Land Cover Dynamics Yearly L3 Global500m SIN Grid. http：//lpdaac.usgs.gov/ products/modis_products_table/mcd12q2.

[56] Mei Huang, Gongbing Peng, et al. Seasonal and Regional Temperature Changes in China over the 50 Year Period 1951-2000. Meteorology and Atmospheric Physics, 2005, 89: 105-115. DOI 10.1007/s00703-005-0124-0.

[57] Mitchell T D, Jones P D. An improved method of constructing a database of monthly climate observations and associated high-resolution grids. International Journal of Climatology, 2005, 25, 693-712.

[58] New M, Hulme M, Jones P. Representing Twentieth-Century Space–Time Climate Variability. Part I: Development of a 1961-90 Mean Monthly Terrestrial Climatology. Journal of Climate, 1999, 12, 829-856.

[59] North G R, Bell T L, Cahalan R F, et al. Sampling errors in the estimation of empirical orthogonal functions. Mon. Weather Rev, 1982, 110: 699-706.

[60] Pollner J, Kryspin W J, Nieuwejaar S. Disaster Risk Management and Climate Change Adaptation in Europe and Central Asia. The world bank. http：//sistemaprotezionecivile.it/allegati/1188_ DRM-Climate_Change_Europe.pdf, 2008.

[61] Ren G Y, Xu M Z, Chu Z Y, et al. Changes of surface air temperature in China during 1951-2004（in Chinese with English abstract）, Climate Environment Research, 2005, 10（4）717-727.

[62] Ren G, Zhou Y, Chu Z, et al. Urbanization effects on observed surface air temperature trends in North China. Journal of Climate, 2008, 21, 13333-13348.

[63] Saha S, Moorthi S, Pan HL, et al. The NCEP Climate Forecast System Reanalysis. Bull. Amer. Meteor. Soc, 2010, 91: 1015-1057.

[64] Schiemann R, Luthi D, Vidale P L, et al. The precipitation climate of Central Asia -intercomparison of observational and numerical data sources in a remote semiarid region. International Journal of Climatology, 2008, 28, 295-314.

[65] Simmons, A J, et al. Comparison of trends and low-frequency variability in CRU, ERA-40, and NCEP/NCAR analyses of surface air temperature, Journal of Geophysical Research, 2004, 109, D24115.

[66] Small E E, Giorgi F, Sloan L C. Regional climate model simulation of precipitation in central Asia: Mean and interannual variability. J. Geophys. Res, 1999, 104: 6563-6582.

[67] Song H, Zhang M H. Changes of the Boreal Winter Hadley Circulation in the NCEP-NCAR and ECMWF Reanalyses: A Comparative study, Journal of climate, 2007, 15: 5191-5200.

[68] Trenberth K E, Jones P D, Ambenje P, et al. Observations: Surface and Atmospheric Climate Change. In: Climate Change 2007: The Physical Science Basis. Contribution of Working Group I to the Fourth Assessment Report of the Intergovernmental Panel on Climate Change [Solomon, S, D. Qin, M.]

[69] UNDP. 2005. Central Asia Human Development Report. Available online at: http：//hdr.undp.org/en/ reports/regionalreports/europethecis/central_asia_2005_en.pdf.

[70] Wang S W, Gong D Y. Enhancement of the warming trend in China, Geophysical Research Letters, 2000, 27: 2581-2584.

[71] Yatagai A, Arakawa O, Kamiguchi K, et al. A 44 – year daily gridded precipitation dataset for Asia based on a dense network of rain gauges. Science Online Letters on the Atmosphere, 2009, 5: 137-140.

[72] You Q L，Kang S C，Pepin N，et al. Relationship between temperature trend magnitude，elevation and mean temperature in the Tibetan Plateau from homogenized surface stations and reanalysis data. Global and Planetary Change，2010，71：124-133.

[73] Zhang Q，Singh V P，Li J F，et al. Spatio-temporal variations of precipitation extremes in Xinjiang，China. Journal of Hydrology，2012，434-435：7-18.

[74] Zoi Environment Network，2009. Climate Change in Central Asia：A Visual Synthesis. Zoï environment publication. Belley，France. 79 p. Available online：http：//preventionweb.net/go/12033.

[75] Sorg A，Bolch T，Stoffel M，et al. 2012. Climate change impacts on glaciers and runoff in Tien Shan. Nature climate change，doi：10.1038/NCLIMATE1592.

[76] Kutuzov S. The retreat of Tien Shan glaciers since the Little Ice Age obtained from the moraine positions，aerial photographs and satellite images. Beijing，China：PAGES Second Open Science Meeting，2005.

[77] IPCC. Climate change 2001：The Scientific Basis Contribution of Working Group I to the Third Assessment Report of the Intergovernmental Panel on Climate Change（IPCC）[R]. Cambridge：Cambridge University Press，2001.

[78] Lioubimtseva E，COLE R. Uncertainties of Climate Change in Arid Environments of Central Asia. Reviews in Fisheries Science，2006，14（1-2）：29-49.

[79] New M，HULME M，Jones P. Representing Twentieth-Century Space-Time Climate Variability. Part II：Development of 1901-96 Monthly Grids of Terrestrial Surface Climate. Journal of Climate，2000，13（13）：2217-2238.

[80] Bao X，ZHANG F. Evaluation of NCEP–CFSR，NCEP–NCAR，ERA-Interim，and ERA-40 Reanalysis Datasets against Independent Sounding Observations over the Tibetan Plateau. Journal of climate，2013，26：206-214.

[81] Dee D P，UPPALA S M，Simmons A J，et al. The ERA-Interim reanalysis：configuration and performance of the data assimilation system. Quarterly Journal of the Royal Meteorological Society，2011，137：553-597.

[82] Rienecker M M，Suarez M J，Ronald G，et al. MERRA -NASA's Modern-Era Retrospective Analysis for Research and Applications. Journal of Climate，2011，24：3624-3648.

[83] Bosilovich M G，Chen J，Robertson F R，et al. Evaluation of Global Precipitation in Reanalysis [J]. Journal of applied meteorology and climatology，2008，47（9）：2279-2299.

[84] Zolina O，Kapala A，Simmer C，et al. Analysis of extreme precipitation over Europe from different reanalysis：a comparative assessment. Global and Planetary Change，2004，44（1）：129-161.

[85] You Q L，Kang S C，Pepin N，et al. Relationship between temperature trend magnitude，elevation and mean temperature in the Tibetan Plateau from homogenized surface stations and reanalysis data [J]. Global and Planetary Change，2010，71：124-133.

[86] Birsan M V，Molnar P，Burlando P，et al. Streamflow trends in Switzerland. Journal of Hydrology，2005，314（1-4）：312-329.

[87] Yue S，Pilon P，Cavadias G. Power of the Mann-Kendall and Sear-man's rho test for detecting monotonic trend in hydrological series. Journal of Hydrology，2002，259：254-271 .

[88] Lins H F，Slack J R. Streamflow trends in the United States. Geophysical research letters，1999，26：227-230.

[89] Fan Y T，Chen Y N，Liu Y B，et al. Variation of Baseflows in the Headstreams of the Tarim River Basin during 1960-2007[J]. Journal of Hydrology，2013，487：98-108.

[90] IPCC. Climate Change 2007：Observations：Surface and Atmospheric Climate Change. Contribution of Working Group I to the Fourth Assessment Report of the Intergovernmental Panel on Climate Change Solomon，2007，236-239.

[91] IPCC. Climate Change 2007：The Physical Science Basis. Contribution of Working Group I to the Fourth Assessment Report of the Intergovernmental Panel on Climate Change. Cambridge：Cambridge University Press，2007.

[92] Lioubimtseva E，Henebry G M. Climate and environmental change in arid Central Asia：Impacts，vulnerability，and adaptations . Journal of Arid Environments，2009，73：963-977.

[93] United Nations. Compendium on Water-related Hazards and Extreme Weather Events in Central Asia and Neighbouring Countries [M/OL].2012，http：//www.unescap.org/publications/detail.asp？2012-12-17.

[94] Chen F H，Wang J S，Jin L Y，et al. Rapid warming in mid-latitude central Asia for the past100 years. Front Earth Sci China，2009，3：42-50.

[95] Schiemann R，Luthi D，Vidale，P L. et al. The precipitation climate of Central Asia-intercomparison of observational and numerical data sources in a remote semiarid region. International Journal of Climatology，2008，28：295-314.

[96] Balashova Y N，Zhitomirskaya O M，Semyonova O A. Climatologic Characterization of the Central Asian Republics. Hydrometeorological Publishing House：Leningrad（in Russian），1960.

[97] Chanysheva S G，Subbotina O I，Petrov U V，et al. Variability of the Central Asian Climate. Central Hydrometeorological Research Institute：Tashkent（in Russian），1995.

[98] Kalnay E，Kanamitsu M，Kistler R，et al. The NCEP/NCAR 40-year reanalysis project [J]. Bulletin of the American Meteorological Society，1996，77（3）：437-471.

[99] Willmott C J，Matsuura K. Advantages of the mean absolute error（MAE）over the root mean squre error（RMSE）in assessing average model performance. Climate Research，2005，（30）：79-82.

[100] Chen F H et al，Spatiotemporal precipitation variations in the arid Central Asia in the context of global warming. Science China，Earth Science，2011，54：1812-1821.

第4章　亚洲中部干旱区土地利用及其变化

4.1　土地利用与土地覆被变化

土地覆被反映的是地球表层的自然状况，包括地表植被、土壤、冰川、湖泊、沼泽湿地及各种建筑物。土地利用是指对土地的使用状况，是人类根据土地的自然特点，对土地进行长期或周期性的经营管理和治理改造活动。土地利用是土地覆盖变化的外在驱动力，土地覆盖又反过来影响土地利用的方式，两者在地表构成一个统一的整体（Une et al.，2002）。土地利用与土地覆盖变化（LUCC）和全球环境变化关系密切。LUCC 是全球环境变化的重要方面，反过来，全球环境变化对 LUCC 也有深刻影响（Ojima et al.，1994）。

随着人类社会的发展，土地利用的格局、深度和强度不断发生变化，由此对地球环境的各个方面产生了深刻影响，从而加剧了持续发展的全球性环境问题，主要包括对气候（Clavero et al.，2011；Vose et al.，2004）、土壤（Smith et al.，2012；Scott et al.，1999）、水资源和水循环（Nosetto et al.，2005；Gustard et al.，1993）、生物多样性（Higgins，2007；THOMAS et al.，2004）和碳循环（Houghton et al.，1999；Van Minnen et al.，2009；Kaplan et al.，2012）的影响。

干旱区由于具有成因复杂、类型多样，对环境变化敏感、变化过程快、幅度大、景观差异明显等特点，是全球变化特别是 LUCC 研究的关键因素之一（Lioubimtseva et al.，2005），并已引起全球环境和生态学者的广泛关注，尤其是世界上干旱半干旱区面积最大的区域——亚洲中部（Chuluun et al.，2002；Hostert et al.，2011；Markov et al.，1951）。但由于受到社会经济条件的限制，这方面的信息总体较为薄弱，缺乏较为系统的土地利用及变化的资料（Wang et al.，2010）。

近 30 年来，尤其是苏联解体导致中亚土地利用土地覆被发生了显著的时空变化。因此，准确获取苏联解体前后中亚土地利用与覆被变化信息很重要，将促进中亚（即指中亚五国）生态与环境变化的研究。

4.1.1　中亚土地利用与覆被变化数据集

4.1.1.1　多源遥感土地利用与覆被变化数据集

根据包括 UMD、DISCover、GLC2000 和 GlobCover 的 5 期遥感影像，分析近 30 年中亚土地覆被变化情况。数据源及分类体系见表 4-1。Global Land Cover Characteristics 数据集 2.0 是国际地圈-生物圈计划（IGBP）于 1992 年利用 NOAA-AVHRR 遥感数据制作的全球土地覆被图集。采用非监督分类和分类后校正的方法和全年 12 个月（1992 年 4 月—1993 年 3 月）NDVI 最大值的合成数据，将全球各大洲土地覆被类型划分为 17 个类别（Loveland et al.，2000）（表 4-2）。美国马里兰大学也以 1981—1994 年的 NOAA-AVHRR 遥感数据为基础，采用监督分类树的方法，由 AVHRR 5 个波段和 NDVI 计算获得的 41 个指数，针对全球区域建立了 13 类别的 UMD 分类系统（Hansen and Reed，2000）。UMD 分类系统与 IGBP 分类系统大体一致，只是去除了永久湿地、农田与自然植被镶嵌体、冰雪 3 个类别，可以说是一种简化的 IGBP 分类系统（表 4-2）。

表 4-1　基于全球土地覆被数据集的遥感影像及其分类体系

数据集	产品来源	时间序列	数据源	分辨率	分类标准
UMD 土地覆盖数据集（1 km）	马里兰大学（GLCF）	1981—1994	AVHRR	1 km	UMD 分类系统
Global Land Cover Characteristics 数据集 2.0	USGS-EROS	1992.4—1993.3	AVHRR	1 km	IGBP 分类系统
Global Land Cover 2000 数据集	欧空局（ESA）	1999.12—2000.12	SPOT 4	1 km	FAO 地表覆盖分类系统（LCCS）FAO
GlobCover 全球陆地覆盖数据	欧空局（ESA）	2004.12—2006.6	MERIS	300 m	Globcover 分类系统（level 1）
GlobCover 全球陆地覆盖数据 2009	欧空局（ESA）	2009.1.1—12.31	MERIS	300 m	Globcover 分类系统（level 1）

　　Global Land Cover 2000 数据集（Bartholom et al.，2005）是联合国粮农组织（FAO，Food and Agriculture Organization）于 1996 年建立的一个标准的、全面的土地覆被分类系统—LCCS（Land Cover Classification System）。欧盟联合研究中心利用 1999 年 11 月 1 日到 2000 年 12 月 31 日的 SPOT4/VGT 数据对全球的土地覆被类型（GLC 2000，Global Land Cover2000）进行划分，也使用了 LCCS 分类系统，并将全球分为 22 个土地覆被类型。
　　GlobCover 为全球陆地覆盖数据（Arino et al.，2007），空间分辨率为 300 m。GlobCover 全球陆地覆盖数据的原始数据来自 Envisat 卫星，由 MERIS（Medium Resolution Imaging Spectrometer）传感器拍摄完成。目前共有两期，GlobCover（Global Land Cover Map）2009 和 GlobCover（Global Land Cover Product）2005—2006。GlobCover 全球陆地覆盖数据，采用联合国粮农组织的地表覆盖分类系统（Food and Agriculture Organization— Land Cover Classification System）作为图例生成标准（表 4-2）。与 IGBP 分类系统相比，GlobCover 把永久湿地进一步划分为森林湿地与沼泽湿地。

表 4-2　中亚不同数据产品土地覆被分类系统

IGBP		LCCS		GlobCover	
编码	类型	编码	类型	编码	类型
1	常绿针叶林	2	郁闭落叶阔叶林	11	水淹或灌溉农地
3	落叶针叶林	3	稀疏落叶阔叶林	14	雨养农地

IGBP		LCCS		GlobCover	
编码	类型	编码	类型	编码	类型
4	落叶阔叶林	4	常绿针叶林	20	耕作（50%～70%）/其他自然植被（20%～50%）镶嵌
5	混交林	5	落叶针叶林	30	耕作（20%～50%）/其他自然植物（50%～70%）镶嵌
6	有林草地	6	混交林	40	郁闭或敞开（>15%）常绿阔叶或半落叶阔叶林（>5 m）
7	稀树草原	9	林地与其他自然植被镶嵌体	50	郁闭（>40%）落叶阔叶林（>5 m）
8	郁闭灌丛	10	有林火烧地	60	敞开（15%～40%）落叶阔叶林（>5 m）
9	稀疏灌丛	11	常绿灌木林	70	郁闭（>40%）常绿针叶林（>5 m）
10	草地	12	落叶灌木林	90	敞开(15%～40%)常绿针叶或落叶针叶林(>5 m)
11	农田	13	草地	100	郁闭或敞开（>15%）针阔混交林（>5 m）
12	裸地	14	稀疏草本或灌丛	110	草地（20%～50%）/森林/灌丛（50%～70%）镶嵌
14	城市和建设用地	15	有规律水淹灌丛或草地	120	草地（50%～70%）/森林/灌丛（20%～50%）镶嵌
15	永久湿地	16	农田	130	冠层敞开或封闭（>15%）灌丛（<5 m）
16	作物与自然植被镶嵌体	17	农田与林地镶嵌体	140	冠层敞开或封闭（>15%）草地
17	冰雪	18	农田与灌丛或草地镶嵌体	150	稀疏植被（<15%）
20	水体	19	裸地	170	郁闭（>40%）永久盐水水淹阔叶林或灌丛
		20	水体	180	郁闭或敞开（>15%）各种有规律水淹或长期水浸草地
		21	冰雪	190	人工表面和相关区域
		22	人工表面和相关区域	200	裸地
				210	水体
				220	永久冰雪

4.1.1.2 基于多源遥感数据中亚土地覆被变化分析

（1）1980—1990 年代初中亚土地覆被结构。中亚土地利用类型多样，草地占绝对优势（表 4-3）。1980 年代草地总面积约 1.44×10^8 hm²，占中亚土地总面积的 35.99；其次是稀疏灌丛，总面积约为 1.16×10^8 hm²，占中亚土地总面积的 28.87%。农田面积约为 4.67×10^7 hm²，占中亚土地面积的 11.66%。1990 年代初土地利用构成比例与 1980 年代基本相同；在各类用地中，以草地稀疏灌丛面积最大，但所占比重相对于 1980 年代有所减少。农田面积略有下降，约为 4.11×10^7 hm²，占该区总面积的 10.28%（图 4-1），产生这种变化的主要原因是苏联的经济政治政策变化。

表 4-3　1980—1990 年代初中亚土地覆被构成

编码	类型	1980 年代		1990 年代初	
		面积/10^4 hm²	百分比/%	面积/10^4 hm²	百分比/%
1	常绿针叶林	21.73	0.05	31.47	0.08
3	落叶针叶林	0.53	0.00	46.42	0.12
4	落叶阔叶林	10.10	0.03	3.70	0.01
5	混交林	79.28	0.20	705.73	1.76
6	有林草地	254.45	0.64	—	—
7	稀树草原	806.35	2.02	137.48	0.34
8	郁闭灌丛	971.12	2.43	0.16	0.00
9	稀疏灌丛	11 550.59	28.87	10 287.02	25.71
10	草地	14 399.60	35.99	13 121.82	32.80
11	农田	4 666.21	11.66	4 113.99	10.28
12	裸地	5 898.61	14.74	3 968.84	9.92
14	城市和建设用地	82.87	0.21	83.35	0.21
15	永久湿地	—	—	7.53	0.02
16	作物与自然植被镶嵌体	—	—	6 165.96	15.41
17	冰雪	—	—	74.45	0.19
20	水体	1 269.06	3.17	1 261.27	3.15

数据来源：马里兰大学（GLCF）UMD 土地覆盖数据集（1980 年代）；USGS Global Land Cover Characteristics 数据集 2.0（1990 年代初）。

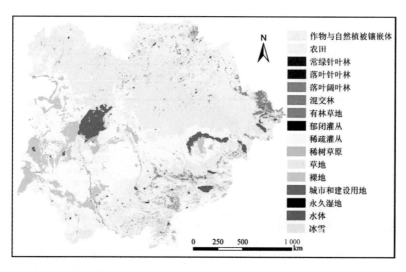

图 4-1　基于 1990 年代初 Global Land Cover Characteristics 数据集的中亚土地覆被

（2）2000 年中亚土地覆被结构。表 4-4 和图 4-2 反映了 2000 年中亚干旱区主要土地覆被类型的基本情况。农田面积约为 4 298.01×10^4 hm²，占整个中亚总面积的 10.74%。草地总面积略低于农田面积，约 3 881.78×10^4 hm²，占整个中亚土地总面积的 9.70%。裸地面积在所有土地利用构成中所占的比例最大，总面积约为 18 307.94×10^4 hm²，占中亚土地总面积的 45.76%。虽然 2000 年的土地分类系统与 1990 年相比，存在较大的差异，但是总体来看，裸地面积在这 10 年间有较大的增加。简单分析产生这种变化的主要原因是苏联解体，导致大的政策变动，大量农田弃耕，裸地面积增大（WEHRHEIM et al.，2008）。

表 4-4　2000 年中亚土地覆盖构成

编码	类型	面积/10^4 hm^2	百分比/%
2	郁闭落叶阔叶林	106.91	0.27
3	稀疏落叶阔叶林	96.08	0.24
4	常绿针叶林	53.24	0.13
5	落叶针叶林	7.19	0.02
6	混交林	36.54	0.09
9	林地与其他自然植被镶嵌体	21.54	0.05
10	有林火烧地	39.51	0.10
11	常绿灌木林	0.27	0.00
12	落叶灌木林	272.86	0.68
13	草地	3 881.78	9.70
14	稀疏草本或灌丛	9 131.43	22.82
15	有规律水淹灌丛或草地	72.43	0.18
16	农田	4 298.01	10.74
17	农田与林地镶嵌体	105.24	0.26
18	农田与灌丛或草地镶嵌体	1 713.93	4.28
19	裸地	18 307.94	45.76
20	水体	1 266.53	3.17
21	冰雪	578.21	1.45
22	人工表面和相关区域	20.84	0.05

数据来源：欧空局（ESA）Global Land Cover 2000 数据集。

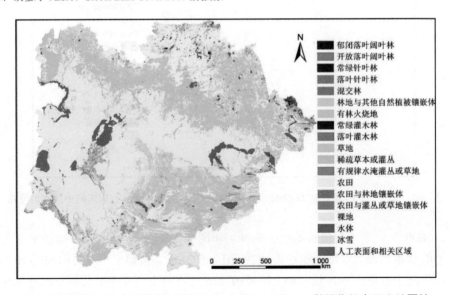

图 4-2　基于 2000 年欧空局（ESA）Global Land Cover 数据集的中亚土地覆被

（3）2005—2009 年中亚土地利用与覆被结构。2005—2009 年中亚土地覆被变化不显著，在所有类型中裸地占绝对优势（表 4-5，图 4-3），所占比例分别为 36.52%和 34.68%。耕地又被细分为水淹或灌溉农地、雨养农地、耕作（50%～70%）/其他自然植被（20%～50%）镶嵌、耕作（20%～50%）/其他自然植物（50%～70%）镶嵌 4 种类型。其中耕作/其他自然植物镶嵌所占面积最大，合计为中亚土地总面积的 12%～13%，其次为雨养农地。在各类用地中，草地所占比例相对较少，仅占该区总面积的 2%～3%。2009 年与 2005 年

表 4-5 2005—2009 年中亚土地覆被构成

编码	类型	2005 年		2009 年	
		面积/10^4 hm²	百分比/%	面积/10^4 hm²	百分比/%
11	水淹或灌溉农地	1 557.21	3.89	1 591.00	3.98
14	雨养农地	621.80	1.55	860.27	2.15
20	耕作（50%～70%）/其他自然植被（20%～50%）镶嵌	2 039.17	5.10	2 952.85	7.38
30	耕作（20%～50%）/其他自然植被（50%～70%）镶嵌	2 921.54	7.30	2 610.69	6.53
40	郁闭或敞开（>15%）常绿阔叶或半落叶阔叶林（>5 m）	559.10	1.40	725.92	1.81
50	郁闭（>40%）落叶阔叶林（>5 m）	637.53	1.59	752.71	1.88
60	敞开（15%～40%）落叶阔叶林（>5 m）	566.84	1.42	697.02	1.74
70	郁闭（>40%）常绿针叶林（>5 m）	626.92	1.57	740.18	1.85
90	敞开（15%～40%）常绿针叶或落叶针叶林（>5 m）	563.07	1.41	591.47	1.48
100	郁闭或敞开（>15%）针阔混交林（>5 m）	629.89	1.57	699.39	1.75
110	草地（20%～50%）/森林/灌丛（50%～70%）镶嵌	641.34	1.60	739.45	1.85
120	草地（50%～70%）/森林/灌丛（20%～50%）镶嵌	713.17	1.78	735.33	1.84
130	冠层敞开或封闭（>15%）灌丛（<5 m）	696.03	1.74	660.35	1.65
140	冠层敞开或封闭（>15%）草地	1 215.22	3.04	1 040.02	2.60
150	稀疏植被（<15%）	6 328.35	15.82	6 061.35	15.15
170	郁闭（>40%）永久盐水水淹阔叶林或灌丛	1 232.76	3.08	1 224.17	3.06
180	郁闭或敞开（>15%）各种有规律水淹或长期水浸草地	1 209.73	3.02	1 096.75	2.74
190	人工表面和相关区域	1 129.67	2.82	857.14	2.14
200	裸地	14 610.62	36.52	13 874.85	34.68
210	水体	1 401.67	3.50	1 374.14	3.43
220	永久冰雪	108.86	0.27	125.43	0.31

数据来源：欧空局（ESA）GlobCover 全球陆地覆盖数据。

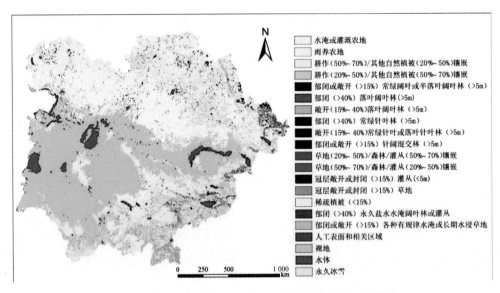

图 4-3　基于 2009 年 GlobCover 数据集的中亚土地覆被

相比，各地类所占比例变化不大，耕地面积（包括灌溉农地、雨养农地、耕作和其他植被镶嵌）增加，产生这种变化的原因是由于人口增长率高，粮食需求增加，这种变化尤其促使水浇地的进一步扩大（杨恕等，2002）。

（4）土地利用格局趋势分析。尽管所有的土地覆被产品都旨在提供中亚土地覆盖的时空分布规律信息，但是由于分类系统的不同，其可比性存在问题。为了解决这个问题，将每个分类系统都根据表 4-6 的标准合并为 4 类：耕地，包括雨养农田、水淹或灌溉农田、耕作/其他自然植被镶嵌；自然植被，包括郁闭或者敞开常绿/落叶林、水淹森林、草地/森林/灌丛镶嵌、耕作/其他自然植物镶嵌、多树草原、稀疏植被；水体，包括自然或者人工水体和湿地；其他，包括人工表面和相关区域和冰雪覆盖。

表 4-6　不同土地覆被分类系统综合为 4 类的代码合并对照表

	耕地	自然植被	水体	其他
UMD	11，16	1～10，12	15，20	14，17
GLC2000	16，17，18	2～15，19	20	21～22
GLOBCOVER	11，14，20，30	50，60，70，90，100，110，120，130，150，170，180，200	210	190，220

注：类型编码参照表 4-5。

由表 4-7 可以看出，1990 年代初至 2000 年耕地面积从 $10\,279.95 \times 10^4$ hm² 急剧下降到 6.11×10^7 hm²，净减 4.16×10^7 hm²，减幅达到 40.49%，该幅度相对于 FAO 的统计数据略大，这与我们对耕地的定义不同有关，但是总体上所反映的趋势是一致的（范彬彬等，2012）。而 2000—2009 年，耕地面积增加了 1.89×10^7 hm²，平均每年增加 3.00%。尽管到 2009 年耕地面积有了显著增加，但相对于 1990 年，耕地面积仍有 22.03% 的减少。与耕地面积相比，自然植被表现出了相反的趋势，从 1990 年代初至 2000 年，自然植被面积从

2.83×10^8 hm^2 增加到 3.20×10^8 hm^2，与该段时间内耕地面积的减少相当。这说明此间，耕地大量转化为草地、灌丛等自然植被。然而 2000—2009 年，随着弃耕地的复垦，自然植被面积减少了 7.46%。

表 4-7　1990 年代初至 2009 年中亚 4 类土地覆盖类型及其变化

	1990 年代初	2000 年	2009 年	1990 年代初—2000 年	2000—2009 年	1990 年代初—2009 年
	面积/10^4 hm^2			变化率/%		
耕地	10 279.95	6 117.18	8 014.81	−40.49	31.02	−22.03
自然植被	28 302.64	32 027.72	29 638.96	13.16	−7.46	4.72
水体	1 268.80	1 266.53	1 374.14	−0.18	8.50	8.30
其他	157.80	599.05	982.57	279.63	64.02	522.67
合计	40 009	40 009	40 009	—	—	—

按照统一的制图规范，依据覆盖中亚的 1980 年代至 2009 年陆地卫星数据资料，研究了土地利用变化的特征和空间分布规律（图 4-4）。由于分类系统的不同，仅分析耕地、自然植被、水体的空间分布趋势。由图 4-4 可以看出，1990 年代初至 2000 年，农业用地面积大幅度减少，到 2009 年，有所恢复但仍旧达不到 1990 年代初水平。从空间上来看，中亚北部、东部是耕地的主要分布区，水体主要分布在中部地区。水体 1990 年代初至 2009 年呈现先减少后增加的趋势。气候波动引起湖泊面积变化，主要是影响流域内的水循环要素。另外，人类活动引起绿洲变化，而绿洲农业灌溉用水对湖泊面积变化影响较大（白洁等，2011；李宝明等，2010；李义玲等，2008；刘纪远等，2009；沈金祥等，2010）。

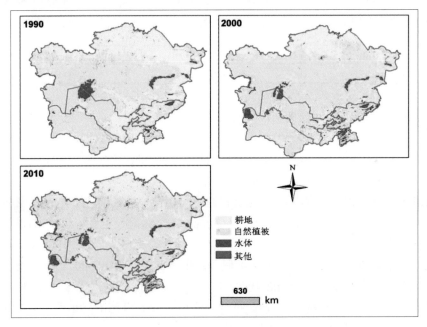

图 4-4　1990—2010 年中亚土地利用空间分布变化图

4.1.1.3 基于 Globcover 及 TM 影像的目视解译数据

该数据集采用人工目视解译技术，以全球土地覆被类型数据（中亚部分）为底图，参照 2005 年 TM 影像进行修改和确认，以此来验证它的正确率和准确性。具体方法是首先由全球国界线中提取中亚部分的工作区边界，运用图像掩膜（Mask）方法从 Globcover（2005—2006 年）中剪裁工作区 GRID 数据，再通过 Fishnet 和 Extract 等工具把剪裁好的 GRID 数据转换成可修改属性的 shp 点数据；同时获取可覆盖工作区的 2005 年 TM 影像数据，对地面影像数据进行数据融合和投影转换；随后把 shp 数据叠放在 TM 影像数据上，目视判读逐点修改 shp 数据属性表，因为缺少相应的图片资料和野外调查数据，所以在判读时借助 Google Earth 影像数据作为辅助依据，最后统计计算正确率。

（1）数据选取与预处理。从全球国界线中选取中亚部分的工作区边界，运用图像掩膜（Mask）方法从 Globcover（2005—2006 年）中剪裁工作区 GRID 数据，其属性信息没有发生任何改动和变化（表 4-8）。

表 4-8　Globcover（2005—2006 年）与中亚 GRID 数据属性信息表

	Globcover GRID 数据	中亚（部分）GRID 数据
Raster Information		
Columns and Row	129 600，64 800	16 201，5 761
Number of bands	1	1
Cellsize（X，Y）	30 m，30 m	30 m，30 m
Uncompressed size	7.82GB	89.01MB
Format	Tiff	Tiff
Pixel Type	Unsigned integer	Unsigned integer
Spatial Reference	GCS_WGS_1984	GCS_WGS_1984
Linear Unit	—	—
Angular Unit	Degree（0.017）	Degree（0.017）
Datum	D_WGS_1984	D_WGS_1984

考虑到数据量较大和计算机硬件性能等问题，建立了 87 幅 1∶50 万的标准图框覆盖全部工作区；由每一个 1∶50 万的标准图框去裁切中亚 GRID 数据，借助 Arcmap 软件平台，运用 Fishnet 和 Extract 等工具将 GRID 数据转换成 shp 点数据，并提取原来数据的属性信息，以后所有的操作都是在此基础上完成的（图 4-5）。

为 Globcover GRID 数据在不改变原有的空间属性信息的前提下，在其属性表中手动添加一列字段"IGBP_ID"，对照欧空局（Globcover）数据分类系统与"IGBP"分类系统之间的对应转换表，对数据进行统一归并，其中有一些"未分类的"，即欧空局（Globcover）数据分类编码找不到对应的 IGBP 分类编码的，在该字段下附上"99"，以便以后统一计算和辨认；而后再添加一列字段"2005ID"，对每一幅 GRID 数据进行逐点参照 2005 年影像检验修改（在 IGBP 分类系统下），在此过程中需做各部分内部拼接检查，保证整体景观类型的连贯性，直至生成基础 shp 数据。

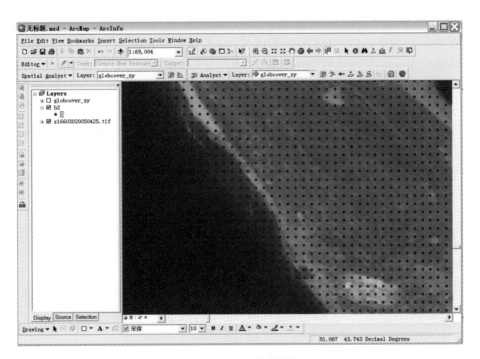

注：红色点是 shp 数据（即列表栏中的"b2"），下层为 TM 影像数据。

图 4-5　中亚土地利用/覆被图生成过程

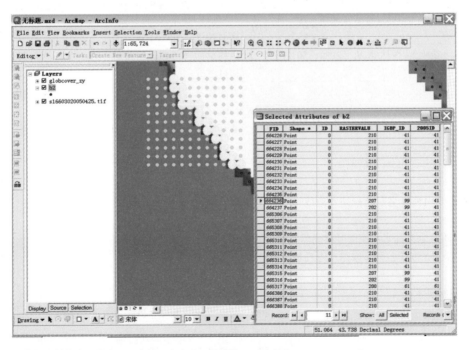

注：shp 数据的属性表，黄色显示表示"未分类"的属性，列表栏中"globcover_zy"。

图 4-6　中亚土地利用/覆被图生成过程

在 ERDAS 软件下，对 219 幅 2005 年 TM 影像数据进行了数据融合和投影转换等工作，波段融合采用 TM4、TM3、TM2，转换成与 shp 数据相匹配的"GCS_WGS_1984"投影，空间分辨率为 30 m，时段选在 2004—2007 年，与原数据所用地物影像数据的时段基本吻合，没有空缺，覆盖全部工作区。

表 4-9　欧空局（Globcover）数据分类系统与"IGBP"分类系统之间的转换对应表

Globcover 土地覆盖分类系统	代码	IGBP 土地覆盖分类系统	代码
水淹或灌溉农地	11	农地（简单或多种作物系统）	11
雨养农地	14		
耕作（50%～70%）/其他自然植被（20%～50%）镶嵌	20	农地/自然植被镶嵌（农地、森林、灌丛、草地；单一覆盖不超过 60%）	12
耕作（20%～50%）/其他自然植物（50%～70%）镶嵌	30		
郁闭或敞开（>15%）常绿阔叶或半落叶阔叶林（>5 m）	40	常绿阔叶林	21
郁闭（>40%）常绿阔叶林（>5 m）	50		
敞开（15%～40%）落叶阔叶林（>5 m）	60	落叶阔叶林	22
郁闭（>40%）常绿针叶林（>5 m）	70	常绿针叶林	23
敞开（15%～40%）常绿针叶或落叶针叶林（>5 m）	90	落叶针叶林	24
郁闭或敞开（>15%）针阔混交林（>5 m）	100	混交林（没有主导类型超过 60%覆盖）	25
草地（20%～50%）/森林/灌丛（50%～70%）镶嵌	110	有（森林）林草原（树林冠层覆盖 30%～60%，高度超过 2 m）	31
草地（50%～70%）/森林/灌丛（20%～50%）镶嵌	120	稀树草原（树林冠层覆盖 10%～30%，高度超过 2 m）	32
冠层敞开或封闭（>15%）灌丛（<5 m）	130	封闭灌丛（灌丛覆盖度高于 60%；高度低于 2 m，常绿或落叶） 敞开灌丛（灌丛覆盖率 10%～60%高度低于 2 m，常绿或落叶）	33
冠层敞开或封闭（>15%）草地	140	草地或禾本植物（树冠密度低于 10%）	34
稀疏植被（<15%）	150	裸地或稀疏植被（植被覆盖低于 10%）	35
郁闭或敞开（>15%）各种有规律水淹或长期水浸阔叶森林	160		61
郁闭（>40%）永久盐水水淹阔叶林或灌丛	170	永久湿地（水/禾本植物/有林地）	
郁闭或敞开（>15%）各种有规律水淹或长期水浸草地	180		42
人工地表或附属区域	190	城市和建成区	51
裸地	200	裸地或稀疏植被（植被覆盖低于 10%）	61
水体	210	水体	41
永久雪/冰	220	雪/冰	62

（2）土地利用与土地覆被变化分析。先由"IGBP_ID"统计出各属性值的个数，然后选用公式"IGBP_ID=2005ID"（即自动分类结果被目视解译判断正确的属性）在属性表中

挑选，并按照"2005ID"或者"IGBP_ID"的属性统计个数，这里以"IGBP_ID"统计，两者经过计算即可得正确率检验值（表 4-10）。

正确率检验值为 43.10%，其中"41"水体的正确率较高，为 88.40%，其次是"35"草地，为 77.29%，分布在东南部山前平原；"61"裸地为 60.15%，大致在界线以南荒漠和沙漠地带；"11"农地为 46.21%，集中在阿姆河三角洲、锡尔河上游和中上游（零星分布）和北部图尔盖高原；对于"51"的判读，除对几个大城市的基本正确判读外，对于小规模的城镇分类较差。

表 4-10　中亚工作区内逐点修改平均正确率统计表

IGBP_ID	SUM_COUNT	Right_count	正确率/%
11	2 577 013	1 190 824	46.21
12	4 393 751	7 372	0.17
21	169 015	0	0.00
22	404 361	5 112	1.26
23	57 384	9 785	17.05
24	705 963	0	0.00
25	15 860	0	0.00
31	82 788	0	0.00
32	540 358	0	0.00
33、34	3 601	0	0.00
35	518 616	400 825	77.29
41	8 640 276	3 204 186	88.40
42	125 013	0	0.00
51	28 972	13 167	45.45
61	23 922 524	17 404 862	60.15
62	13 027	1 950	14.97
99	9 403 593	0	0.00
SUM	51 602 115	22 238 083	43.10

而对于"IGBP_ID≠2005ID"的情况，把各属性按照 2005 年修改值对照"IGBP_ID"做了映射矩阵，便于能很好地反映各个属性被分类的情况。得到如下结果：除"41"和"61"被分类为"本属性"的比例最高外，分别为 93%和 87.69%，其余各属性被分类为"本属性"的比例都很低，其中有 9 项不到 10%；除去"41"和"61"外，其余属性在各自分类比例中被分类为"61"或"99"的比例很高，有的甚至高达 55.93%，被分类为"11"和"12"也占有相当比例，如"33"和"51"被分类成"11"的比例分别为 32.19%和 33.17%；也有被分类为地物光谱相似地类的情况，如"23"被分为"21"的有 21.78%，"43"被分为"41"的有 15.62%。具体如表 4-11 所示。

表 4-11　2005 年修改值对于 Globcover 属性映射矩阵　　　　　　　　　　%

IGBP_ID	2005_ID												
	11	12	22	23	31	33	34	35	41	43	51	61	62
11	24.78	4.83	3.19	0.71	0.00	32.19	16.99	4.64	0.20	20.59	33.17	0.24	0.74
12	21.96	11.34	22.22	0.98	15.28	3.96	7.15	13.69	0.41	6.89	7.45	0.74	0.71
21	0.09	0.54	6.26	21.78	0.00	0.19	0.33	0.46	0.01	0.34	0.10	0.01	0.05
22	0.81	1.60	1.55	1.31	4.17	0.37	1.29	1.42	0.02	0.82	0.80	0.17	0.40
23	0.05	0.12	5.04	5.80	0.00	0.22	0.14	0.09	0.04	0.96	0.12	0.02	0.10
24	1.50	3.48	4.99	4.35	1.39	0.58	2.12	2.45	0.04	1.44	1.43	0.26	0.47
25	0.00	0.08	0.38	2.07	0.00	0.04	0.02	0.04	0.01	0.18	0.08	0.00	0.23
31	0.07	0.86	3.26	1.39	0.00	0.36	0.56	0.21	0.04	0.46	0.30	0.06	0.83
32	1.15	3.26	0.02	0.33	6.94	0.62	1.90	1.92	0.14	1.08	1.17	0.22	0.66
33、34	0.00	0.00	0.01	0.03	0.00	0.03	0.02	0.01	0.00	0.07	0.04	0.00	0.65
35	0.78	0.16	0.02	5.22	0.00	2.56	0.88	1.80	0.02	2.86	2.19	0.27	4.47
41	0.03	0.04	0.01	0.01	0.00	0.34	0.46	0.15	93.00	15.62	0.21	1.02	1.88
42	0.31	—	—	—	—	—	—	—	—	—	0.93	0.12	0.52
51	0.01	—	—	—	—	—	—	—	—	—	6.71	0.01	0.18
61	15.88	—	—	—	—	—	—	—	—	—	18.60	87.69	38.54
62	0.00	—	—	—	—	—	—	—	—	—	0.00	0.04	23.75
99	32.57	—	—	—	—	—	—	—	—	—	26.71	9.14	25.83
SUM	100	100	100	100	100	100	100	100	100	100	100	100	100

中亚土地资源空间分布（图 4-7 和图 4-8），其中近一半地区呈现出荒漠、半荒漠的自然景观，北部和东南部植被覆盖度较高，水体多分布在中部，农业和居民区主要集中在河流的两岸。

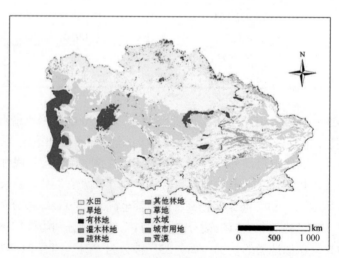

图 4-7　1970 年代亚洲中部干旱区土地利用空间分布

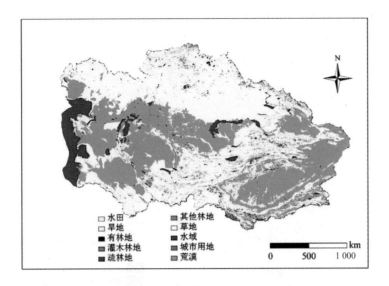

图 4-8　2005 年亚洲中部干旱区土地利用空间分布

　　文中利用全球基于多期不同信息源获得的中亚土地覆被数据，尽管分类体系不统一，但均可较好的表征当时地表覆被状况。通过对耕地、自然植被、水体及其他土地覆被类型进行大类合并，可基本体现中亚土地覆被的宏观特征和变化趋势。土地覆被变化分析结果表明，中亚土地利用类型，草地、裸地、农田、灌丛占绝对优势。

4.1.2　基于 FAO 及中亚国家统计数据的土地利用分析

　　土地资源指已被人类所利用或可预见的未来能被人类利用的土地，具有自然范畴和经济范畴，是人类的生产资料和劳动对象。一般分类：①按地形分为高原、山地、丘陵、平原和盆地。②按土地类型利用分为已利用土地的耕地、林地、草地、工矿和交通居民点用地等（王人潮，2002）。土地资源的合理利用和优化配置是决定一个地区能否持续、健康、快速发展的重要问题，对实现可持续发展的战略目标，切实提高土地资源利用效益具有重要的现实和指导意义。

　　为研究中亚土地资源开发利用情况及其变化趋势，本文收集了欧空局（ESA）GlobCover2 2005 年全球陆地覆盖数据集（Arino et al.，2007）；世界粮农组织（FAO）（http：//faostat3.fao.org/home/index.html#DOWNLOAD）近 20 年（1992—2010 年）中亚五国家耕地、草地和林地面积，作物产量以及草地载畜量等数据。

　　GlobCover 空间分辨率为 300 m，其原始数据来自 Envisat 卫星，由 MERIS（Medium Resolution Imaging Spectrometer）传感器拍摄完成。目前共有两期，GlobCover（Global Land Cover Map）2009 和 GlobCover（Global Land Cover Product）2005—2006 年。GlobCover 全球陆地覆盖数据采用联合国食品和农业组织的地表覆盖分类系统（Food and Agriculture Organization-Land Cover Classification System）作为图例生成标准。与 IGBP 分类系统相比较把永久湿地进一步划分为森林湿地与沼泽湿地（Arino et al.，2007）。

　　对 FAO 数据做如下处理：①统一计量单位，其中面积（km^2）、产量（t）、单产（t/m^2）

和载畜量（标准羊单位），在草地载畜量统一为标准羊单位过程中，将牲畜数量按照食草量转化为标准羊的数量（http://www.doc88.com/p-37189027850.html）。②质量控制，剔除不合理数据。③主要利用数理统计分析方法，分析近 20 年中亚地区土地利用变化的时空变化特征。

4.1.2.1　中亚土地资源空间格局

中亚土地资源空间分布（图 4-9），中亚土地类型多样，其中近一半地区呈现出荒漠、半荒漠的自然景观，北部和东南部植被覆盖度较高，水体多分布在中部，农业和居民区主要集中在河流的两岸。

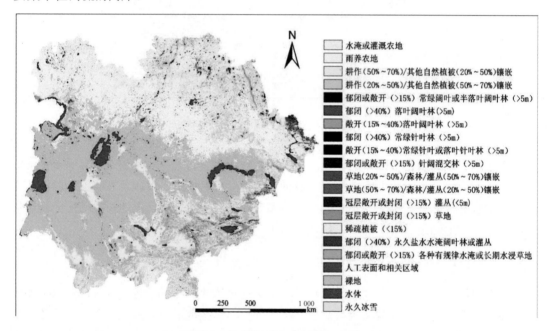

图 4-9　2005 年中亚土地资源空间分布

整个中亚地区耕地、林地和草地面积分别为 $34.1 \times 10^4 \, km^2$、$1.2 \times 10^4 \, km^2$ 和 $250.6 \times 10^4 \, km^2$，其中草地面积占土地总面积的一半以上（表 4-12），耕地面积比例最高的乌兹别克斯坦为 10.43%，最低的塔吉克斯坦为 5.65%；土库曼斯坦和乌兹别克斯坦的森林覆盖率分别为 8.78% 和 7.54%，为中亚森林覆盖率较高的国家；哈萨克斯坦草地面积 $1.85 \times 10^6 \, km^2$，占国土面积的 68.39%，是中亚五国中草地面积比例最大的国家，塔吉克斯坦草地面积仅为 26.45%，是中亚五国中草地面积比例最低的国家。

表 4-12　中亚主要土地利用类型面积及比例统计　　　　　　　　　　　　km^2

	土地面积		耕地	森林	草地	总计
哈萨克斯坦	269 9700	面积	257 702	3 362	1 846 284	2 107 349
		%	9.55	1.25	68.39	79.18
吉尔吉斯斯坦	191 800	面积	13 229	868	92 285	106 382
		%	6.90	4.52	48.12	59.54

	土地面积		耕地	森林	草地	总计
塔吉克斯坦	139 960	面积	7 913	410	37 013	45 336
		%	5.65	2.93	26.45	35.03
土库曼斯坦	469 930	面积	16 727	4 127	307 093	327 947
		%	3.56	8.78	65.35	77.69
乌兹别克斯坦	425 400	面积	44 379	3 209	223 938	271 526
		%	10.43	7.54	52.64	70.62
中亚	3 926 790	面积	339 951	11 975	25 066 135	25 418 061
		%	8.66	3.05	63.83	75.54

注：耕地比重（%）、草地比重（%）、林地比重（%）为耕地面积、草地面积、林地面积占土地面积的比重。

耕地资源利用

（1）耕地面积的变化。从表 4-13 可以看出，1992—2009 年哈萨克斯坦耕地面积下降明显，由 1992 年的 $3.50 \times 10^5 \ km^2$（占 12.98%）下降到 2000 年的 $2.15 \times 10^5 \ km^2$（占 7.98%），后缓慢上升，到 2009 年耕地面积 $2.34 \times 10^5 \ km^2$（占 8.67%）。土库曼斯坦为五国中耕地面积占国土面积比例最低的国家，1992—2009 年耕地面积增加明显，由 1992 年的 $1.35 \times 10^4 \ km^2$

表 4-13　1992—2009 年中亚耕地面积及比例变化

时间/年	哈萨克斯坦		吉尔吉斯斯坦		塔吉克斯坦		土库曼斯坦		乌兹别克斯坦		中亚	
	面积/$10^5 \ km^2$	%	面积/$10^4 \ km^2$	%	面积/$10^3 \ km^2$	%	面积/$10^4 \ km^2$	%	面积/$10^4 \ km^2$	%	面积/$10^5 \ km^2$	%
1992	3.51	12.98	1.32	6.88	8.60	6.14	1.35	2.87	4.47	10.52	4.31	10.97
1993	3.50	12.98	1.35	7.05	8.69	6.21	1.45	3.08	4.47	10.51	4.32	11.00
1994	3.47	12.85	1.31	6.80	8.50	6.07	1.60	3.40	4.47	10.50	4.29	10.93
1995	3.17	11.76	1.26	6.56	8.44	6.03	1.62	3.45	4.48	10.52	3.99	10.17
1996	2.90	10.74	1.36	7.08	8.11	5.79	1.63	3.47	4.48	10.52	3.73	9.49
1997	2.65	9.82	1.36	7.08	8.11	5.79	1.63	3.47	4.48	10.52	3.48	8.86
1998	2.42	8.97	1.36	7.09	7.84	5.60	1.65	3.51	4.48	10.52	3.25	8.27
1999	2.19	8.12	1.37	7.13	7.84	5.60	1.62	3.45	4.48	10.52	3.02	7.68
2000	2.15	7.98	1.36	7.07	7.84	5.60	1.62	3.45	4.48	10.52	2.98	7.58
2001	2.21	8.20	1.34	7.01	7.83	5.59	1.6	3.40	4.49	10.54	3.04	7.73
2002	2.27	8.40	1.35	7.01	7.81	5.58	1.65	3.51	4.48	10.54	3.09	7.88
2003	2.26	8.36	1.34	7.01	7.82	5.59	1.70	3.62	4.50	10.58	3.09	7.87
2004	2.26	8.38	1.34	7.01	7.78	5.56	1.70	3.62	4.50	10.58	3.10	7.88
2005	2.26	8.38	1.28	6.69	7.57	5.41	1.85	3.94	4.40	10.34	3.09	7.87
2006	2.27	8.41	1.28	6.69	7.37	5.27	1.89	4.02	4.35	10.23	3.10	7.89
2007	2.27	8.42	1.28	6.67	7.46	5.33	1.85	3.94	4.30	10.11	3.09	7.87
2008	2.27	8.42	1.28	6.67	7.41	5.29	1.85	3.94	4.30	10.11	3.09	7.87
2009	2.34	8.67	1.28	6.65	7.42	5.30	1.85	3.94	4.30	10.11	3.16	8.04

注：各国耕地比例（%）为各国耕地面积占各国土地面积的比重，中亚耕地比例（%）为中亚耕地面积占中亚土地总面积的比例。

（占 2.87%）增加到 2009 年的 1.85×10^4 km² （占 3.94%），增加耕地面积约为原耕地面积的 1/2。其他 3 国的耕地面积均有小幅下降。总体上讲，近 20 年中亚耕地面积先迅速下降，到 2000 年耕地面积下降到最低值 2.98×10^5 km²（占 7.58%），后缓慢上升，到 2009 年耕地面积 3.16×10^5 km²（占 8.04%），距 1992 年耕地面积 4.31×10^5 km²（占 10.97%）仍有较大差距。究其原因可能是 1991 年前苏联解体导致农业由中央计划经济向社会经济转变（Baumann M et al.，2011）。农产品根据市场定价，农业市场开始受到来自国际市场的竞争（Kuemmerle T et al.，2008）。大量农民和资金从农村流失，由此引发了大规模弃耕（Kuemmerle T et al.，2011），之后随着国家制度的稳定，耕地面积有所恢复。

（2）作物总产量及作物单产变化趋势分析。1992—2010 年，作物总产量及作物单产变化趋势基本相同（图 4-10，图 4-11）。1992—1995 年作物产量大幅下降，并在 1995 年达到最低值。自 1995 年以来，作物产量稳步上升，并在 2002 年达到最高水平，之后存在较小波动但趋于平稳。主要原因在于前苏联解体后，大量耕地撂荒，农田管理制度不完善致使土地严重退化，从而导致农作物产量下降。1995 年之后，中亚各国纷纷扩大耕地面积，改善管理制度，粮食产量开始增加。

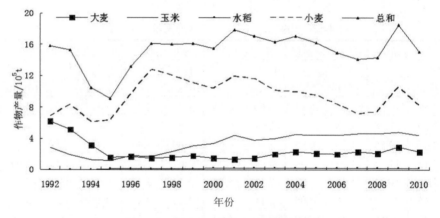

图 4-10　1992—2010 年中亚作物产量

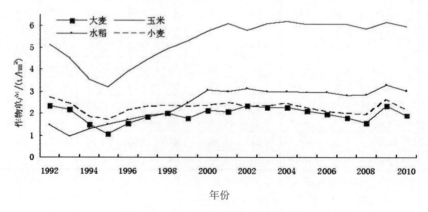

图 4-11　1992—2010 年中亚作物单产

草地资源及其利用

中亚的畜牧业以养羊业为主。20 世纪 60 年代以前，本区畜牧业的经营方式多为粗放的游牧业，受自然条件所限，区内草场载畜量很低。此后，由于加强草原建设，扩大饲料、饲草的种植面积，并结合水利建设，增加水浇地面积，使中亚的畜牧业得到很大发展，各种畜产品产量成倍增长，成为苏联最重要的畜产品供应基地，牧民们也逐渐由逐水草而居改为定居。

林地资源及其利用

（1）森林面积的变化。中亚地区森林覆盖率约为 3%，远低于 25.6%的世界平均水平（李维长，2000）。1992—2009 年中亚森林面积变化不明显（表 4-14）。2009 年中亚森林面积 $1.21 \times 10^4 \ km^2$（占 3.07%），其中森林覆盖率最低的哈萨克斯坦林地面积 3 300 km^2（占 1.25%），林地覆盖率最高的土库曼斯坦林地面积 4 100 km^2（占 8.78%），塔吉克斯坦林地面积 400 km^2（占 2.93%），为中亚五国中林地面积最小的国家。增加林业生产的数据，包括林木砍伐、新增等问题。

表 4-14　1992—2009 年中亚林地面积及比重变化

时间/年	哈萨克斯坦		吉尔吉斯斯坦		塔吉克斯坦		土库曼斯坦		乌兹别克斯坦		中亚	
	面积/$10^4 \ km^2$	%	面积/$10^4 \ km^2$	%	面积/$10^4 \ km^2$	%	面积/$10^4 \ km^2$	%	面积/$10^4 \ km^2$	%	面积/$10^5 \ km^2$	%
1992	3.41	1.26	0.84	4.38	0.41	2.92	4.13	8.78	3.08	7.24	1.19	3.02
1993	3.40	1.26	0.84	4.40	0.41	2.92	4.13	8.78	3.10	7.28	1.19	3.03
1994	3.40	1.26	0.85	4.41	0.41	2.92	4.13	8.78	3.11	7.31	1.19	3.03
1995	3.39	1.26	0.85	4.42	0.41	2.92	4.13	8.78	3.13	7.35	1.19	3.03
1996	3.39	1.25	0.85	4.43	0.41	2.92	4.13	8.78	3.15	7.39	1.19	3.04
1997	3.38	1.25	0.85	4.44	0.41	2.93	4.13	8.78	3.16	7.43	1.19	3.04
1998	3.38	1.25	0.85	4.45	0.41	2.93	4.13	8.78	3.18	7.47	1.19	3.04
1999	3.37	1.25	0.86	4.46	0.41	2.93	4.13	8.78	3.20	7.51	1.20	3.05
2000	3.37	1.25	0.86	4.47	0.41	2.93	4.13	8.78	3.21	7.55	1.20	3.05
2001	3.36	1.24	0.86	4.49	0.41	2.93	4.13	8.78	3.23	7.59	1.20	3.05
2002	3.35	1.24	0.86	4.50	0.41	2.93	4.13	8.78	3.25	7.63	1.20	3.06
2003	3.35	1.24	0.86	4.51	0.41	2.93	4.13	8.78	3.26	7.67	1.20	3.06
2004	3.34	1.24	0.87	4.52	0.41	2.93	4.13	8.78	3.28	7.71	1.20	3.06
2005	3.34	1.24	0.87	4.53	0.41	2.93	4.13	8.78	3.30	7.75	1.20	3.07
2006	3.33	1.23	0.89	4.62	0.41	2.93	4.13	8.78	3.29	7.74	1.20	3.07
2007	3.33	1.23	0.90	4.71	0.41	2.93	4.13	8.78	3.29	7.73	1.21	3.07
2008	3.32	1.23	0.92	4.80	0.41	2.93	4.13	8.78	3.28	7.72	1.21	3.07
2009	3.31	1.23	0.94	4.88	0.41	2.93	4.13	8.78	3.28	7.71	1.21	3.07

注：各国林地比重（%）为各国林地面积占各国土地面积的比重，中亚林地比重（%）为中亚林地面积占中亚土地总面积的比重。

（2）森林的产量和消费量。由于不利的生长条件和重点保护，木材产品的产量较低；该区域大量依赖进口来满足需求。随着人口增长、城市化程度提高及收入增加，整个区域的木材产品消费不断增长（表 4-15）。近 20 年来，工业原木的消耗量持续增加，到 2010 年其工业原木消耗量达 3.6×10^5 m³。中亚国家正处于 1990 年后经济低迷的恢复期，由于自然资源有限、需求日益增长，该区域仍将是一个主要的木材产品进口区域。

表 4-15　中亚森林产量和消费量的变化

年	工业原木/m³		纸和纸板/t		燃料/m³	
	产量	消费量	产量	消费量	产量	消费量
1992	7 112	0	3	139	0	0
1995	667	1 322	57	1 432	0	0
2000	547 160	139 065	1 885	91 547	13 000	12 172
2005	2 491	380 999	21 111	210 125	173	4 783
2010	4 207	362 900	13 695	288 382	159	78

　　研究区林地与草地面积变化微弱，但草地载畜量有显著改变。其中，哈萨克斯坦 2009 年草地载畜量（9.91×10^7 标准羊单位），仅为 1992 年草地载畜量（6.25×10^7 标准羊单位）的 63.1%，土库曼斯坦 2009 年草地载畜量（1.04×10^7 标准羊单位）约为 1992 年草地载畜量（2.96×10^7 标准羊单位）的 3 倍，乌兹别克斯坦、塔吉克斯坦和吉尔吉斯斯坦草地载畜量均有不同程度的增加。究其原因主要是前苏联解体后，中亚大部分地区牧场私有化，季节性放牧场被破坏，以牧民定居点为中心的 5 km 半径内放牧强度增加，因而造成草地载畜量改变。

　　中亚地区土地资源生产潜力巨大，但受水资源约束明显，合理规划土地利用模式与水资源配置方案，对中亚水资源可持续利用与保护、协调水土关系，促进区域整体可持续协调发展具有重要意义。同时，土地利用过程中出现的土壤盐渍化、过度放牧和土壤侵蚀等生态环境问题，严重制约着中亚地区土地资源的可持续利用。

4.1.2.2　土地利用中存在的主要生态与环境问题

　　（1）土壤次生盐渍化。中亚地区土地农业开发最显著的生态问题是土壤次生盐渍化，40%～60%的灌溉用地受盐渍化的影响（Manzoor Q et al.，2009），中亚咸海流域最为突出，其面积约 2.00×10^6 km²，被称为"生态灾害区（Ecological disaster zone）"（Saiko and Zonn，2000），近半个世纪，流域景观经历了"草地—绿洲—荒漠"的转变。1930—1960 年，阿姆河和锡尔河每年流入咸海的水量平均为 500×10^8 m³，可保持咸海水面高度基本稳定，流域内生长着大面积的天然草地。1960 年以后，为了增加棉花产量，引用了大部分阿姆河与锡尔河的水资源开发农田，致使近 30 多年咸海水位下降约 15 m，水域面积从 20 世纪 60 年代中期的 6.45×10^4 km² 萎缩至 1980 年的约 4×10^4 km²，2000 年更减至 2.9×10^4 km²，而灌溉面积则从 1950 年的 2.9×10^6 hm² 增加到 1990 年的 7×10^6 hm²。

　　随着阿姆河来水量的减少和咸海水面的不断萎缩，阿姆河口三角洲地下水位下降了 3～8 m，不仅导致这里的 50 个湖泊（总面积约 10×10^4 hm²）相继干涸，还致使天然植被逐渐衰败，仅芦苇面积就由 20 世纪 60 年代的 1.18×10^6 hm² 减至 70 年代末的 7.7×10^4 hm²。锡尔河三角洲 3×10^4 hm² 黑梭梭林也因长期缺水而枯死。与此同时，三角洲地区大片牧场也退化为盐沼地和沙丘（毛汉英，1991；杨小平，1998；Cai et al.，2003；Lioubimtseva et al.，2005）。

针对受盐渍化影响区域，可以根据盐渍化区域的特点采用不同的方法，包括①竖井排水：在同时受干旱和盐碱威胁的地区，如果浅层地下水质符合灌溉要求，则排水井网抽出的地下水可同时（或部分）用于灌溉（常称之为井灌井排），这既可解决农田灌溉用水问题，同时也降低了地下水位，防止土壤返盐，促进土壤脱盐和地下水淡化；②在具有显著水平地下水力梯度的区域，通过修建畅通的排灌系统，使高矿化度地下水沿排水通道排除，从而降低土壤含盐量，减轻土壤次生盐渍化的威胁；③采用和推广先进的灌溉技术，如滴灌技术，发展节水型农业，提高农业用水使用效率，并减少地下水的补给量，从而遏制盐渍化的发生速度；④耕地盐渍化的发生常与地表不平整有关系，因而通过加强平整土地力度，防止农田局部积水而发生次生盐渍化现象；⑤在盐渍化土壤上种植耐盐植物和作物，如向日葵、甜菜、籽粒苋、棉花等，这不但可改善土壤理化性能，并可进行生物排盐排碱，在盐渍化土壤综合治理中同样发挥着重要作用（秦丽杰等，2002）。

（2）过度放牧。苏联解体后，中亚大部分地区牧场私有化，季节性放牧场制度被破坏，以牧民定居点为中心的 5 km 半径内放牧强度增加，存在严重过度放牧行为，引起草地种群变化，优质牧草减少，产草量下降，草地退化现象严重。哈萨克斯坦尽管草地载畜量急剧下降，但由于只有 30%～40%的干旱草地用于放牧，局部干旱草地的超载过牧仍在增加，而且定居点周围重复多次利用，退化较重。

中亚各国政府可通过政策和资金投入，如每 5 km 打井，提供牲畜水源，扩大放牧范围，引导牧民合理利用天然草场，同时用市场经济改造传统畜牧业，把粗放经营的畜牧业引向现代化、集约化、工厂化的高效畜牧业。草地专家通过多年的研究提出：当草场利用强度达到 65%左右时，为植被恢复的最佳利用率。通过牲畜践踏和采食，使多年生牧草种子在落入土壤后，能够深入土壤，并使地表植被达到种子萌动所需的光照及生存空间。

（3）土壤侵蚀。不合理的土地灌溉与管理方式导致土壤侵蚀，如将具有明显坡度的牧场开发为耕地，有可能使破面径流侵蚀土壤；干旱区降水稀少，不合理的土地开发，导致地表植被破坏，风蚀加剧，增加了沙尘和盐尘天气，中亚咸海流域已经成为风蚀的重灾区。可通过在严重风蚀区域飞播荒漠植物物种，建立生态保护区，减少人为干扰等方式和措施，增加植被覆盖度，逐步恢复自然植被生态系统，达到减弱或控制土壤风蚀的目的。

4.2　土地开发与耕地变化

土地利用变化丰富的内涵不但包含了土地覆被的含义，也同样包含了土地利用强度以及管理方式的变化。鉴于土地管理对碳循环的影响很难从自然因素的影响中区分开来，土地利用/覆被变化与碳循环的相关研究更关注大尺度、主要的土地利用/覆被变化类型。通常关注的土地利用/覆被变化形式可以分为两类：转换（自然植被与耕地相互转化，自然植被向牧场的转变，弃耕）和管理（森林砍伐、火灾管理和农田管理）。

自然植被转换为耕地对碳循环有重要影响。长期以来，在全球人口增长的驱动下土地利用/覆被变化的基本趋势是，大量的自然植被转变为农田和牧场（周剑芬和管东生，2004）。

与潜在的植被类型分布区域和面积相比，全球陆地有（$3.25 \times 10^7 \sim 34.7 \times 10^7 \, km^2$）自然植被转变为非自然植被，约占陆地面积的 10%（DeFries et al.，1999）。1 700—1992 年，全球共有 $1.14 \times 10^7 \, km^2$ 的森林转换为农田，$6.7 \times 10^6 \, km^2$ 的草地转化为农田（Ramankutty and Foley，1999）。从农业社会出现至今，整个亚撒哈拉非洲的森林和疏林减少了 44%，拉丁美洲和南亚东南亚的原始森林和疏林分别减少了 32% 和 34%（Houghton，1994）。过去 300 年间，中国森林面积的变化趋势为 1949 年之前的锐减和之后的较快恢复，据估算，1700 年全国森林面积达到 $2.48 \times 10^8 \, hm^2$，但截至 1950 年森林面积仅余 $1.09 \times 10^8 \, hm^2$，降低至 300 年来的最低值（何凡能 等，2007）。

自然植被向非自然植被转换的过程中，生态系统的结构和功能发生了改变。自然林被其他生态系统所代替，生物量会有不同程度的降低。森林碳密度的恢复需要一个漫长的过程，需 150～250 年的无干扰生长次生森林才可累积到原生森林的碳贮量（Harmon et al.，1990）；即使在热带地区也需 150 年以上的时间（Fearnside，1996）。自然植被向非自然植被的转变不但影响生物量，还会进一步影响土壤有机碳的含量，造成土壤有机碳含量的下降或上升。森林生态系统中土壤碳密度为 $189 \, Mg/hm^2$，而草地和农田的土壤碳密度分别只有 $116 \, Mg/hm^2$ 和 $87 Mg/hm^2$（Dixon et al.，1994）。在森林或草地生态系统中，植物体贮存的碳通过分解等方式进入土壤，因而森林和草地土壤在植被演替过程中，土壤碳储量有可能不断增加直到演替的顶级阶段（Waring and Running，2007）。与草地和森林不同，农田作为非自然植被生态系统，生态结构和功能受到人类活动的影响，大部分的生物量被收获，进入土壤的残留生物量有限。同时，由于耕种活动对农田土壤的扰动，土壤有机质的分解加快，因此国际上一般认为草地和森林转化为农田后，土壤的碳储量将会减少。土壤有机质下降速率因地区不同而有所差异，温带森林生态系统转变为农业生态系统后在最初的 25 年土壤有机质损失达 50%，而在热带雨林地区损失 50% 仅需 5 年时间（Matson et al.，1997）。草地开垦为农田后，土壤有机碳含量会大幅减少，原土壤中碳素总量的 20%～60% 会被损失掉（李凌浩，1998；Guo and Gifford，2002）。大量碳排放发生在开垦后的最初几年，开垦后 20 年土壤有机碳趋于稳定（Schlesinger，1995；李凌浩，1998）。土壤有机碳含量的减少主要发生在上层土壤，天然草甸转变为耕地后，有机碳损失主要发生在表层 30 cm 的部分，而在 30 cm 以下农田和对照草地没有显著差异（Wang et al.，1999）。例如：贝加尔针茅草原开垦为春小麦 30 年后，土壤表层 0～10 cm 和 10～20 cm 的土壤有机碳含量分别下降了 38.3% 和 17.4%（Qi et al.，2007）。虽然大多数的研究认为草地开垦为农田会降低土壤有机碳含量，但也有研究表明草地开垦 8 年后，土壤表层（0～10 cm）有机碳含量维持原状，亚表层（10～20 cm）土壤有机碳明显增加，两层土壤有机碳储量增加 5.96%（陈伏生等，2004）。

在干旱半干旱气候条件下的荒漠土地上，自然植被的生物量低、矿化强烈，土壤有机质低，以荒漠自然植被向人工植被转移为主的土地利用/覆被变化形式，通常会增加植被和土壤碳。干旱区典型流域的研究表明，农田的土壤有机碳密度高于中覆盖度的草地和裸地，但林地、高覆盖度草地和灌木林地土壤碳密度仍高于农田（张俊华，2007）。在低有机碳含量的自然土壤上从事垦殖活动，有利于荒漠区域绿洲土壤有机碳的积累。对黑河流域中游地区的研究表明，在以灰钙土和灰漠土为主要土壤类型的山地草原草地开垦后，全剖面土壤有机质含量经历了先下降，后逐渐回升并接近初始含量；以灰漠土和灰棕漠土为主要土壤类型的山前荒漠草原草地开垦 2～3 年后，土壤有机质含量明显减少，但耕种 10 年后，0～150 cm 深度范围内土壤有机质含量显著高于耕种前土壤含量（王根绪等，2003）。对裸地和稀疏植被垦殖 0～5 年表层土壤有机碳显著增加，年均增加在 0.65 g/kg 以上，上升幅度为 76%～286%，5 年后维持在相对平衡的水平（徐万里等，2010）。在荒漠从事土地开垦活动，不但有利于表层土壤有机碳密度的增加，而且随开垦年限的延长对深层土壤（40～200 cm）有机碳密度也有一定影响，开垦 100 年后土壤有机碳密度增加了 52%（黄彩变等，2011）。合理的土地利用与科学的管理方式结合，绿洲土壤总体表现为"碳汇"的趋势（罗格平等，2005）。并且，绿洲区增加秸秆或牲畜粪便的归还量是提高土壤有机碳的有效途径（张俊华等，2012）。

　　耕地恢复为自然植被对碳循环有重要的影响。土地利用/覆被变化对碳循环既有消极的变化，又有积极的变化。国际上一般认为，植树造林、退耕还林还草是积极的变化。自然植被恢复对陆地碳汇的影响可以直接体现在生物量和土壤的碳积累。在热带退耕农田和牧场上造林，造林后的最初几年内，地上生物量增量为 6.2 Mg/（m^2·a）；如果按造林 80 年后计算，其增量为 2.9 Mg/（m^2·a）（Silver et al.，2001）。与其他植被的恢复过程相比，造林对碳循环最明显的影响是林地生物量的累积（史军等，2004）。如 Richter 等利用美国 20 世纪 60 年代核试验释放的 ^{14}C，研究了卡罗莱州农田转换为树林 40 年后碳累积，发现碳主要累积于树木生物量（14kg C/m^2）和林床（3 kg C/m^2），而矿物土壤中累积的很少（0.145kg C/m^2）（Richter et al.，1999）。但研究一般认为，耕地转变为林地或草地会增加土壤有机碳，对林地的追踪调查发现，农田造林后的 30～90 年，土壤碳分别恢复到原量的 80%～90%，土壤碳储量增加 18%（Guo and Gifford，2002；周剑芬和管东生，2004）。但其累积速率依气候而异，在潮湿地区高一些，而在干旱地区则低一些，土壤碳的增加速率和最终达到的稳定水平取决于生产力水平和土壤条件（Johnson et al.，1988；Richter et al.，1999；王绍强和刘纪远，2002；Post and Kwon，2008）。例如，农田弃耕转变为林地 50 年后，热带次生林有机碳密度恢复到原先的 75%，而温带和寒带地区将达到原来的 90%（Lugo et al.，1986）。有研究表明，造林后土壤有机碳储量通常是最初下降，然后才开始积累（Grigal and Berguson，1998；Turner and Lambert，2000；Paul et al.，2002；Paul et al.，2003）。Paul 等（Paul et al.，2002）利用来自全球 4 个研究区的 204 个地点关于造林后土壤碳变化的数据，采用年龄权重平均得出，在造林后初始 5 年土壤碳下降约 3.64%，之后会逐渐增加，约 30 年后，土壤表面 30 cm 的碳储量通常高于最初的农业土壤。开始积累实践与研究地点有关，温带地区一般少于 10 年（Gaston et al.，1998；T and Garten，2002；李跃林等，2002；Romanya et al.，2008），而热带地区要晚一些（Turner and Lambert，2000；Paul et al.，2002；Paul et al.，2003），在土壤深层，土壤碳开始积累的时间似乎更晚（Turner and Lambert，2000）。

　　退耕草地的演替过程中，根系和地上部生物碳储量随演替时间并非呈线性增长，而是在演替的过程中呈分阶段的阶梯式上升趋势，与地上部分生物碳储量相比，根系生物碳储量的相对平稳阶段出现的时间有所提前（王俊明和张兴昌，2009）。耕地变为荒漠化草原，有机质含量在弃耕 2～3 年后，土壤全剖面显著减少，0～150 cm 深度内平均减少 25.4%；

在撂荒 10 年左右后，除了表层土壤没有变化外，20～100 cm 深度内显著减少；在撂荒 15～20 年以后，上层土壤有机质含量减小，但深层含量略有增加，同时在 100～150 cm 深度上有机质变化不明显（王根绪等，2003）。在黄土高原北部水蚀风蚀交错带，随着草地恢复时间的延长（0～30 年）土壤有机碳密度表现为显著地增加趋势，表明在草地恢复过程中土壤是一个碳汇，草地的恢复和重建可以显著增加土壤有机碳库固存量，但短时间内（1～30 年）植被恢复对该地区土壤碳密度的影响相对较小（李裕元等，2007）。因此，干旱半干旱区植被恢复的作用将主要在于减轻水土流失、保护和改善当地脆弱的生态环境，这与湿润、半湿润地区植被恢复的生态作用有着一定的区别（李裕元等，2007）。

4.2.1　土地开发与耕地变化方法

20 世纪 70 年代以前，航空遥感资料非常少，土地利用/覆被变化状况研究的数据基本上都是从历史统计资料中获取的。80 年代以来，随着计算机技术的飞速发展，遥感和地理信息系统技术广泛应用于土地利用/覆被变化研究，并取得了一定的成果。基于遥感技术的动态监测已经成为了定量研究土地利用/覆被变化的重要基础。土地开发和耕地转移作为土地利用/覆被变化的重要形式之一，受到学者的广泛关注。利用遥感数据生成的土地利用/覆被变化数据，以及文献资料中的耕地和弃耕地面积资料（表 4-16），推算亚洲中部干旱区 1975—2005 年间土地开垦和耕地转移状况。

表 4-16　土地开发和耕地转移分析数据列表

数据名称	数据类型	时间范围	数据覆盖范围	数据来源
1975 年、2005 年中亚地区土地利用/覆被数据	遥感解译数据	1975 年和 2005 年	中亚五国、新疆	1975 年 MSS 影像，2005 年 TM、ETM 影像目视解译
中亚五国耕地、弃耕地面积	统计数据	1958—1989 年	中亚五国	苏联农业资源[苏联农业部，1966，1972，1981]，苏联国家土地资料集（苏联国家农工委员会，1987；苏联部长会议粮食与供应国家委员会，1990）
中亚五国耕地和弃耕地面积	统计数据	1992—2005 年	中亚五国	FAO（http://faostat3.fao.org/home/index）
新疆耕地面积	统计数据	1949—2004 年	新疆	新疆 50 年（新疆维吾尔自治区统计局，2005）
新疆耕地面积	统计数据	2005 年	新疆	新疆统计年鉴 2006（新疆维吾尔自治区统计局，2006）

利用遥感数据获取的土地利用覆被变化数据的分类方案通常细分至 2 级类，数据信息详细。为突出不同土地利用类型的植被覆被状况，结合本研究特点以及研究需要，参照冉有华等的土地覆被综合分类法（冉有华等，2009），对亚洲中部干旱区土地利用/覆被数据分类信息进行整合，将土地利用类型整合为农田、林地、灌木林地、草地、农田、水域、建设用地、裸地 8 种土地覆被类型。并利用 ArcGIS 的空间分析功能，获取 1975—2005 年的耕地面积变化数据。

利用遥感资料获取的土地利用/覆被数据，虽然能从时空格局上反映土地利用/覆被变化信息，但难以获取历年土地利用/覆被变化信息，而耕地面积变化速度在一定程度上能够反映土地开垦和耕地转移的速度。利用较高空间分辨率的遥感数据和来源于《新疆 50 年》（新疆维吾尔自治区统计局，2005）和《新疆统计年鉴 2006》（新疆维吾尔自治区统计局，2006）的新疆历年耕地面积数据，以及来自《苏联农业资源》（苏联农业部，1966，1972，1981）、《苏联国家土地资料集》（苏联国家农工委员会，1987；苏联部长会议粮食与供应国家委员会，1990）和 FAO（联合国粮农组织 http: //faostat3.fao.org/home/index）的中亚五国耕地弃耕地面积数据，提取亚洲中部干旱区历年土地开垦和耕地转移方向及面积数据，用以代替从单一数据源提取的土地利用变化信息，以便提高碳收支估算精度。历年土地开垦推算方法如下，设定历年耕地面积向量为 S：

$$S=(S_1, S_2, S_3, \cdots, S_n) \tag{4.1}$$

则历年耕地增加面积向量 $\Delta S_{增}$ 为：

$$\Delta S_{增}=(\Delta S_1, \Delta S_2, \Delta S_3, \cdots, \Delta S_{n-1}) \tag{4.2}$$

式中：$\Delta S_{增 i}=S_{i+1}-S_i$；考虑到有 $\Delta S_{增 i}<0$，而土地开垦面积只可能大于或等于 0，因此需平滑历年耕地增加面积，历年土地开垦相对增加的耕地面积向量 $\Delta S'_{增}$ 为

$$\Delta S'_{增} = (\Delta S_1 + |\min(\Delta S_{增})|, \ \Delta S_2 + |\min(\Delta S_{增})|, \cdots, \ \Delta S_{n-1} + |\min(\Delta S_{增})|) \tag{4.3}$$

历年耕地新增面积占总新增面积百分比 $P_{增}$ 为

$$P_{增} = \left[\Delta S'_{增 1} / \mathrm{sum}(\Delta S'_{增}), \ \Delta S'_{增 2} / \mathrm{sum}(\Delta S'_{增}), \cdots, \ \Delta S_{增\, n-1} / \mathrm{sum}(\Delta S'_{增}) \right] \tag{4.4}$$

$P_{转移}$ 的计算方法与 $P_{增}$ 相似，其区别在于（4.1）式中的耕地面积向量 S 改为弃耕地面积向量，式中 S_1，S_2，$\cdots$，S_n 均为历年弃耕地面积。利用土地利用/覆被数据获取的 1975—2005 年土地开垦和耕地转移类型面积分别乘以同期 $P_{增}$ 和 $P_{转移}$ 向量，获取亚洲中部干旱区 1975—2005 年历年不同土地开垦和耕地转移类型的面积。

4.2.2　土地开发与耕地变化分析

4.2.2.1　土地开垦

对亚洲中部干旱区土地利用/覆被变化研究表明，30 年亚洲中部干旱区由其他土地利用/覆被类型转移为耕地的面积为 $5.36 \times 10^6 \, \mathrm{hm}^2$，其中林地、灌丛、草地和裸地转移为耕地的面积约为 $5.29 \times 10^6 \, \mathrm{hm}^2$，约占新开垦耕地总面积的 98.8%。仅对亚洲中部干旱区林地、灌丛、草地和裸地开垦为耕地展开分析。30 年间哈萨克斯坦开垦土地 $1.82 \times 10^6 \, \mathrm{hm}^2$，约占中亚总开垦面积的 34.24%。草地是哈萨克斯坦主要开垦对象，开垦草地面积约占其总开垦面积的 94.85%。乌兹别克斯坦和土库曼斯坦则主要以裸地为开垦对象，30 年间分别新开垦耕地 $9.8 \times 10^5 \, \mathrm{hm}^2$ 和 $1.46 \times 10^6 \, \mathrm{hm}^2$，其中裸地开垦面积分别约占其总开垦面积的 54.22% 和 80.95%。通过遥感数据获取的土地利用/覆被数据反应，土库曼斯坦不存在林地开垦为耕地情景。吉尔吉斯斯坦和塔吉克斯坦作为亚洲中部干旱区面积最小的国家，其土地开垦面积也最小，30 年间新开垦耕地 $7.0 \times 10^4 \, \mathrm{hm}^2$ 和 $9.0 \times 10^4 \, \mathrm{hm}^2$，草地是其主要的开

垦类型，草地开垦面积分别约占总开垦面积的 98.68%和 62.83%。中国新疆 30 年间开垦耕地面积 $1.46×10^6$ hm²，约占中亚总开垦面积的 27.68%。草地作为其主要的开垦类型，开垦面积约占总开垦面积的 92.71%（图 4-12）。

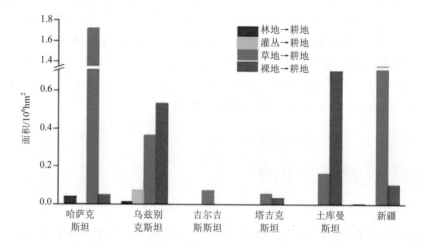

图 4-12　土地开垦

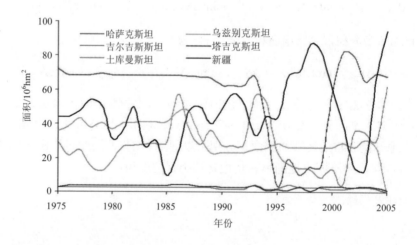

图 4-13　历年开垦面积

从历年土地开垦面积来看（图 4-13），哈萨克斯坦 1975—1992 年土地开垦力度平稳，多年间开垦面积变化幅度较小，1992 年后随苏联解体开垦力度急速降低，1999 年后开垦面积又有所增加。乌兹别克斯坦历年开垦面积虽然在 1987 年后有一定的下降，但 30 年间历年土地开垦面积的变化幅度不大，吉尔吉斯斯坦和塔吉克斯坦土地开垦面积在波动中下降。土库曼斯坦的土地开垦面积在 1975—1979 年呈下降趋势，1979—1994 年除个别年份土地开垦面积较大，其余时间段内的耕地开垦面积略高于 1975–1979 年开垦面积，1994 年之后土地开垦面积经历了先下降后上升的变化过程。中国新疆地区土地开垦面积变化可分为 1975—1985 年的下降和 1985 年后在波动中上升两个阶段。

4.2.2.2 耕地转移

中亚地处亚欧内陆，荒漠戈壁和干旱的大陆性气候，限制着该地区农业的发展。区域内虽有高山雪水、河流湖泊等可开发利用的水资源，但其水资源仍不足，加之灌溉耕种引起的土壤盐泽化、土地退化等因素，以及政策或经济形势导致耕地弃耕。对亚洲中部干旱区耕地转移的研究表明（图 4-14）：过去 30 年，亚洲中部干旱区共有 8.86×10^6 hm^2 耕地转为林地、灌丛、草地和裸地。哈萨克斯坦耕地弃耕面积最大（8.66×10^6 hm^2），约占亚洲中部干旱区总弃耕面积的 97.66%，其中转移为草地的面积约占哈萨克斯坦总弃耕面积的 94.96%，转移为裸地面积占其总弃耕面积的 4.42%。乌兹别克斯坦弃耕 2.94×10^4 hm^2，转移为草地的面积占弃耕总面积的 83.14%。吉尔吉斯斯坦耕地只转移为草地，30 年共转移 3.47×10^5 hm^2。塔吉克斯坦耕地转移面积最小，耕地弃耕 8 000 hm^2。新疆弃耕 2.33×10^4 hm^2，约占亚洲中部干旱区总弃耕面积的 0.26%，新疆地区耕地主要转移为林地，耕地转移为林地面积约占新疆总弃耕面积的 53.58%。

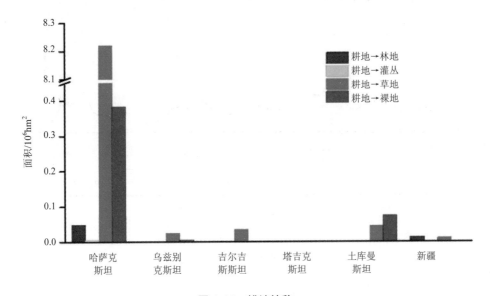

图 4-14 耕地转移

从历年耕地转移面积来看，1992 年之前中亚五国每年弃耕面积基本保持稳定。其中哈萨克斯坦每年弃耕面积最大，土库曼斯坦次之，再次为乌兹别克斯坦和吉尔吉斯斯坦，塔吉克斯坦最小（图 4-15）。但由于 1991 年联盟解体和随之而来的国家独立，农业形势也急转直下，同时失去来自原中央财政的补贴，加之与联盟国家正常的经济联系中断，市场作用遭到破坏，农业生产需要的物资设备和能源供应不足，与农业有关的财政、金融、价格以及进出口贸易政策陷入混乱状态，从 1991 年起，中亚各国农业生产均大幅度滑坡。从 1992 年起开始的农业体制改革，由于受俄罗斯"休克疗法"的影响，在许多方面加剧了生产衰退的趋势，直至 1995 年还未能理顺农业经济关系。耕地弃耕面积开始逐年增加，哈萨克斯坦弃耕规模增加尤其迅速。吉尔吉斯斯坦弃耕规模在 1993 年后也呈现一定的增加，1999 年后略有下降。乌兹别克斯坦和土库曼斯坦在苏联解体后耕地弃耕规模并无明显增长，这主要归功于两国政府认为本国的自然条件和社会经济条件特殊，气候干旱，耕地有限，水资源的合理分配和使用是制约农业发展的首要条件，在尚未解决好水利灌溉问题之前，不能立即打破原来的农业经营体制。因此，土库曼斯坦中采取了较为稳定的、符合本国实际的渐进式政策措施，分阶段地处置土地所有权和使用权问题。同时在整个改革进程中制定了一系列配套政策，以有利于农业生产的稳定发展。中国新疆地区的耕地转移规模在 1985 年后有略微下降，这主要受中央和地方政府允许且鼓励土地开垦政策影响；喷灌、滴灌等先进技术的推广，资源利用效率得以提高，新疆地区土地开发潜力进一步提高；并随着社会人口的增加，新疆耕地需求增大（蔡文春和杨德刚，2006；钱亦兵等，2006），弃耕规模减小。

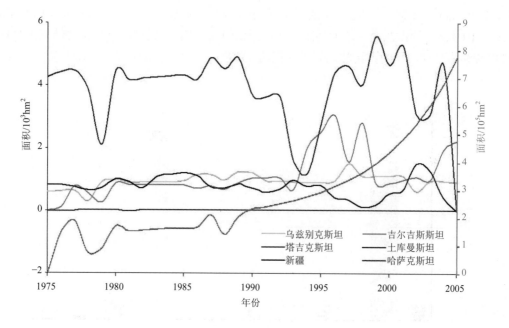

图 4-15　耕地转移

4.3　林产品收获与植树造林

人类已经使用了很长一段时间的森林遗传资源，但不理解保护它们的必要性和方法。因此，过度开采和森林保护不足、滥用林地、无节制的放牧以及直到目前都屡禁不止的砍伐树木、过度捕捞野生水果和坚果、森林火灾严重影响着森林资源。尽管中亚国家的森林植被并不构成大的连片地区，而是相对分散的林地，但是其森林生态系统退化比较严重，许多植物和动物物种濒临灭绝，森林生态系统服务受到损害，许多物种正在失去它们的自然栖息地，它们的基因库在人类活动的影响下逐步贫乏。例如，由于农业生产的发展，在荒漠和洪泛区自从 20 世纪初以来森林面积减少了 4～5 倍。建立森林生物多样性保护制度，建立保护区，对改善森林生态系统和资源将发挥重要的作用。然而，特别保护区在该地区仅占 5%左右的比例，这种情况是亚洲中部干旱区的森林资源未来关注的主要问题。在亚洲中部干旱区，森林不仅是木材来源，也提供生态系统服务，包括调节气候、保护土壤、蓄水等，确保森林的可持续性和农业生产。森林是在该地区农村社区和森林居民所需非木材林产品的一个重要来源。

4.3.1　亚洲中部干旱区森林概况

4.3.1.1　中亚森林概况

中亚地域辽阔，土地总面积达 4×10^6 km^2，而森林面积却很小，只有 1.29×10^5 km^2，森林覆盖率仅为 3%（FAO，2005）。

（1）哈萨克斯坦。哈萨克斯坦是中亚最大的一个国家，也是世界上最大的内陆国家，由于深处内陆，气候非常干旱，地貌多为平原和低地，只有北部、东部和东南部地区有山脉缠绕，因此哈萨克斯坦森林很少，主要森林类型为针叶林，平原地区为落叶林。森林总面积为 3.3×10^6 hm^2，其中包括森林覆盖面积达 11.4×10^4 hm^2。森林覆盖面积在哈萨克斯坦的比例非常低，仅为 1%（表 4-17）。在哈萨克斯坦森林几乎分布在所有的气候区，但在全国各地分布不均，东部和东南大部分地区覆盖着森林。哈萨克斯坦森林树种多样性相当丰富，共有 622 种。针叶林的总面积为 1.69×10^4 hm^2，代表性针叶林有主要分布在北部的西伯利亚落叶松和东南部的天山雪岭云杉。

（2）吉尔吉斯斯坦。吉尔吉斯斯坦位于中亚东北部，境内多山，素有"中亚山国"之称。全境海拔在 500 m 以上，其中 90% 的领土在海拔 1 500 m 以上，1/3 的地区在海拔 3 000～4 000 m，4/5 是重山叠峦的山地。因此，吉尔吉斯斯坦的森林较多，主要为针叶林森林总面积为 8.69×10^5 hm^2，森林覆盖率为 5%（表 4-17）。吉尔吉斯斯坦的森林类型主要有山区云杉、杜松林、坚果林和洪区落叶林。云杉林的总面积为 1 240 hm^2，所占比例为 2.3%，包括雪岭云杉（1 140 hm^2）、冷杉（3 600 hm^2）、欧洲赤松（2 300 hm^2）、落叶松（1 600 hm^2）和白桦（5 400 hm^2）。杜松主要分布在南部的奥什州，海拔在 900～3 300 m 均有分布。坚果林是吉尔吉斯斯坦重要的林业资源，主要分布在贾拉拉巴德州和奥什州。洪区落叶林主要分布着杨树、榆树等落叶林。

表 4-17　中亚森林面积一览表

国名	人工林面积/10^3 hm^2	森林面积/10^3 hm^2	土地总面积/10^3 hm^2	森林覆盖率/%	人工林占森林比率/%
哈萨克斯坦	909	3 337	269 970	0.01	0.27
吉尔吉斯斯坦	66	869	19 180	0.05	0.08
塔吉克斯坦	66	410	13 996	0.03	0.16
土库曼斯坦	4	4 127	46 993	0.09	0.00
乌兹别克斯坦	61	4 199	41 424	0.10	0.01
合计	1 106	12 942	391 563	0.03	0.09

注：数据来源于 FAO（2005）。

（3）塔吉克斯坦。塔吉克斯坦位于中亚东南部，境内多山，山地面积约占国土面积的 93%，有"高山国"之称。塔吉克斯坦森林面积为 4×10^5 hm^2，森林覆盖率为 3%（表 4-17）。

杜松是塔吉克斯坦主要的森林物种，主要分布在海拔 1 500～3 200 m 的山区。

（4）土库曼斯坦。土库曼斯坦是位于中亚西南部的内陆国家，全境大部是低地，平原多在海拔 200 m 以下，80%的领土被卡拉库姆大沙漠覆盖。其森林面积为 $4×10^6$ hm²，森林覆盖率为 9%（表 4-17）。山区主要分布着杜松、云杉等针叶林，平原地区主要为杨树等落叶林，荒漠地区主要为梭梭等灌木和小乔木林。

（5）乌兹别克斯坦。乌兹别克斯坦是位于中亚中部的内陆国家，全境地势东高西低。平原低地占全部面积的 80%，大部分位于西北部的克孜勒库姆沙漠。其森林面积为 $4×10^6$ hm²，森林覆盖率为 10%（表 4-17）。山区主要分布着云杉、阿月浑子等针叶林，平原地区主要为杨树等落叶林，荒漠地区主要为梭梭等灌木林。

4.3.1.2 新疆森林概况

新疆维吾尔自治区作为中国最大的一个省（区），位于中国西北部，总面积达 $1.66×10^6$ km²。新疆森林资源主要由山区天然林、绿洲人工林和荒漠河谷天然林 3 大部分组成。山区天然林主要有落叶针叶林（DCF，deciduous coniferous forest）、常绿针叶林（ECF，evergreen coniferous forest）、落叶阔叶林（DBF，deciduous broadleaved forest）以及灌木林（Shrub）。落叶针叶林主要以西伯利亚落叶松为主，主要分布在北疆阿尔泰山一线；常绿针叶林主要以雪岭云杉为主，主要分布在天山山区，是新疆境内的天山云杉资源，占新疆山地森林总资源的 62%左右，占天山林区总资源的 95%以上，是新疆山地森林中分布最广、蓄积量最大的树种；落叶阔叶林主要以杨树、榆树和槐树为主，主要分布在河谷地区和农田、道路的两旁；灌木林主要以梭梭和柽柳为主，分布在荒漠地区。

4.3.2 亚洲中部干旱区林业活动概况

4.3.2.1 植树造林

通过收集数据，构建了亚洲中部干旱区 1975—2005 年林业活动数据库，该数据库共有两个数据集，包括植树造林数据和森林产品收获数据。新疆植树造林数据来源于《新疆 50 年》（新疆维吾尔自治区统计局，2005），新疆森林产品收获数据和森林产品收获数据来源于 FAOSTAT-Forestry 林业数据库（http：//faostat.fao.org/site/630/default.aspx），中亚五国植树造林数据来源于 UNEP（Steiner，2007）。

从图 4-16 中可以看出，新疆植树造林面积最多，其趋势是随着时间增加而增加，并在 2000—2003 年飞速上升，但在 2003 年之后开始急剧下降。这正是对中国三北防护林一期工程（1978 年开始）和退耕还林工程（1999 年开始）的响应。中亚五国的造林较少，特别是在前苏联解体前，几乎无造林活动，在前苏联解体后，各国开始发展本国农业和经济，因此作为保护农田的防护林和用于交易的用材林面积开始增多。在中亚五国中，以乌兹别克斯坦的造林面积最多，其造林时段集中于 1995—2005 年，最多年份集中在 20 世纪末。塔吉克斯坦造林面积最少，且自 1995 年以来，每年造林面积差不多。哈萨克斯坦和吉尔吉斯斯坦的造林面积也较少，最多的年份集中在 1997—1999 年。土库曼斯坦在 2000—2004 年造林面积较多。

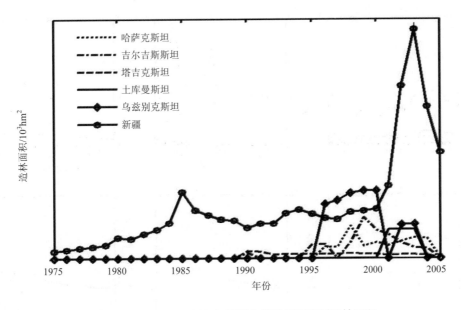

图 4-16　1975—2005 年亚洲中部干旱区植树造林面积

4.3.2.2　森林采伐

图 4-17 表示 1975—2005 年亚洲中部干旱区各区域森林产品收获情况。从图中可以看出新疆的林业活动最为频繁，林产品产量在所有国家或地区中是最多的，其总产量达 $1.12 \times 10^7 \, m^3$。各个国家或地区的主要林产品种类及林产品产量时间变化趋势具有差异。其中新疆森林采伐产品为以锯材为主（$8.02 \times 10^6 \, m^3$），人造板其次（$1.96 \times 10^6 \, m^3$），纸和纸板最少（$2.13 \times 10^5 \, m^3$）。这 4 种产品的变化趋势是随着时间的变化略有下降，到 2000 年左右达到最低，之后又略有上升。哈萨克斯坦森林产品总产量为 $1.03 \times 10^7 \, m^3$，以薪柴为主（$8.72 \times 10^6 \, m^3$），锯材其次（$1.36 \times 10^6 \, m^3$），人造板与纸和纸板最少（分别为 $5.17 \times 10^4 \, m^3$ 和 $1.70 \times 10^5 \, m^3$）。并且锯材、纸和纸板、人造板的产量在 1999 年以前为 0，在 1999 年以后才开始迅速增长。吉尔吉斯斯坦森林采伐产品总产量为 $8.85 \times 10^5 \, m^3$，以薪柴为主（$7.32 \times 10^5 \, m^3$），锯材其次（$1.54 \times 10^5 \, m^3$），无人造板、纸和纸板产品。薪柴和锯材产量均是随着时间的增长而逐渐增加。塔吉克斯坦森林产品全部为薪柴，总产量为 $2.27 \times 10^6 \, m^3$，其变化随着时间而逐渐增加，在 1996 年后趋于平稳。土库曼斯坦森林产品全部为薪柴，总产量为 $6.77 \times 10^4 \, m^3$，其变化随着时间而逐渐增加，在 2002 年后趋于平稳。乌兹别克斯坦森林产品总产量为 $7.70 \times 10^5 \, m^3$，其中以薪柴为主（$6.01 \times 10^5 \, m^3$），锯材其次（$1.20 \times 10^5 \, m^3$），人造板、纸和纸板最少（分别为 $3.31 \times 10^4 \, m^3$、$1.49 \times 10^4 \, m^3$）。这 4 种产品的变化是随着时间的变化略有上升，但在 1998 年有个低谷。

整体来看，亚洲中部干旱区在 1975—2005 年同时存在着植树造林和森林砍伐两种林业活动，对于新疆而言，植树造林活动较强，造林总面积比中亚五国多，森林木质林产品品种齐全，但总量比中亚五国少。中亚五国总体上植树造林面积较少，森林采伐较为严重，建议今后应该控制其林产品产量以保护稀少的森林资源。

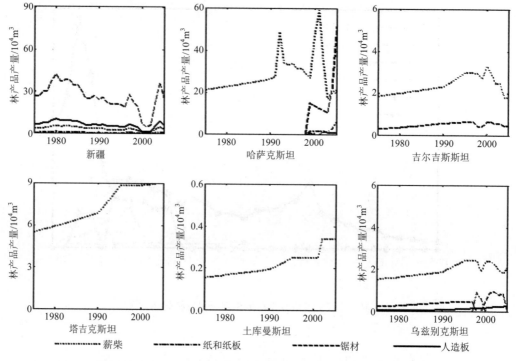

图 4-17 1975—2005 年亚洲中部干旱区主要木质林产品产量

4.4 放牧

4.4.1 草地资源特征及其分布

4.4.1.1 草地资源

亚洲中部干旱区天然草地辽阔，可利用草地 4.80×10^7 hm^2。放牧是亚洲中部干旱区草地生态系统的主要利用方式，对该区的碳水循环具有重要的影响。亚洲中部干旱区从事放牧利用草原的历史悠久、经验丰富，并总结出了适于不同区域气候、地形、水文和草地植被等自然条件的天然草地放牧制度，即按平原草场、低山草场和高山草场的不同条件，季节轮回放牧利用草地（图 4-18）。

哈萨克斯坦由于气候、植被和土壤不同，由北向南分为 4 个自然带即森林草原带，草原带、半荒漠带和荒漠带。森林草原带主要是黑土，占哈萨克斯坦土地面积的 9.5%，主要产小面积的白桦林和禾本科草及杂草，这种草地被用作割草地。草原带和半荒漠带的土壤主要为栗钙土占该国土地面积的 34.3%。草原带自然植被主要是丛生禾草组成的温带草原，有充足的阳光和热量，最多的是针茅、羊茅、酸馍毛、燕麦等，还有荠菜、天仙子、侧金盏花、金丝桃等很多药用植物。半荒漠带降水不足，植被主要是蒿科植物，占优势的是旱生半灌木针茅和羊茅等，可用作全年放牧场。荒漠带的土壤逐渐由浅栗钙土变为棕钙土和灰棕钙土，占该国土地面积的 43.6%，植被主要为荒漠植物，有羊茅和针茅属植物，猪毛菜属、滨藜属、盐节木属、梭梭属、霞草等。哈萨克斯坦有广阔的天然草地，草地总面积约为 $1.84 \times 10^8 \ hm^2$。其中打草场面积 $5.00 \times 10^6 \ hm^2$。占草地总面积的 2.75%。人工草地面积 $7.25 \times 10^5 \ hm^2$，占 3.99%，光热资源丰富。除北部地区外多数草地可以全年利用，年产草量在 $8.00 \times 10^7 \ t$ 左右。这为发展畜牧业创造了有利的条件。哈萨克斯坦的牲畜在天然草地获得的饲草占各类饲草总量的 80%，个别地区可达 90%（哈尔阿力·沙布尔哈列力·巴塔林，2006；张丽萍等，2013）。

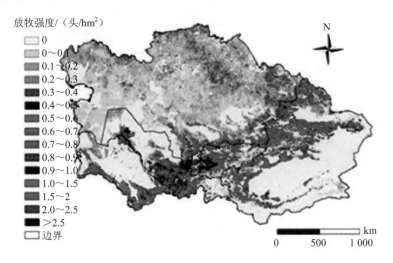

资料来源：FAO's Animal Production and Health Division。

图 4-18 亚洲中部干旱区放牧强度

哈萨克斯坦有一半国土是荒漠，包括多沙型荒漠和多石型荒漠，但更多的是，黏土型荒漠，目前荒漠化进程仍在继续。哈萨克斯坦荒漠的主要宝藏就是广阔的天然牧场，其面积达 $1.26 \times 10^8 \ hm^2$（包括半荒漠区）。这些牧场的饲料储备约为 $1.75 \times 10^8 \ t$，可供 4.50×10^6 头羊食用。荒漠牧场植物种类繁多，有 1 200 种。其中 500 种属于只能在哈萨克斯坦荒漠见到的土著植物，在这些植物种类中有用的占 75%，无用的占 22%，3% 的植物是有毒植物。众多适口性强的植物，对饲养牲口非常有利，但众多的植物中基本的饲料植物不超过 100 种。

草地作为一种重要的生产资料，为哈萨克斯坦畜牧业发展做出了巨大贡献，但长期以来人们对草地不合理利用和超载过牧，造成草地退化现象十分严重，草地资源危机重重。目前总体上哈萨克斯坦草地资源已经利用过度，人为破坏较大，草场利用比较自由散乱，土地被开垦种植，牲畜频繁近距离转场放牧，没有完善的法律法规保护草地资源。这已导致哈萨克斯坦草地资源日益退化，生态环境逐步恶化，同时已成为制约畜牧业及社会经济可持续发展的主要因素。

4.4.1.2　草地载畜量

草地载畜量是用家畜单位来表示草地的承载能力。草地载畜量计算标准和系数均依据中华人民共和国农业部《天然草地合理载畜量的计算》（NY/T 635—2002）标准执行，在实际测算中对标准的个别指标根据青海省实际进行了微调。依据《天然草地合理载畜量的计算》指标，结合青海家畜的实际体重，青海省各类家畜折羊单位比例确定为：一只绵羊折 1.0 个羊单位、一只山羊折 0.8 个羊单位、一头黄牛折 4.5 个羊单位、一头牦牛折 4.0 个羊单位、一头奶牛折 6.0 个羊单位、一匹马折 6.0 个羊单位、一匹骡折 5.0 个羊单位、一头驴折 3.0 个羊单位、一峰骆驼折 7.0 个羊单位。图 4-19 所示为 1987—2012 年亚洲中部干旱区载畜量。中亚五国数据来源于 FAO 统计数据，新疆的数据来源为《新疆五十年》及 2005—2012 年《新疆统计年鉴》。

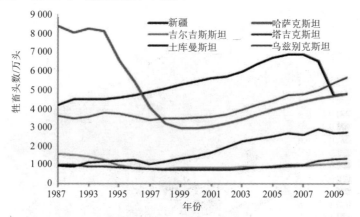

资料来源：FAO's Animal Production and Health Division。

图 4-19　1987—2010 年亚洲中部干旱区畜牧量

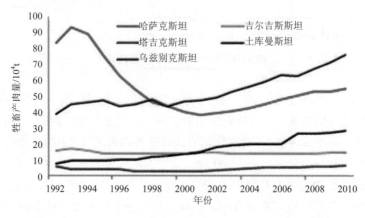

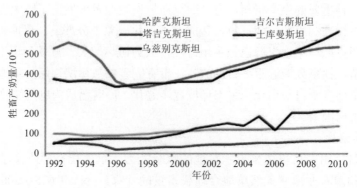

资料来源：FAO's Animal Production and Health Division。

图 4-20　1992—2010 年中亚畜产品产量

4.4.2　草地资源变化

4.4.2.1　草地面积变化

表 4-18 为 1992—2009 年中亚各国耕地面积及占国土面积的比例，由表可得，1992—2009 年中亚草地面积保持稳定，略微降低。2009 年中亚草地面积 2.51×10^6 km² （占 63.88%），其中哈萨克斯坦草地面积 1.85×10^6 km² （占 68.53%），为中亚五国中草地面积占国土面积最高的国家，塔吉克斯坦草地面积 3.88×10^4 km² （占 27.7%），为中亚五国中草地面积占国土面积比重最低的国家，同时也是草地资源最稀少的国家。大面积的草地资源为中亚的畜牧业发展奠定了坚实的基础。

4.4.2.2　载畜量的变化

20 世纪 60 年代以前，中亚五国畜牧业的经营方式多为粗放的游牧业，受自然条件所限，区内草场载畜量很低。此后，由于加强草原建设，扩大饲料、饲草的种植面积，并结合水利建设，增加水浇地面积，畜牧业得到很大发展，各种畜产品产量成倍增长，成为前苏联最重要的畜产品供应基地，牧民们也逐渐由逐水草而居改为定居。

表 4-18　1992—2009 年中亚草地面积及比例变化

年份	哈萨克斯坦		吉尔吉斯斯坦		塔吉克斯坦		土库曼斯坦		乌兹别克斯坦		中亚	
	面积/ 10^6 km²	%	面积/ 10^4 km²	%	面积/ 10^4 km²	%	面积/ 10^5 km²	%	面积/ 10^5 km²	%	面积/ 10^6 km²	%
1992	1.86	68.99	8.70	45.36	3.50	25.04	3.08	65.54	2.29	53.76	2.52	64.21
1993	1.87	69.10	8.70	45.36	3.55	25.33	3.08	65.47	2.28	53.60	2.52	64.27
1994	1.87	69.20	9.00	46.92	3.50	25.01	3.07	65.33	2.28	53.60	2.53	64.38
1995	1.82	67.54	9.11	47.51	3.62	25.89	3.07	65.33	2.28	53.60	2.49	63.30
1996	1.82	67.54	9.22	48.05	3.67	26.19	3.07	65.33	2.28	53.60	2.49	63.34
1997	1.83	67.79	9.24	48.15	3.65	26.04	3.07	65.33	2.28	53.60	2.49	63.51
1998	1.83	67.80	9.26	48.29	3.66	26.15	3.07	65.33	2.25	52.89	2.49	63.45
1999	1.83	67.74	9.29	48.44	3.68	26.31	3.07	65.33	2.25	52.89	2.49	63.42
2000	1.85	68.56	9.29	48.44	3.69	26.34	3.07	65.33	2.25	52.89	2.51	63.99
2001	1.85	68.53	9.37	48.83	3.69	26.36	3.07	65.33	2.25	52.89	2.51	63.99
2002	1.85	68.53	9.37	48.83	3.69	26.36	3.07	65.33	2.22	52.23	2.51	63.91
2003	1.85	68.53	9.43	49.16	3.72	26.55	3.07	65.33	2.20	51.72	2.51	63.88
2004	1.85	68.53	9.36	48.82	3.77	26.96	3.07	65.33	2.20	51.72	2.51	63.88
2005	1.85	68.53	9.39	48.95	3.8	27.14	3.07	65.33	2.20	51.72	2.51	63.89
2006	1.85	68.53	9.38	48.88	3.86	27.57	3.07	65.33	2.20	51.72	2.51	63.90
2007	1.85	68.53	9.38	48.88	3.86	27.55	3.07	65.33	2.20	51.72	2.51	63.90
2008	1.85	68.53	9.37	48.88	3.86	27.55	3.07	65.33	2.20	51.72	2.51	63.90
2009	1.85	68.53	9.27	48.31	3.88	27.69	3.07	65.33	2.20	51.72	2.51	63.88

注：各国草地比例（%）为各国草地面积占各国土地面积的比例，中亚草地比例（%）为中亚草地面积占中亚土地总面积的比例。

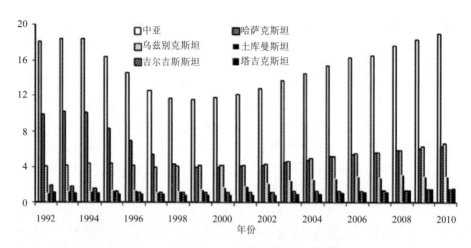

图 4-21　1992—2010 年中亚草地载畜量

　　图 4-21 统计过程中将牛和马按照食草量转化为标准羊单位（http：//www.doc88.com/p-37189027850.html）。1992—2010 年中亚五国干旱区载畜量呈先下降后上升趋势。1999 年，载畜量降到最低值 1.15×108 标准羊单位，到 2010 年载畜量恢复到 1992 年（1.8×108 标准羊单位）水平。其中，哈萨克斯坦载畜量下降明显，2010 年载畜量（6.2×107 标准羊单位）仅为 1992 年载畜量（9.9×107 标准羊单位）的 2/3；土库曼斯坦 2010 年的载畜量（2.9×107 标准羊单位）约为 1992 年载畜量（1.0×107 标准羊单位）的 3 倍，载畜量增幅显著；乌兹别克斯坦和塔吉克斯坦载畜量均有大幅增加。

参考文献

[1] 白洁，陈曦，李均力，等. 1975—2007 年中亚干旱区内陆湖泊面积变化遥感分析[J]. 湖泊科学，2010（1）.

[2] 蔡文春，杨德刚. 新疆耕地变化及驱动力分析. 干旱区资源与环境，2006，20（2）：144-149.

[3] 陈伏生，曾德慧，陈广生. 开垦对草甸土有机碳的影响. 土壤通报，2004，35（4）：413-419.

[4] 邓铭江，龙爱华，章毅，等. 中亚五国及其水资源开发利用评价. 地理科学进展，2010，25（12）：1348-1356.

[5] 范彬彬，罗格平，胡增运，等. 中亚土地资源开发与利用分析. 干旱区地理，2012，35（6）：523-530.

[6] 哈尔阿力·沙布尔，哈列力·巴塔林. 哈萨克斯坦的畜牧业. 中亚信息，2006（05）：8-13.

[7] 韩其飞，罗格平，李超凡，等. 近 30 年中亚土地利用/土地覆被变化，干旱区地区，2012，35（6）：531-540.

[8] 何凡能，葛全胜，戴君虎，等. 近 30 年来中国森林的变迁. 地理学报，2007，62（1）：30-40.

[9] 黄彩变，曾凡江，雷加强，等. 开垦对绿洲农田碳氮累积及其与作物产量关系的影响. 生态学报，2011，31（18）：5113-5120.

[10] 李宝明，杨辽，朱长明，等. 额尔齐斯河流域中亚段植被覆盖遥感动态监测. 干旱区地理，2010（2）：203-209.

[11] 李凌浩. 土地利用变化对草原生态系统土壤碳储量的影响. 植物生态学报, 1998, 22（4）: 300-302.

[12] 李维长. 世界森林资源保护及中国林业发展对策分析. 资源科学, 2000, 22（6）: 71-76.

[13] 李义玲, 乔木, 杨小林, 等. 干旱区典型流域近 30 年土地利用/土地覆被变化的分形特征分析-以玛纳斯河流域为例. 干旱区地理, 2008, 31（1）: 75-81.

[14] 李瑜琴, 赵景波. 过度放牧对生态环境的影响与控制对策. 中国沙漠, 2005, 25（3）: 404-408.

[15] 李裕元, 邵明安, 郑纪勇, 等. 黄土高原北部草地的恢复与重建对土壤有机碳的影响. 生态学报, 2007, 27（6）: 2279-2287.

[16] 李跃林, 彭少麟, 赵平, 等. 鹤山几种不同土地利用方式的土壤碳储量研究. 山地学报, 2002, 20（5）: 548-552.

[17] 刘纪远, 邓祥征. LUCC 时空过程研究的方法进展. 科学通报, 2009（21）.

[18] 罗格平, 许文强, 陈曦. 天山北坡绿洲不同土地利用对土壤特性的影响. 地理学报, 2005, 60（5）: 779-790.

[19] 罗格平, 张爱娟, 尹昌应, 等. 土地变化尺度研究进展与展望[J]. 干旱区研究, 2001, 26（2）187-193.

[20] 钱亦兵, 樊自立, 雷加强, 等. 近 50 年新疆水土开发及引发的生态环境问题. 干旱区资源与环境, 2006, 20（3）: 58-63.

[21] 秦丽杰, 张郁, 任丽军, 等. 前郭尔罗斯灌区土壤盐渍化与农业可持续发展. 干旱区研究, 2002, 19（2）: 52-55.

[22] 冉有华, 李新, 卢玲. 基于多源数据融合方法的中国 1 km 土地覆盖分类制图. 地球科学进展, 2009, 24（2）: 192-203.

[23] 沈金祥, 陈曦, 杨辽, 等. 额尔齐斯河-斋桑湖流域近 20 年来土地利用/土地覆被时空演变. 干旱区地, 2010（2）: 189-195.

[24] 史军, 刘纪远, 高志强, 等. 造林对陆地碳汇影响的研究进展. 地理科学进展, 2004, 23（2）: 58-67.

[25] 苏联部长会议粮食与供应国家委员会. 苏联国家土地资料集（截至 1989 年 11 月 1 日）. 莫斯科, 1990.

[26] 苏联国家农工委员会. 苏联国家土地资料集（截至 1986 年 11 月 1 日）. 莫斯科, 1987.

[27] 苏联农业部. 苏联农业资源（截至 1965 年 11 月 11 日）. 莫斯科, 1966.

[28] 苏联农业部. 苏联农业资源（截至 1970 年 11 月 1 日）. 莫斯科, 1972.

[29] 苏联农业部. 苏联农业资源（截至 1980 年 11 月 1 日）. 莫斯科, 1981.

[30] 孙洪波, 王让会, 杨桂山. 中亚干旱区山地-绿洲-荒漠系统及其气候特性—以中国新疆北部和东哈萨克斯坦为例[J]. 干旱区资源与环境, 2007, 26（10）: 6-11.

[31] 宋玉霞, 王正兴. 基于决策树和 MODIS 植被指数时间序列的中亚地覆盖分类. 世界地理研究, 2008（3）.

[32] 王根绪, 卢玲, 程国栋. 干旱内陆流域景观格局变化下的景观土壤有机碳与氮源汇变化. 第四纪研究, 2003, 23（3）: 270-279.

[33] 王俊明, 张兴昌. 退耕草地演替过程中的碳储量变化. 草业学报, 2009, 18（1）: 1-8.

[34] 王人潮. 试论土地分类. 浙江大学学报（农业与生命科学版）, 2002, 28（4）: 355-361.

[35] 王绍强, 刘纪远. 土壤碳蓄积量变化的影响因素研究现状. 地球科学进展, 2002, 17（4）: 528-534.

[36] 新疆维吾尔自治区统计局. 新疆五十年. 北京: 中国统计出版社, 2005.

[37] 新疆维吾尔自治区统计局. 新疆统计年鉴 2006. 北京: 中国统计出版社, 2006.

[38] 徐万里, 唐光木, 盛建东, 等. 垦殖对新疆绿洲农田土壤有机碳组分及团聚体稳定性的影响. 生态学

报，2010，30（7）：1773-1779.

[39] 杨恕，田宝. 中亚地区生态环境问题述评. 东欧中亚研究，2002，（5）：51-55.

[40] 张俊华，李国栋，南忠仁，等. 耕作历史和种植制度对绿洲农田土壤有机碳及其组分的影响. 自然资源学报，2012，27（2）：196-203.

[41] 张俊华. 西北干旱区黑河中游土壤有机碳分布及其变化机制研究. 兰州大学，兰州，2007.

[42] 张丽萍，李学森，兰吉勇，等. 哈萨克斯坦草地资源现状与保护利用. 草食家畜，2013，（03）：64-67.

[43] 中华人民共和国农业部.中华人民共和国农业行业标准[NY/T].http：//www.doc88.com/p-37189027850.html，2002-12-30.

[44] 周剑芬，管东生. 森林土地利用变化及其对碳循环的影响. 生态环境，2004，13（4）：674-676.

[45] Gustard A，Wesselink A J. Impact of land-use change on water-resources -balquhidder catchments. Journal of Hydrology，1993，145（3-4）：389-401.

[46] Baumann M，Kuemmerle T，Elbakidze M，et al. Patterns and drivers of post-socialist farmland abandonment in Western Ukraine. Land Use Policy，2011，28（3）：552-562.

[47] Thomas C D，Williams S E，Cameron，et al. Biodiversity conservation-uncertainty in predictions of extinction risk-effects of changes in climate and land use-climate change and extinction risk-reply. Nature，2004，430（6995）.

[48] huluun T，Ojima D. Land use change and carbon cycle in arid and semi-arid lands of East and Central Asia. Science in China（Series C），2002，（45）：48-54.

[49] Ojima D S，Galvin K A，Turner B L. The global impact of land-use change. Bioscience，1994，44（5）：300-304.

[50] DeFries R，Field C，Fung I，et al. Combining satellite data and biogeochemical models to estimate global effects of human-induced land cover change on carbon emissions and primary productivity. Global Biogeochemical Cycles，1999，13（3）：803-815.

[51] Dixon R K，Brown S，Houghton R，et al. Carbon pools and flux of global forest ecosystems. Science（Washington），1994，263（5144）：185-189.

[52] Bartholom E，Belward A S. Glc2000：A new approach to global land cover mapping from earth observation data. International Journal of Remote Sensing，2005，26（9）：1959-1977.

[53] Lioubimtseva E，Cole R，Adams J M，et al. Impacts of climate and land-cover changes in arid lands of central asia. Journal of Arid Environments，2005，62（2）：285-308.

[54] FAO. Global Forest Resources Assessment 2000 Main Report：FAO，2005.

[55] Fearnside P M. Amazonian deforestation and global warming: carbon stocks in vegetation replacing Brazil's Amazon forest. Forest Ecology and Management，1996，80（1）：21-34.

[56] Gaston G，BROWN S，LORENZINI M et al. State and change in carbon pools in the forests of tropical Africa. Global Change Biology，1998，4（1）：97-114.

[57] Grigal D F and Berguson W E. Soil carbon changes associated with short-rotation systems. Biomass and Bioenergy，1998，14（4）：371-377.

[58] Guo L and Gifford R. Soil carbon stocks and land use change：a meta analysis. Global Change Biology，2002，8（4）：345-360.

[59] Une H, Kajikawa S, Sato H P. Global mapping for land-use/cover change study. Land Use Changes in Comparative Perspective, 2002, 2002: 3-19.

[60] Hansen M C, Reed B. A comparison of the IGBP DISCover and University of Maryland 1 km global land cover products. International Journal of Remote Sensing, 2000, 21 (6-7): 1365-1373.

[61] Harmon M E, Ferrell W K, Franklin J F. Effects on carbon storage of conversion of old-growth forests to young forests. Science, 1990, 247 (4943): 699-702.

[62] Houghton R. The worldwide extent of land-use change. BioScience: 1994, 305-313.

[63] Van Minnen J G, Goldewijk K K, Stehfest E, et al. The importance of three centuries of land-use change for the global and regional terrestrial carbon cycle. Climatic Change, 2009, 97 (1-2): 123-144.

[64] Kaplan J O, Krumhardt K M and Zimmermann N E. The effects of land use and climate change on the carbon cycle of europe over the past 500 years. Global Change Biology, 2012, 18 (3): 902-914.

[65] Johnson D W, Henderson G S and Todd D E. Changes in nutrient distribution in forests and soils of Walker Branch watershed, Tennessee, over an eleven-year period. Biogeochemistry, 1988, 5 (3): 275-293.

[66] Markov K V. Is middle and central asia getting drier? Voprosi geogragii (Geographic questions), Geografgiz, 1951, 24: 98-116.

[67] Kuemmerle T, Hostert P, Radeloff V C, et al. Cross-border comparison of post-socialist farmland abandonment in the Carpathians. Ecosystems, 2008, 11 (4): 614-628.

[68] Kuemmerle T, Olofsson P, Chaskovskyy O, et al. Post-Soviet farmland abandonment, forest recovery, and carbon sequestration in western Ukraine. Global Change Biology, 2011, 17 (3): 1335-1349.

[69] Lugo A E, Sanchez M J and Brown S. Land use and organic carbon content of some subtropical soils. Plant and Soil, 1986, 96 (2): 185-196.

[70] Nosetto M D, Jobbagy E G, Paruelo J M. Land-use change and water losses: The case of grassland afforestation across a soil textural gradient in central argentina. Global Change Biology, 2005, 11 (7): 1101-1117.

[71] Manzoor Q, Andrew D N, Asad S Q, et al. Salt-induced land and water degradation in the Aral Sea basin: A challenge to sustainable agriculture in Central Asia. Natural Resources Forum, 2009, 33 (2): 134-149.

[72] Matson P A, Parton W J, Power A and Swift M. Agricultural intensification and ecosystem properties. Science, 1997, 277 (5325): 504-509.

[73] Scott N A, Tate K R, Ford-Robertson J, et al. Soil carbon storage in plantation forests and pastures: Land-use change implications. Tellus Series B-Chemical and Physical Meteorology, 1999, 51(2):326-335.

[74] Arino O, Gross D, Ranera F, et al. Globcover: Esa service for global land cover from meris. Igarss: 2007 Ieee International Geoscience and Remote Sensing Symposium, 2007, 1-12: 2412-2415.

[75] Higgins P A T. Biodiversity loss under existing land use and climate change: An illustration using northern south america. Global Ecology and Biogeography, 2007, 16 (2): 197-204.

[76] Hostert P, Kuemmerle T, Prishchepov A, et al. Rapid land use change after socio-economic disturbances: The collapse of the soviet union versus chernobyl. Environmental Research Letters, 2011, 6 (4).

[77] Smith P, Davies C A, Ogle S, et al. Towards an integrated global framework to assess the impacts of land use and management change on soil carbon: Current capability and future vision. Global Change Biology, 2012, 18 (7): 2089-2101.

[78] Wehrheim P and Martius C. Farmers，cotton，water and models：Introduction and overview. Continuity and change L and and water use reforms in rural Uzbekistan-Socio-economic and legal analyses for the region Khorezm（P. Wehrheim，A. Schoeller-Schletter，and C. Martius eds），2008，43：1-16.

[79] Paul K I，Polglase P J，Richards G P. Sensitivity analysis of predicted change in soil carbon following afforestation. Ecological Modelling，2003，164（2）：137-152.

[80] Paul K，Polglase P，Nyakuengama J and Khanna P. Change in soil carbon following afforestation. Forest Ecology and Management，2002，168（1）：241-257.

[81] Post W M and Kwon K C. Soil carbon sequestration and land‐use change：processes and potential. Global Change Biology，2008，6（3）：317-327.

[82] Qi Y C，Dong Y S，Liu J Y，et al. Effect of the conversion of grassland to spring wheat field on the CO_2 emission characteristics in Inner Mongolia，China. Soil and Tillage Research，2007，94（2）：310-320.

[83] Houghton R A，Hackler J L And Lawrence K T. The us carbon budget：Contributions from land-use change. Science，1999，285（5427）：574-578.

[84] Vose R S，Karl T R，Easterling D R，et al. Climate -impact of land-use change on climate. Nature，2004，427（6971）：213-214.

[85] Ramankutty N，Foley J A. Estimating historical changes in global land cover：Croplands from 1700 to 1992. Global Biogeochemical Cycles，1999，13（4）：997-1027.

[86] Richter D D，Markewitz D，Trumbore S E，et al. Rapid accumulation and turnover of soil carbon in a re-establishing forest. Nature，1999，400（6739）：56-58.

[87] Romanya J，Cortina J，Falloon P，Coleman K and Smith P. Modelling changes in soil organic matter after planting fast‐growing Pinus radiata on Mediterranean agricultural soils. European Journal of Soil Science，2008，51（4）：627-641.

[88] Schlesinger W H. An overview of the carbon cycle. Soils and global change，1995，25.

[89] Silver W，Ostertag R，Lugo A. The potential for carbon sequestration through reforestation of abandoned tropical agricultural and pasture lands. Restoration Ecology，2001，8（4）：394-407.

[90] Steiner A. Sub-regional integrated envirnment assessment：central asia. Ashgabat：NUEP，2007.

[91] T C and Garten J. Soil carbon storage beneath recently established tree plantations in Tennessee and South Carolina，USA. Biomass and Bioenergy，2002，23（2）：93-102.

[92] Loveland T R，Reed B C，Brown J F，et al. Development of a global land cover characteristics database and igbp discover from 1 km avhrr data. International Journal of Remote Sensing，2000，21（6-7）：1303-1330.

[93] Turner J，Lambert M. Change in organic carbon in forest plantation soils in eastern Australia. Forest Ecology and Management，2000，133（3）：231-247.

[94] Wang J S，Chen F H，Jin L Y et al. Characteristics of the dry/wet trend over arid central Asia over the past 100 years. Climate Research，2010，41（1）：51-59.

[95] Wang Y，Amundson R，Trumbore S. The impact of land use change on C turnover in soils. Global Biogeochemical Cycles，1999，13（1）：47-57.

[96] Waring R H and Running S W. Forest ecosystems：analysis at multiple scales：Academic Press，2007.

第5章　亚洲中部干旱区盐碱土碳吸收评估

5.1　无机吸收过程的分离

全球土壤碳通量陆地和海洋全年排放到大气中的 CO_2 占 20%～38%（Raich and Schlesinger，1992），因此它是净生态系统碳平衡的一个重要因素。在土壤碳通量的组成中，根/微生物呼吸被认为是最重要的部分，而根呼吸和微生物呼吸的分离则是很古老的热点科学问题（Epron et al.，1999；Grace，2004；Gregory，2006），至今尚未得到彻底解决。虽然生态学家提出了一系列的拆分方法，但是每种方法都有一定的不确定性（Hendricks et al.，1993；Bond-Lamberty et al.，2004）。由于技术和理论均不成熟，如何克服这些拆分方法存在的问题，精确地量化土壤碳通量中每个生物过程的贡献，仍然是生态系统研究所面临的重大挑战之一（Hanson et al.，2000；Baggs，2006）。其中一个突出的技术问题是，目前还无法实现对土壤二氧化碳不同输出分支之间时滞的准确评估，这就从根本上限制了精确量化这两种生物过程贡献的可行性（Paterson et al.，2009；Vargas et al.，2010）。

生态学家做了大量的努力，试图实现对土壤二氧化碳不同输出分支之间时滞的准确估算，但是这些研究主要局限于生物过程，而非生物过程的贡献被认为是微不足道的（Kuzyakov et al.，2010）。然而最新研究表明，非生物过程必须加以考虑，甚至有可能暂时占据主导地位（Kowalski et al.，2008；Xie et al.，2008；Inglima et al.，2009）。特别是，我国科学家在盐生荒漠和绿洲农田土壤碳通量的对比研究中发现，盐碱土具有吸收 CO_2 的功能（Xie et al.，2009）。这可能蕴含着一个长期被忽视的重要碳过程，但其具体的机理还有待进一步研究（Stone，2008）。科学家采用高温蒸汽灭菌法，对盐碱土进行灭菌，分离了这一吸收过程，并证实它是一个非生物过程（Xie et al.，2008）。但是，它对土壤二氧化碳的输入输出的具体贡献尚未确定。土壤碳通量中生物过程和非生物过程的分离问题仍未解决（Kowalski et al.，2008；Serrano-Ortiz et al.，2010）。在这样的背景下，对盐碱土二氧化碳输入和输出之间时滞的评估将存在更多的不确定性。

迄今为止，被证明比较适合、并已经广泛用于评估土壤二氧化碳不同输出分支间时滞的方法主要有：阻断分流法、时间序列分析法（TSA）、同位素标记法和脉冲标记法。

阻断分流法是通过瞬时中断土壤二氧化碳的输入来实现，但其涉及的所有对土壤的处理改变都具有破坏性和不可逆转（Högberg et al.，2001；Kuzyakov，2006；Johnsen et al.，2007）。

时间序列分析则是基于土壤二氧化碳的输出参数的关联，需要昂贵的高分辨率测量仪器。但是，此方法较简单，并已被广泛应用于各种生态系统，这就增加了在不同生态系统之间进行比较的可行性（Tang et al.，2005；Vargas & Allen，2008）。

同位素分析法是基于对土壤 二氧化碳中 $\delta^{13}C$ 的检测，不涉及对土壤的扰动，但与环境相关的参数，以及土壤碳库本身的 $\delta^{13}C$ 容易混淆，甚至根和根际微生物之间 $\delta^{13}C$ 的差异也难以区分，易导致附加不确定性（Keitel et al.，2003，2006；Brandes et al.，2006，2007；Xu et al.，2008；Bowling et al.，2008）。

脉冲标记法是同位素标记方法的改进，也是目前使用最广泛的技术，主要借助对 ^{13}C 或 ^{14}C 的同化分析实现。这就有助于精确评估和土壤二氧化碳不同输出分支之间的时间间隔，以便确定在单个生物或非生物因素研究变化响应的滞后时间，而这一点对土壤碳通量的拆分尤其关键（Bahn et al.，2009；Paterson et al.，2009）。

通过比较这 4 种方法的优缺点，我们认为，这些方法对于评估盐碱土二氧化碳输入和输出间的时滞均不适用。但是通过对盐碱土做灭菌前后碳通量的比较，对盐碱土碳通量进行分解和重组，先将输入和输出部分分离，则有利于用这 4 种方法分析不同输入分支间的时滞。这就有必要先提供对盐碱土碳通量结构进行研究的方法。

本节在提供对盐碱土碳通量结构进行研究的方法，并采用检测二氧化碳输入和输出之间的时滞。选择裸露的盐碱土，是因为：①盐碱土碳过程被简化为非生物交换和微生物呼吸两个过程；②根呼吸部分被排除，突出了非生物过程的影响；③可以将时间序列的非平稳性最小化，以减少拆分时的不确定性。考虑到生物过程和非生物过程之间潜在的交互作用，将盐碱土碳通量理解为 3 个部分，即生物过程、非生物过程及其相互作用，并以盐碱土做灭菌前后碳通量的比较为基础，对盐碱土碳通量进行重组和拆分。

5.1.1　无机吸收过程分离方法

2005—2006 年，我国科学家实施了对盐碱土碳通量的对比观测研究。在位于古尔班通古特沙漠南缘的中国科学院阜康荒漠生态站[87°56′E，44°17′N；海拔：461 m],对盐碱土进行了灭菌处理，并对灭菌前后盐碱土碳通量进行了比较观测。盐碱土从 3 个不同的生态系统（盐生荒漠、废弃耕地和绿洲农田）取样，每个生态系统各取 15 个重复，每个土壤样本均不含根系，经过风干处理，分为两个子样本，灭菌子样本和未灭菌子样本，并被安置在土壤碳通量分析的原始位置，同时用两台 LI-8 100s 同步观测灭菌盐碱土和未灭菌盐碱土的碳通量，这就为研究提供了两组有效的盐碱土碳通量数据。基础气象数据和土壤数据也来源于阜康荒漠生态站。

5.1.1.1　碳通量重组

一般认为，土壤碳通量 F_a 对土壤温度 T_S 比较敏感。土壤碳通量常常被简化为用 Q_{10} 模型来表征。其中 Q_{10} 是 T_S 每升高 10℃ F_a 所乘的倍数（Wang et al.，2010）：

$$F_a = F_{a20} \cdot Q_{10}^{(T_S-20)/10}$$

这里 F_{a20} 是 F_a 在 T_S=20℃的参考值。

如前所述，所有土壤样本不含根系，因此根呼吸可以忽略，从而上面的土壤碳通量以微生物呼吸 R_m 为主，上述模型可以简化为（Yuste et al.，2007）：

$$F_\mathrm{a} = R_\mathrm{m} = R_\mathrm{m20} \cdot Q_{10}^{(T_\mathrm{S}-20)/10}$$

这里 R_m20 是 R_m 在 $T_\mathrm{S}=20℃$ 的参考值。

把碱土吸收过程 A_a 考虑进去，模型形式应为：

$$F_\mathrm{a} = R_\mathrm{m} + A_\mathrm{a}$$

式中，A_a 已经借助灭菌实验分离（即灭菌盐碱土的碳通量），故而系数 Q_{10}，R_m20 可用如下模型进行估算：

$$F_\mathrm{a} - A_\mathrm{a} = (R_\mathrm{m20}) \cdot Q_{10}^{(T_\mathrm{S}-20)/10}$$

将盐碱土碳通量里不能用上述模型解释的部分归结为 R_m 和 A_a 的交互作用 i_ma，同时考虑 A_a 和 i_ma，盐碱土碳通量应包括 3 个分支：

$$F_\mathrm{a} = R_\mathrm{m} + A_\mathrm{a} + i_\mathrm{ma'}$$

为了便于对盐碱土二氧化碳输入和输出部分进行重组，这里引入 i_ma 的两个子分支，i_+ 和 i_- 命名为输出交互作用和输入交互作用，分别定义如下：

$$i_+ = (i_\mathrm{ma} + |i_\mathrm{ma}|)/2 ， i_+ = (i_\mathrm{ma} - |i_\mathrm{ma}|)/2 ，$$

很显然，i_+，i_- 的强度主要取决于 R_m，A_a 对 i_ma 的贡献，而 i_ma 分解为：

$$i_\mathrm{ma} = i_+ + i_-.$$

最后，盐碱土碳通量 F_a 被彻底重组为输入和输出部分，其中：

$$总输入 = A_\mathrm{a} + i_- ， 总输出 = i_+ + R_\mathrm{m}$$

5.1.1.2　时滞分析方法

考虑的盐碱土碳通量两个分支之间的时滞，定义为两个分支到达最大值的周期差，时滞分析的详细步骤如下。

（1）时滞初步分析。比较灭菌前后的碳通量，先假设不存在交互作用，将 F_a 拆分为两个部分 A_a 和 R_m，依次分析 F_a 和 A_a 之间的时滞，F_a 和 R_m 之间的时滞，以及 A_a 和 R_m 之间的时滞。如果时滞明显，则认为存在交互作用。

（2）交互时滞分析。利用上述公式计算交互作用 i_ma 以及它的两个子分支输出交互作用 i_+ 和输入交互作用 i_-，然后进行交互时滞分析。换言之，依次分析 i_ma 和 i_- 之间的时滞，i_ma 和 i_+ 之间的时滞，以及 i_- 和 i_+ 之间的时滞。

（3）平衡时滞分析。利用上述公式将盐碱土碳通量 F_a 重组为总输出通量和总输入通量，然后进行平衡时滞分析。换言之，依次分析 F_a 和总输出之间的时滞，F_a 和总输入之间的时滞，以及总输入和总输出之间的时滞。

（4）在利用以上三步骤完成对每个生态系统盐碱土碳通量结构和时滞分析之后，对 3 种生态系统取平均，分析平均时滞，同时结合生态系统对照进一步评估。

为保证任意两个碳通量分支之间的可比性，在进行时滞分析之前，将每个碳通量分支Y，作标准归一化处理，即归一到[0，1]区间，归一化公式如下：

$$Y_{normalized} = \frac{Y - Y_{min}}{Y_{max} - Y_{min}}.$$

5.1.2 盐碱土碳通量的结构

5.1.2.1 碳通量的拆分

将F_a分解为生物过程（二氧化碳输出）与非生物过程（二氧化碳输入）两大分支（图5-1），并进行标准归一化处理，依次分析了盐碱土二氧化碳的总通量和输出通量间的时滞，总通量和输入通量间的时滞，以及输入通量和输出通量之间的时滞。并在此基础上同步骤完成了对盐生荒漠、废弃耕地和绿洲农田盐碱土碳通量各分支时滞的初步分析，然后对3种生态系统取平均，分析平均时滞。灭菌前后盐碱土碳通量的比较结果显示，在3种生态系统盐碱土碳通量的构成中，生物过程与非生物过程间的交互作用对土壤二氧化碳的输入和输出均有显著影响（图5-1）。时滞初步分析结果显示（图5-2），盐碱土二氧化碳总通量和输入通量间的时滞（lag）正好等于总通量与输出通量间的时滞（lag_1）以及输入通量和输出通量间的时滞（lag_2）之和，可以肯定，输入通量的存在延长了盐碱土二氧化碳的总通量到达峰值的周期（图5-2）。

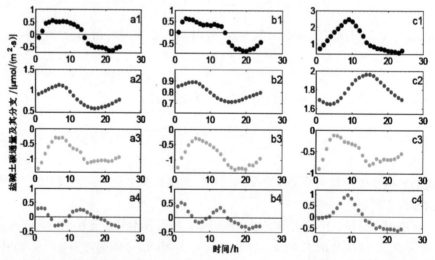

注：盐生荒漠（a1～a4）、废弃耕地（b1～b4）和绿洲农田（c1～c4）。为了便于对照，盐碱土碳通量及其分支分别用四种颜色加以区分：总通量F_a（黑色），微生物呼吸R_m（蓝色），盐碱土的非生物交换A_a（绿色），以及R_m与A_a之间的交互作用（红色）。

图5-1　3种生态系统盐碱土碳通量的分离

在假设不存在交互作用的前提下，因为输入通量和输出通量对温度的变化都较为敏感且变化趋势相反（温度升高时输出通量增加，输入通量减少），从而总通量和输出通量之间应该没有明显的时滞。然而，时滞初步分析结果显示，盐碱土二氧化碳总通量和输出通量间存在明显的时滞（lag_1=1 h）。时滞初步分析显示，生物过程（输出通量）与非生物过程（输入通量）间的交互作用不可忽略，可能解释了总通量和输出通量间存在的时滞 （图 5-2）。

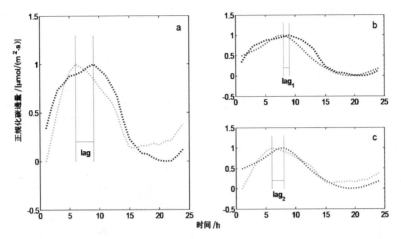

注：在 3 种生态系统碳通量各分支被平均并经过变换 $Y_n=（Y-Y_{\min}）/（Y_{\max}-Y_{\min}）$，归一化处理到[0，1]区间的基础上进行的时滞初步分析：总通量 F_a（黑色）、输出通量 R_m（蓝色）和输入通量 A_a（绿色）分别用不同颜色加以区分。

图 5-2　碳通量时滞初步分析

5.1.2.2　交互作用的进一步拆分

为了验证时滞初步分析的结果，即生物过程（输出通量）与非生物过程（输入通量）之间的交互作用可能解释了总通量与输出通量之间的时滞，将盐生荒漠、废弃耕地和绿洲农田盐碱土输入输出通量间的交互作用进一步分解为输出交互作用和输入交互作用两个子分支。然后，对这 3 种生态系统取平均，分析交互时滞。拆分结果显示，输出交互作用和输入交互作用在生物过程与非生物过程的交互作用中占据的比例相当（图 5-3）。

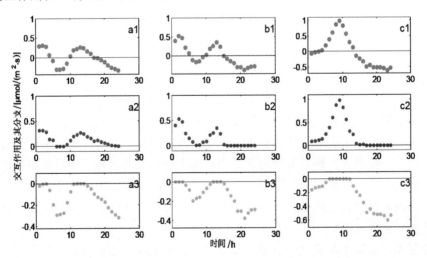

注：盐生荒漠（a1~a3），废弃耕地（b1~b3）及绿洲农田（c1~c3）。为了便于对照，交互作用及其分支分别用 3 种不同的颜色加以区分：交互作用 i_{ma}（红色），输出交互作用 i_+（蓝色）和输入交互作用 i_-（绿色）。

图 5-3　3 种生态系统交互作用的拆分

对交互作用及其分支进行标准归一化处理，然后分析交互作用和输出交互作用间的时滞，交互作用和输入交互作用间的时滞，以及输入交互作用和输出交互作用间的时滞。并在此基础上同步骤完成了对盐生荒漠、废弃耕地和绿洲农田盐碱土碳通量各分支的交互时滞分析，然后对 3 种生态系统取平均，分析平均交互时滞。结果显示，交互作用 i_{ma} 与输入交互作用 i_- 之间的时滞（lag）恰好等于输入交互作用 i_- 和输出交互作用 i_+ 之间的时滞（lag_2）与交互作用 i_{ma} 与输出交互作用 i_+（lag_1）之间的时滞之和。具体而言，交互作用 i_{ma} 与输入交互作用 i_- 间的时滞为 3 h。这就说明，输出通量 R_m 比输入通量 A_a 多耗费了 3 h 才脱离交互作用 i_{ma} 的干扰。因此总通量与输出通量间的时滞可能被生物过程（输出通量）与非生物过程（输入通量）之间的交互作用所解释（图 5-4）。

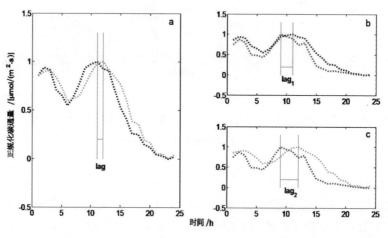

注：在 3 种生态系统交互作用各分支被平均并经过变换 $Y_n = (Y - Y_{min}) / (Y_{max} - Y_{min})$，归一化处理到[0，1]区间的基础上进行的交互时滞分析：交互作用 i_{ma}（黑色）、输出交互作用 i_+（蓝色）和输入交互作用 i_-（绿色）分别用不同颜色加以区分。

图 5-4　碳通量交互时滞分析

5.1.2.3　碳通量各分支间的关系

结合上述分析，我们初步认识了盐碱土碳通量各分支之间的关系：由于非生物过程（输入通量）的存在，盐碱土二氧化碳总通量到达最大值的周期被延长；输入通量和输出通量之间存在显著的交互作用，并很可能解释总通量与输出通量之间的时滞。为了彻底证实这一解释，我们对盐碱土碳通量的各分支进行了重组（图 5-5）。对总通量及重组后的两个分支进行标准归一化处理，然后分析总通量和总输出通量间的时滞，总通量和总输入通量间的时滞，以及总输入通量和总输出通量间的时滞。在此基础上同步骤完成对盐生荒漠、废弃耕地和绿洲农田盐碱土碳通量各分支的平衡时滞分析，然后对 3 种生态系统取平均，分析平均平衡时滞（图 5-6）。

结果显示，盐碱土二氧化碳总通量与总输出通量之间不存在时滞。换言之，碳通量进行重组之后，总通量与输出通量之间的时滞消失。这就说明将输出交互作用考虑到输出通量部分是合理的，而盐碱土二氧化碳总通量与输出通量之间的时滞实际上并不存在，总通量和输出通量同步到达峰值和谷值（图 5-5）。此前之所以检测到一个意外的时滞，正是因为没有将输入交互作用作为输出通量加以考虑。

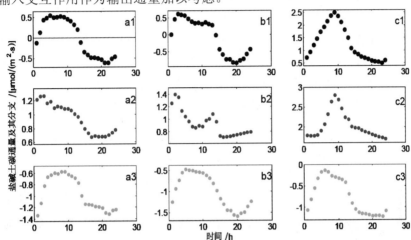

注：盐生荒漠（a1～a3），废弃耕地（b1～b3）及绿洲农田（c1～c3）。为了便于对照，总通量及其分支分别用 3 种不同的颜色加以区分：总通量 F_a（黑色），总输出通量（蓝色）和总输入通量（绿色）。

图 5-5　3 种生态系统盐碱土碳通量的重组

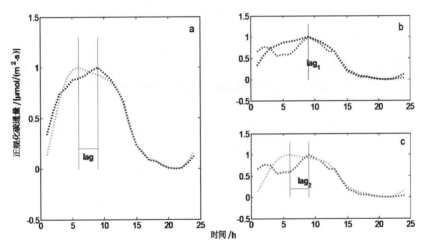

注：在 3 种生态系统盐碱土碳通量重组、平均并经过变换 $Y_n=(Y-Y_{min})/(Y_{max}-Y_{min})$，归一化处理到[0，1]区间的基础上进行平衡时滞分析。总通量 F_a（黑色）、总输出通量（蓝色）和总输入通量（绿色）分别用不同颜色加以区分。

图 5-6　碳通量平衡时滞分析

　　碳通量各分支的拆分及其中任意两个不同分支之间时滞的分析，对正确评估碳通量输入和输出之间的关系，进而结合环境参数对输入输出通量进行分离，有着直接的参考价值和指导意义（Kuzyakov，2006）。而碳通量各分支到达其峰值的周期主要取决于气候因子（Serrano-Ortiz et al.，2010；Kuzyakov et al.，2010）。

　　从实际应用的需要出发，可能要进一步统一考虑盐碱土二氧化碳总通量各分支的环境因子。目前的研究认为，非生物过程的主导因子有土壤湿度 M_S、温度 T_S、pH，其中 pH 是最具有决定性的因子（Xie et al.，2009），而生物过程的主导因子是温度，其估算主要借

助于 Q_{10} 模型（Yuste et al.，2007）。如果要统一生物过程与非生物过程的因子，首先应该改进传统的模型，在新模型中同时考虑 M_S、T_S、pH 和 Q_{10}。

由于所进行的时滞分析都是在对 3 种生态系统盐碱土碳通量及其分支进行平均和归一化处理之后展开的，因此分析的结果，需要对单独的某个生态系统进行验证。在绿洲农田重复所有步骤，对盐碱土的碳通量进行了分离、重组，证实绿洲农田盐碱土二氧化碳总通量与总输出通量之间的时滞也不存在，总通量和总输出通量也能够同步到达峰值和谷值（图 5-7）。

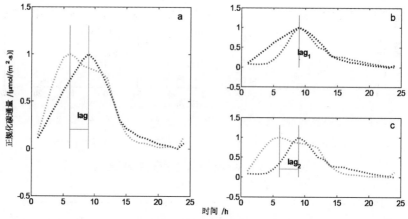

注：在绿洲农田盐碱土碳通量重组、平均并经过变换 $Y_n=（Y-Y_{min}）/（Y_{max}-Y_{min}）$，归一化处理到[0，1]区间的基础上进行平衡时滞分析。总通量 F_a（黑色）、总输出通量（蓝色）和总输入通量（绿色）分别用不同颜色加以区分。

图 5-7　绿洲农田盐碱土碳通量平衡时滞分析

综上所述，由于非生物过程的存在，增加了盐碱土碳通量结构的复杂性，其时间变化特征也势必受到显著的影响，因此需要改进土壤碳通量模型，以期适应盐碱土碳通量的特殊情况。我们认为应将盐碱土碳通量理解为两个部分，输出通量（以生物过程的贡献为主）和输入通量（以非生物过程的贡献为主），并同时考虑 M_S、T_S、pH 和 Q_{10} 4 个变量和参数，构建适用于干旱区土壤碳通量估算模型。

5.2　无机吸收过程的模拟

全球大气 CO_2 源汇的确定及其强度的估算主要基于海洋、陆地生态系统 CO_2 的净平衡（NEE），而 NEE 的数据主要来源于通量网（FLUXNET）在不同生态系统的历史采集数据，这当然需要以长期连续的碳通量观测为前提（Baldocchiet al.，2001）。在大多数文献中，对于陆地生态系统 NEE 的解释，主要包括光合作用与生态系统呼吸两个生物过程，非生物交换过程也被长期忽视（Falge et al.，2002；Reichstein et al.，2005；Stoy et al.，2006；Valentini et al.，2000）. 然而，21 世纪以来，陆地生态系统碳循环的研究带来一些新的发现，一个全新的概念 "生态系统碳平衡（NECB）" 的出现，并正在逐步取代 NEE 的概念（Chapin et al.，2006）。越来越多的证据显示，陆地生态系统的碳循环中存在一些无法用生物过程解释的土壤碳通量（Hastings et al.，2005；Jasoni et al.，2005；Mielnick et al.，

2005；Wohlfahrt et al.，2008），而恰恰长期被生态学家忽视，这甚至可能是全球"碳失汇"的谜底所在（Stone，2008）。在部分文献中，生态学家甚至已经开始尝试用非生物交换过程，来解释这些无法用生物过程解释的土壤碳通量（Emmerich，2003；Kowalski et al.，2008；Mielnick et al.，2005）。由此可见，非生物交换过程在陆地生态系统碳循环，尤其是土壤碳循环中可能占据着重要地位。尽管这些非生物过程是否对陆地生态系统碳汇强度产生潜在的影响仍然有待进一步探讨（Schlesinger et al.，2009），已经有充分的证据显示，非生物过程可以暂时主导 NECB（Inglima et al.，2009；Serrano-Ortiz et al.，2010）。从而，在未来生态系统碳平衡的估算中，必须考虑非生物过程，其对 NECB 的贡献也要重新评估（Kowalski et al.，2008；Sanchez-Cañete et al.，2011）。

特别是，中国科学家在绿洲-荒漠交错带对土壤碳通量的观测结果发现，盐碱土具有吸收二氧化碳的功能（谢静霞等，2008）。这可能蕴含着一个新的碳循环过程，而这一过程可能解释长期困扰科学界的碳失汇之谜（Stone 2008；Xie et al.，2009）。盐碱土的灭菌处理实验证实，这种吸收现象应当归功于一个非生物碳过程（Xie et al.，2009）。为了便于描述并与土壤碳通量中生物过程加以区分，将其定义为盐碱土与大气之间 CO_2 的非生物交换过程，简写为 SACE（soil abiotic CO_2 exchange）。

考虑其对陆地生态系统碳循环可能存在重大的影响，量化评估 SACE 的碳源汇特征及其强度具有重大科学意义，这就需要展开更为深入的研究（Stone，2008）。就目前已有的文献报道看，在生长季节 SACE 尤其是夏季夜间，SACE 主要表现为碳汇，因为其碳通量为负值。但是负通量是否代表 SACE 的稳定特征，换言之，盐碱土对大气二氧化碳是否具备长期、持续吸收功能，尚需回答。室内控制实验的结果显示，SACE 的主导因子为土壤湿度 M_S、土壤温度 T_S 和土壤 pH，其中 pH 是最具有决定性的因子，而 SACE 在日尺度上的变化特征可以用这 3 个因子的线性函数描述（Xie et al.，2009）。SACE 在小时尺度的变化特征及其在野外自然条件下可能的附加影响因子，尚未予以探讨。

由此可见，尽管量化评估 SACE 的碳源汇特征及其强度对陆地生态系统碳循环存在的可能影响均具有重大科学意义，但是更为深入地探究必须以对 SACE 变化特征的进一步理解为前提。这主要包括两个方面：①在野外自然条件下，T_S、θ_S 和 pH 是否仍然是 SACE 的主导因子？注意到在野外自然条件下 T_S 和 θ_S 很容易受到其他气象因子尤其是太阳辐射 Rad 的影响，从而这些气象因子的同步变化可能造成与主导因子 T_S 和 θ_S 的突变（尤其是在天气不晴朗的状况下）。现有文献（Xie et al.，2009）仅仅考察了 SACE 在理想状况下（天气晴朗）的变化特征。什么样的模型和函数适用于描述 SACE 的变化规律，甚至于是否需要引入其他的环境变量都需要进一步探讨；②SACE 在小时尺度的变化特征是否与日尺度的变化特征一致，换言之，在小时尺度能否捕捉到更多的细节信息？值得注意的是，日尺度下 SACE 的变化仅仅能够代表 SACE 的一个平均强度，显然无法捕捉到其变化的所有细节。

为了进一步确定 SACE 的主导环境因子，正确理解其在自然条件下对与之同步变化的气象因素的响应，很有必要探讨 SACE 在小时尺度、在一般天气状况（不去有意地限制观测时间）的细节变化。在描述 SACE 在小时尺度上的变化细节，进而帮助读者更好地理解盐碱土与大气间的 CO_2 非生物交换特征。与前人研究的不同之处在于，SACE 的观测时间没有刻意地去限制（包括晴天、多云情形，降水后继续观测）。筛选出野外自然条件下，在小时尺度 SACE 的主导环境因子，并构建适用的模型对 SACE 变化特征进行更为完整的描述。

5.2.1　无机吸收过程的模拟

5.2.1.1　建模过程

近年来，多元统计技术如人工神经网络（ANN）、偏最小二乘回归（PLSR），逐步回归（SWR）和主成分分析法（PCA），已经在生态学研究领域得到广泛应用（Farifteh et al.，2007；Guisan et al.，2002；Legendre and Legendre，1998；Townsend et al.，1997）。在这些方法中，PLSR 已被广泛用作生态数据的分析和校准工具，在筛选最优输入变量和构建线性模型方面拥有独特的优势（Wold et al.，2001）。ANN 和 SWR 则侧重于确定所考虑的生态学数据是否对特定的环境变量具有敏感性。其中，ANN 可以用于模拟任何线性或非线性输入变量和输出变量之间的关系（Huang and Foo，2002；Maier and Dandy，2001；Yang et al.，2003），但是其模型的函数形式未知。

谢静霞的研究证实了在 T_S、θ_S 和 pH 是 SACE 在特定情形下（室内控制实验）的主导因子（Xie et al.，2009），本节在此基础上综合运用 ANN、SWR、PLSR 3 种多元统计方法，确定在野外自然条件下 SACE 的主导因子并用于构建模型。先不管函数的形式，借助 ANN 判断了 T_S、θ_S 和 pH 是否可以解释 SACE 数据及其变化的全部信息。之后，采用 SWR 确定 SACE 变化对各种气象因子的敏感性，按照因子贡献率排序筛选，阈值设定为 0.1（换言之，贡献率小于 10%的因子被剔除）。最终，Rad 作为敏感因子入选，其贡献率甚至超过已知的因子 T_S、θ_S 和 pH。

随后，以筛选出的 4 个环境因子（Rad、T_S、θ_S 和 pH）为输入变量建立 SACE 模型。比较 ANN 和 PLSR 的模拟效果，分别代表用线性模型和非线性模型拟合所能达到的最高精度。其中，PLSR 的模拟结果显示，SACE 在小时尺度的变化特征可以用 Rad、T_S、θ_S 和 pH 的线性函数描述：

$$SACE = \lambda_0 Rad + \lambda_1 pH + \lambda_2 \theta_S + \lambda_3 T_S + \lambda_4$$

这里 λ_0，λ_1，λ_2，λ_3 和 λ_4 是 PLSR 算法里得到的回归系数。

注意到夜间 Rad $=0$，T_S，θ_S 和 pH 能够解释 SACE 的主要变化信息（Xie et al.，2009）。因此，定义了模型的线性主部，如下：

$$F_{c0} = \lambda_1 pH + \lambda_2 \theta_S + \lambda_3 T_S + \lambda_4$$

这里 F_{c0} 被称为 SACE 的线性主部（很显然，也是 Rad=0 时 SACE 的参考值），系数 λ_1、λ_2、λ、λ_4 表示主导因子 T_S、θ_S 和 pH 对 SACE 夜间数据及其变化的贡献率。

线性主部的定义有助于理解 Rad 的贡献。在 Rad=0 时，T_S、θ_S 和 pH 能够解释 SACE 的所有变化信息。在 Rad>0 时，T_S、θ_S 和 pH 仍然能够解释 SACE 的主要变化信息，但是与其同步变化的环境因子使其对 SACE 的解释有很大一部分出现偏差，因此，需要用 Rad 进行修正。换言之，Rad 扮演了修正因子的角色。

确定 Rad 的角色之后，采用 SACE 的两个最简单的经验模型，即加法模型和乘法模型。加法模型实际上就是 PLSR 线性模型，其简化表述如下。

$$SACE = \lambda_0 Rad + F_{c0}$$

加法模型虽然简单，但是缺乏生态学意义。我们由全球通用的土壤碳通量 Q_{10} 模型得到启发，建立了乘法模型。注意在 Q_{10} 模型里，关键参数 Q_{10} 表示温度每升高 10℃土壤碳通量所乘的倍数，这里 10℃是基于温度变化的范围而设定的（Wang et al.，2010）。效仿这个思路建立如下的乘法模型。

$$SACE = Q_{100}^{Rad/100} \cdot F_{c0}$$

这里模型的关键参数 Q_{100} 是 Rad 每增加 100 kJ/m^2 时 SACE 所乘的系数，而 100 kJ/m^2 是基于 Rad 变化的范围而设定的。

模型参数化后[加法模型：SACE=−0.121Rad+0.001θ_S+63.111T_S−0.022pH−0.615；乘法模型：SACE=0.869$^{Rad/100}$（−0.803pH+86.530θ_S−0.027T_S−0.257）]的拟合精度，主要借助模拟值和实测值之间的决定系数（R^2）和均方误差（RMSE）评价。为了捕捉到 SACE 的所有细节，模拟数据和实测数据均被分割为两个子数据集（白天数据和夜间数据），以期分别突出主导因子和修正因子的贡献。而在进一步客观地评价加法模型和乘法模型对不同碱性程度的土壤的 SACE 模拟精度时，我们将模拟数据和实测数据分割为 3 个子数据集（盐生荒漠、废弃耕地和绿洲农田）。

5.1.1.2　SACE 模拟效果

（1）模型修正前后对照。尽管在室内实验或典型晴天连续观测中，SACE 的变化主要受 T_S、θ_S 和 pH 的控制（Xie et al.，2009），我们发现在野外自然条件下和一般天气状况下需要引入修正因子 Rad，即使不考虑模型的函数形式，在小时尺度下，不分割数据集进行模拟，并将白天和夜间的拟合精度进行对照。结果显示，代表 T_S、θ_S 和 pH 的最优 ANN，仅能解释 SACE 白天变化信息的 53%和夜间变化信息的 44%（白天：R^2=0.53，RMSE=0.21；夜间：R^2=0.44，RMSE=0.21），没有引入修正因子的模型在野外自然条件下显然是不可靠的。从碳通量模拟值和实测值之间的线性分析也不难看出，修正之前的模型存在明显的偏差（图 5-8）。将所有气象因子作为修正因子引入之后，最优 ANN 可解释 SACE 白天变化信息的 88%和夜间变化信息的 89%（白天：R^2=0.88，RMSE=0.11；夜间：R^2=0.89，RMSE=0.07），显著优于没有引入修正因子时的拟合效果（图 5-9）。其中，Rad 的贡献率甚至超过主导因子，最终被筛选为模型的修正因子。

（2）线性模型和非线性模型。PLSR 分析结果显示，线性可以解释 SACE 白天数据及其变化的 85%（R^2=0.85，RMSE=0.12）。对夜间数据，线性模型的解释效果也很好（R^2=0.88，RMSE=0.07）。因此，用 Rad、T_S、θ_S 和 pH 的线性模型预测 SACE 的变化是可靠的（图 5-10）。

代表 Rad、T_S、θ_S 和 pH 的最优 ANN，甚至可以达到更高的精度，几乎能够解释白天数据及其变化所包含的全部信息（R^2= 0.98，RMSE=0.02）以及夜间数据及其变化所包含的全部信息（R^2=0.98，RMSE=0.04），但是模型的函数形式未知（图 5-11）。因此，我们选择采用 PLSR 线性模型。

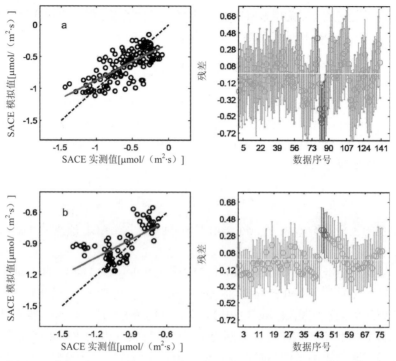

注：代表土壤温度（TS），湿度（θS）和 pH 的最优人工神经网络的拟合效果。模拟值和实测值的对照拆分为两个子数据集进行（白天-a；夜间-b）。

图 5-8　基于神经网络的拟合效果

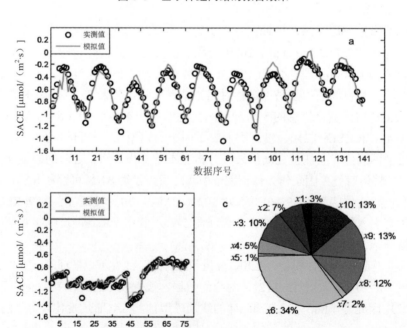

注：x1—气温，x2—空气相对湿度，x3—水汽压差，x4—风速，x5—风向，x6—太阳辐射，x7—雪深，x8—土壤湿度，x9—温度，x10—pH。模拟值和实测值的对照拆分为两个子数据集进行（白天-a；夜间-b）。各因子贡献率通过 SWR 确定（c）。

图 5-9　环境因子与 SACE 的逐步回归

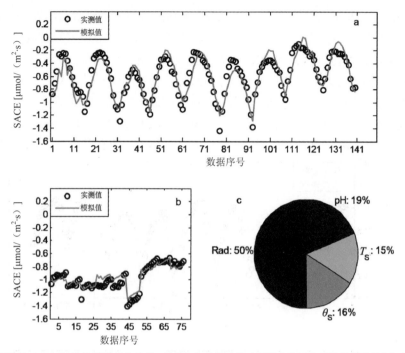

注：考虑修正因子 Rad，PLSR 线性模型拟合效果。模拟值和实测值的对照拆分为两个子数据集进行（白天-a；夜间-b）。各因子贡献率通过 PLSR 确定（c）。

图 5-10　基于线性模型的拟合效果

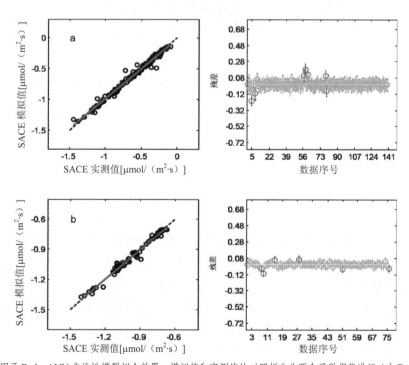

注：考虑修正因子 Rad，ANN 非线性模型拟合效果。模拟值和实测值的对照拆分为两个子数据集进行（白天-a；夜间-b）。

图 5-11　基于非线性模型的拟合效果

（3）加法模型与乘法模型。由 SACE 乘法模型的模拟值和实测值的两个子数据集（图 5-12）及其与加法模型拟合精度（图 5-10）的对照结果，可知加法模型与乘法模型的模拟精度相当。乘法模型可以解释 SACE 白天数据及其变化所包含的 85%的信息（R^2=0.85，RMSE=0.12），同时可以解释夜间数据及其变化信息的 88%（R^2=0.88，RMSE=0.07）。从不同样地的模拟精度看，乘法模型也可以描述 SACE 变化的空间异质性（图 5-13），可以解释盐生荒漠 SACE 变化信息的 88%（R^2=0.89，RMSE=0.11），废弃耕地 SACE 变化信息的 92%（R^2=0.92，RMSE=0.10）和绿洲农田 SACE 变化信息的 91%（R^2=0.91，RMSE= 0.08）。

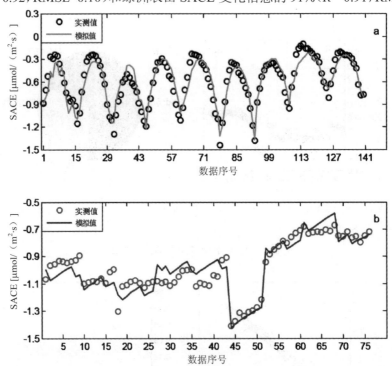

注：考虑修正因子的乘法模型拟合效果。其中模拟值和实测值的对照拆分为两个子数据集进行（白天-a；夜间-b）。

图 5-12　基于乘法模型的拟合效果

利用乘法模型估算主导因子对模型的线性主部的贡献率，结果显示土壤碱性仍然是起决定性作用的主导因子，蕴含着可能的机理（Stone，2008；Xie et al.，2009），其中 T_S、θ_S 和 pH 在线性主部 F_{c0} 里所解释的比例依次为 33%、29%和 38%（图 5-14）。

土壤和大气之间 CO_2 的交换取决于许多复杂的非线性相互作用和复杂的生理、生化、化学、生态和气象变量（Jarvis，1995；Schimel et al.，1994；Fang et al.，2001）。尽管世界各地对土壤碳通量的估算主要考虑其对温度的敏感性，但是土壤碳通量实证模型的研究进展建议考虑其他驱动因子。虽然暂时还没有人提出新的全球变量，全球通用的 Q_{10} 模型已经被证实在干旱区的陆地生态系统不再适用（Kowalski et al.，2008）。Reth 等（2005）在土壤碳通量的估算中考虑了土壤化学的影响（包括土壤 pH），结果显示，土壤碳通量的空间差异与土壤 pH 显著相关。研究发现土壤 pH 是一个对 SACE 起决定性作用的因子。因此建议将土壤 pH 作为新的全球变量引入 Q_{10} 模型，使其适用于干旱区，因为干旱区土

壤与大气间的 CO_2 非生物交换可能与其地下无机碳库的累积、消耗有关，从土壤化学的机理看，pH 将起着决定性作用（Stone，2008）。

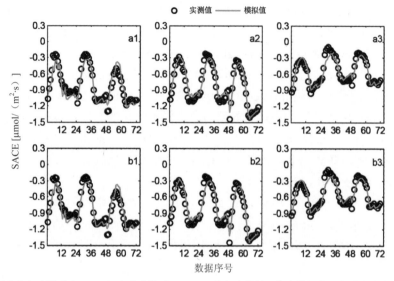

注：考虑修正因子的加法模型（a1～a3）和乘法模型（b1-b3）的拟合效果。其中模拟值和实测值的对照拆分为三个子数据集进行（盐生荒漠-a1，b1；废弃耕地-a2，b2；绿洲农田-a3，b3）。

图 5-13　加法模型和乘法模型拟合效果对照

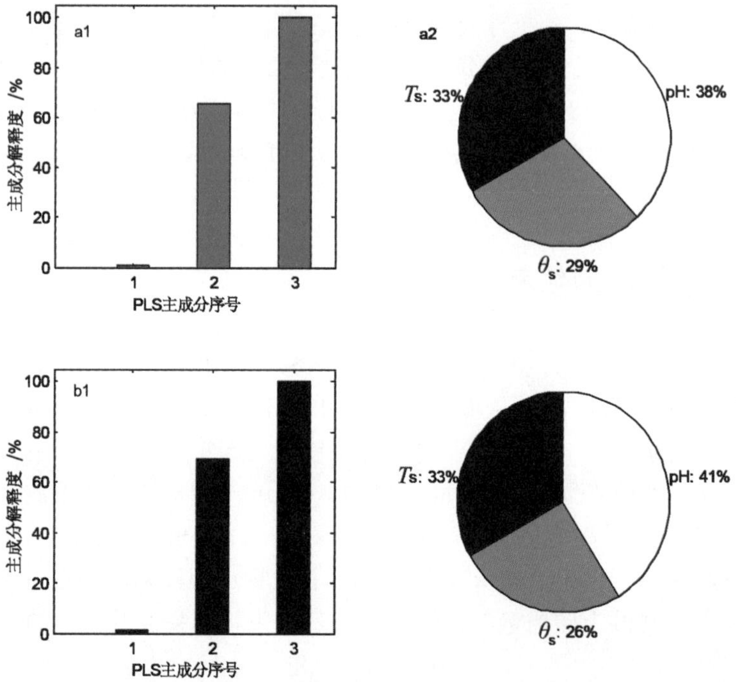

注：主导因子 T_S，θ_S 和 pH 对模型的线性主部 $F_{c0}=\lambda_1 T_S+\lambda_2\theta_S+\lambda_3 pH+\lambda_4$ 的贡献。模拟值和实测值的对照拆分为两个子数据集进行（白天-a1，a2；夜间-b1，b2）。各因子贡献率通过 PLSR 确定（c）。

图 5-14　基于线性主部的主导因子贡献率

Rad 作为 SACE 修正因子的解释也颇有必要。在量化生物因子和非生物因子对生态学数据及其变化的重要性时，对于生态学数据在空间和时间尺度上随环境因子变化的模式，也需要综合考虑（Butler and Chesson，1990；Dutilleul，1993；Legendre and Fortin，1989；Underwood et al.，1996）。这就可能存在一部分数据信息，无法被主导环境因子所解释（Anderson and Gribble 1998；Borcard et al.，1992；Borcard and Legendre，1994，2002；Legendre and Borcard，1994；Økland and Eilertsen 1994）。已经有大量文献证实，碳通量的变化趋势与 Rad 有较好的相关性（Billings et al.，1998；Davidson et al.，2000；Holt，1990），因此，Rad 可以作为修正因子并用于描述需要用与温度同步变化的其他环境因子解释的碳通量信息（Davidson & Janssens 2006）。在大尺度上，Rad 可以用于描述气候差异或者气候随季节的变化，而这对于解释盐碱土与大气间的 CO_2 非生物交换也具有重大科学意义（Ball et al.，2009；Serrano-Ortiz et al.，2010）。

SACE 是一种未知的土壤化学过程，还是与土壤碳酸盐在地下水的溶解相关联（Gombert 2002；Scanlon et al.，2006）？干旱区盐碱土与大气间的 CO_2 非生物交换过程能否导致一个重要的碳汇？都还需要进一步的探索。目前已有文献报道称，SACE 与盐碱土对大气 CO_2 的溶解和释放紧密相关，最终将达到一个平衡点，而基本上保持源汇平衡状态，但是其研究仅局限于单一、孤立、质地均匀的土层，对于真实结构的盐碱土（多层、不孤立，且每层质地也不均匀）并不一定适用（Ma et al.，2013）。此外，真实的盐碱土与大气间的 CO_2 非生物交换过程的驱动机制及其影响可能达到很深的土层，甚至与地下水发生关联。因为对野外的盐碱土进行原位灭菌需要大量人力投入，并能够长期保持在无菌环境下观测，所以借助灭菌方法，在全球尺度上确定盐碱土的碳源汇特征几乎是不可行的。借助数学的方法，在函数形式上近似地分离盐碱土碳通量中的生物交换部分（真实土壤呼吸），进而初步评估非生物交换及其影响，是目前技术条件下对全球尺度上唯一可行的方法。我们只需在区域尺度上原位观测，建立模型并尽可能减少参数的不确定性，然后推广应用到其他干旱区。

5.3 无机吸收规模的估算

土壤碳通量在陆地生态系统碳循环中扮演着极其重要的角色，全球土壤碳通量占生态系统呼吸碳排放总量的 60%～90%（Schimel et al.，2001）。由于土壤孔隙结构及其质地的复杂性，土壤碳通量（也称为表观土壤呼吸）与真实土壤呼吸（主要指根和微生物呼吸）之间存在一个时滞（Fang et al.，1999）。除非土壤碳通量的观测连续进行，且观测周期长达一年以上，这样的时滞将不容忽视（Raich and Schlesinger，1992）。通过第一节的论述，已经介绍了由于盐碱土与大气 CO_2 非生物交换过程的存在，这一时滞将被进一步延长。因此，盐碱土碳通量的估算，尤其是非生物交换及其影响的分离，也将面临更大的不确定性。

即使排除非生物过程及其影响，土壤碳通量的估算的不确定性至今也未完全被克服，在深层土壤发生的有机碳周转及其对土壤碳通量的影响难以精确估算（Högberg et al.，2001；Nguyen，2003；Giardina et al.，2004）。全球尺度上，对土壤碳通量的估算一般借助其对温度的敏感性（IPCC，2007），用 Q_{10} 模型进行估算。但是，很少有文献研究其关键参数 Q_{10} 由哪些环境变量决定（Wang et al.，2010）。更糟糕的是，与温度同步变化的环境变量对土壤碳通量的变化存在潜在的影响，甚至可能掩盖温度敏感性，进一步增加用 Q_{10} 模型估算土壤碳通量的不确定性（Davidson and Janssens，2006）。

此外，生物过程和非生物过程之间也存在极大的关联。土壤碳通量与真实土壤呼吸间的时滞长期累积和叠加，将可能导致有很大一部分真实土壤呼吸排放的 CO_2 需要通过物理扩散等非生物过程扩散到大气中（方精云等，2007）。而事实上，在 21 世纪初，干旱区土壤碳通量的观测发现了一系列无法用真实土壤呼吸解释的碳通量（Hastings et al.，2005；Jasoni et al.，2005；Mielnick et al.，2005；Wohlfahrt et al.，2008）。部分生态学家已经在尝试用非生物交换过程去解释它（Emmerich，2003；Mielnick et al.，2005；Kowalski et al.，2008）。尽管土壤与大气间的 CO_2 非生物交换过程碳源汇特征及其强度还存在很大的不确定性（Schlesinger et al.，2009），但其在特定条件下能够主导生态系统碳平衡（Inglima et al.，2009；Serrano-Ortiz et al.，2010），降低了 Q_{10} 模型估算干旱区土壤碳通量的可靠性（Kowalski et al.，2008；Sanchez-Cañeteet al.，2011）。同时，有证据显示 Q_{10} 可随着温度、季节、物候等环境因子的不同而变化（Davidson and Janssem，2006）。尤其是干旱区盐碱土碳通量的组成结构比较特殊，需要引入新的全球变量，在 Q_{10} 模型基础上添加一个函数项，以描述非生物交换及其影响（Chen et al.，2012）。

这就需要首先确定引入哪些新的全球变量。盐碱土对 CO_2 的吸收强度主要取决于盐碱土的 pH 值，同时，随其温度、湿度的变化而变化（Xie et al.，2009）。地表气温也很重要，非生物交换的一部分可以用土壤与大气温差驱动的地下流通来解释（Serrano-Ortiz et al.，2010）。在这些主导因子中，土壤温度和地表气温已经是描述真实土壤呼吸的全球变量，我们只需比较两者对盐碱土碳通量的解释能力，并选择或构造更优的温度指标，作为生物交换和非生物交换共用的温度全球变量。在海洋碳循环中，pH 起着决定性的作用并且是主要的全球变量（Caldeira et al.，2003）。那么在陆地生态系统碳循环尤其是干旱区盐碱土碳通量的估算中，可能也有必要引入土壤 pH 作为描述非生物交换过程及其影响的全球变量。室内控制实验证实土壤湿度的变化及其导致的溶解与释放是非生物交换的重要驱动机制（Maet al.，2013）。因此，温度、湿度和 pH 都有可能成为解释非生物交换的全球变量。

在构建干旱区盐碱土碳通量的模型，试图借助数学方法，在函数形式上近似地分离盐碱土碳通量中的生物交换部分（真实土壤呼吸），进而初步评估非生物交换及其影响。为了在全球尺度上得到推广应用，以重新评估盐碱土的碳源汇特征及其强度，在区域尺度上对盐碱土碳通量进行原位观测、建立模型，并在其参数化过程中尽可能减少参数的不确定性，以增加与其他干旱区的可比性。

5.3.1　无机吸收规模的估算

5.3.1.1　盐碱土碳通量测定

对盐碱土碳通量的野外观测在玛纳斯河流域展开。该流域位于准噶尔盆地南缘，发源于天山北坡，位于 $43°20'\sim45°55'N$，$85°00'\sim87°00'E$，全长约 400 km，流域面积

5 156 km^2，地处亚欧内陆腹地，气候干燥多风，荒漠与绿洲交错，盐碱土分布广泛，地表聚盐过程强烈（Chen et al.，2005；Xu et al.，2007）。为减少不确定性，仅选择没有植被覆盖的样地进行观测。为覆盖尽可能大的土壤碱性范围，先从流域的上游到下游，采用等距离法密集选点，选出可以构成土壤 pH 值梯度的样点，在这些样点中再选择样地进行观测。最后选择的样地覆盖了该流域不同地貌下的盐碱土（干三角洲、冲洪积平原、冲洪积扇扇缘），每种地貌各取 1～3 个样地，每个样地 6 个重复（如表 5-1 所示）。选点过程中发现，大部分样点盐碱土 pH 介于 8.5～9.7 之间，碱性比海水（pH ≈ 8.1）更强，是潜在的碳汇功能区。鉴于因土壤结构的破坏对碳通量的扰动需要经过一年左右才能达到平衡（Grisi et al.，1998；Lomander et al.，1998；Winkler et al.，1996），为了反映盐碱土碳通量的真实情况，实验以原位土碳通量的观测为主，尽可能减少对盐碱土的扰动，所采用的设备为 LI-8100 土壤碳通量自动观测仪（LI-COR，Lincoln，Nebraska，USA）。昼夜观测，同步测定近地表 10 cm 气温 T_{as}、土壤在 0～10 cm 深处的温度 T_s 及体积含水量 θ_s，每两次观测的间隔时长为 1′30″。

除了实验观测数据，我们也在文献中收集了另一流域（三工河流域）的盐碱土碳通量观测数据（Li et al.，2011；Liu et al.，2011，2012；Ma et al.，2012），作为模型的验证数据。谢静霞等（2009）的室内控制实验数据则是对模型的补充验证。

表 5-1　不同地貌盐碱土碳通量观测点具体方位及其土壤 pH 的范围

地貌	样地号	地理位置	统计值	pH 值
冲洪积扇扇缘	142 团	44°28′57.9″N 85°23′23″E	最大值	9.13
			最小值	7.99
			均值	8.87
冲洪积平原	134 团	44°39′24″N 85°25′34″E	最大值	8.16
			最小值	7.70
			均值	7.87
	121 团	44°43′39″N 85°22′45″E	最大值	8.84
			最小值	8.29
			均值	8.74
	147 团	44°23′25″N 86°03′29″E	最大值	9.08
			最小值	8.28
			均值	8.74
干三角洲	136 团	44°09′11.3″N 85°07′08.2″E	最大值	8.99
			最小值	8.20
			均值	8.72
	148 团	44°48′02″N 86°20′19.6″E	最大值	9.00
			最小值	8.34
			均值	8.73

5.3.1.2　建模思路

干旱区盐碱土碳通量的主要特征是负通量现象的存在，说明了非生物交换及其影响在特定情形下可能占据主导地位。建模的最终目的是，在函数形式上将盐碱土的碳通量近似地分离为生物交换部分（真实土壤呼吸）与非生物交换及其影响之和。因此，需要分别考虑这两部分的建模。生物交换部分就是传统意义上的土壤呼吸，主要包括根系呼吸和微生物呼吸，目前在全球通用的模型为 Q_{10} 模型（Wang et al.，2010），即

$$F_a = R_{10} \times Q_{10}^{(T-10)/10}.$$

Lloyd 和 Taylor（1994）曾系统化地推导此模型。其中，温度控制指标 T 是土壤温度或其周围的气温。采用传统的 Q_{10} 模型来描述盐碱土碳通量中的生物交换部分，并在土壤温度和地表气温之间，选择对盐碱土碳通量解释能力更强的温度指标，作为 F_a 的输入变量。

需要指出的是，目前暂时没有任何实验方法可以严格地将真实土壤呼吸分离。在这里提供一种函数形式上的分离方法，进而初步估算非生物交换及其影响在盐碱土碳通量中所占的比例。如前所述，希望将建立的模型应用到全球尺度上，初步确定盐碱土的碳源汇特征及其强度。因此，采用参数 Q_{10} 的全球收敛值，即 $Q_{10}=1.5$（Mahecha et al.，2010），以减少分离的不确定性，并增加研究区与其他干旱区的可比性。简言之，在函数形式上，将盐碱土碳通量中能够被 Q_{10} 模型解释的部分归功于以真实土壤呼吸，而将无法被 Q_{10} 模型解释的部分归功于非生物交换及其影响。

虽然谢静霞等（2009）采用 T_s、θ_s 及 pH 作为主要指标，用线性模型描述了室内实验中灭菌盐碱土的碳通量（排除了所有生物过程，以输入通量为主）。然而灭菌方法需要破坏土壤结构，而且只能局限于单一土层的模拟，无法在大尺度上得到推广应用。同时通过上一节的论述，我们也发现在野外自然条件下，灭菌盐碱土的碳通量无法被线性模型解释，甚至需要引入除 T_s、θ_s 及 pH 之外的修正因子。这里考虑的输入通量是以函数形式近似分离的 F_x，即碳通量中无法被 Q_{10} 模型解释的部分，可近似地看做是非生物交换与交互作用的叠加（Chen et al.，2012），也就是非生物交换贡献的碳通量。与生物交换（主因子 T）的 Q_{10} 模型在函数形式上保持一致，我们对非生物交换（主因子 pH）线性模型作了进一步的修订：

$$F_x = \lambda T + \mu\theta_S + r_7 f(\text{pH}) + e , \quad f(\text{pH}) = q_7^{\text{pH-7}}$$

这里 F_x 是非生物交换贡献的碳通量；$f(\text{pH})$ 为土壤 pH 值的修订函数；r_7 为 pH=7 时该函数的参考值；q_7 为 pH 每增加一个单位 $f(\text{pH})$ 所乘的倍数；λ、μ、γ 和 e 为回归系数。

综上所述，我们建立了将盐碱土碳通量 F_c 进行初步分离的模型：

$$\begin{cases} F_c = F_a + F_x \\ F_a = R_{10} \cdot Q_{10}^{(T-10)/10} \\ F_x = \lambda T + \mu\theta_S + r_7 f(pH) + e \end{cases}$$

与前人研究不同的是，我们比较了 T_{as}、T_s 两个温度指标对盐碱土碳通量的解释能力并选择一个作为模型指标 T；同时，对 T、θ_s 在不同天气状况下解释碳通量的能力进行了比较，以便再次确认区域尺度上模拟盐碱土碳通量引入 θ_s 的必要性。

5.3.2 干旱区盐碱土碳通量模拟

5.3.2.1 温度敏感性

单因子线性分析结果显示，干旱区盐碱土碳通量对土壤温度敏感性的空间异质性较强，而不同月份温度敏感性的差异并不显著（图 5-15），因为的观测都集中在生长季。绿洲盐碱土和荒漠盐碱土的温度敏感性则有显著的差异。总体上看，绿洲盐碱土碳通量的温度敏感性更明显，这是由于绿洲区真实土壤呼吸占据主导地位，而荒漠区非生物交换的贡献占据主导地位，而非生物交换及其影响不能很好地被土壤温度的变化所解释，需要考虑引入其他变量。就同一个样地而言，温度敏感性随天气状况而变化。在天气晴朗的状况下，盐碱土碳通量对土壤温度有较好的敏感性，对地表气温的敏感性尤其明显；在非晴朗的天气状况下，盐碱土碳通量对地表气温的敏感性降低到晴天对土壤温度敏感性的水平，而湿度敏感性极为显著（图 5-16）。这是因为在非晴朗的天气状况下，土壤湿度明显增加，而其对碳通量的影响也变得明显。土壤温度和地表气温单因子分析结果显示，可以选择地表气温作为模型的温度指标。而温度敏感性的时空差异则揭示了引入 pH 和土壤湿度的重要性。

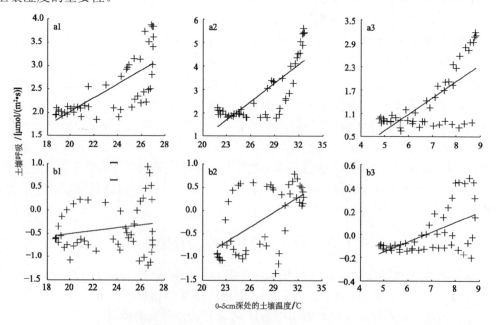

注：不同月份（5 月：a1，b1；8 月：a2，b2；10 月：a3，b3）中 绿洲（a1~a3）和荒漠（b1~b3）盐碱土碳通量与 0 ~10 cm 深处土壤温度的关系。

图 5-15 碳通量温度敏感性的季节差异

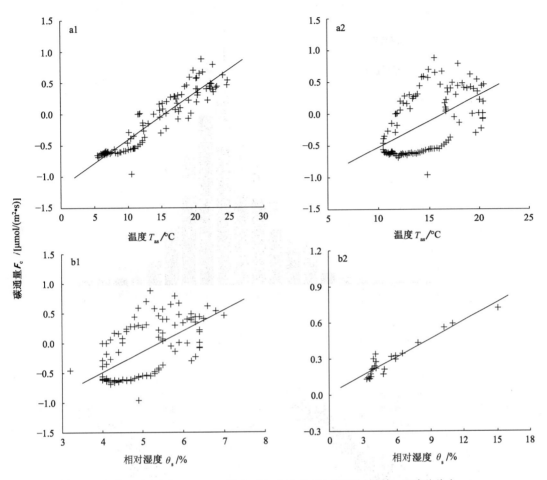

注：同一样地不同天气状况下（晴天：a1，a2；阴天：b1，b2）盐碱土碳通量与温度、湿度的关系。

图 5-16　碳通量与其主导因子的关系

5.3.2.2　神经网络分析

基于 BP 神经网络的分析结果显示，盐碱土碳通量数据及其变化的信息可以很好地用地表气温 T_{as} 与土壤湿度及 pH 解释。从概率收敛特征看，盐碱土碳通量的函数值在[-1，1]区间内呈对称分布，越接近零点，分布越稠密，表明观测到的盐碱土碳通量有相当一部分接近于 0（图 5-17）。这是因为，我们的观测样点主要布设在绿洲和荒漠的裸地，以非生物交换为主的输入通量和以生物交换为主的输出通量大致相当。从 BP 神经网络的模拟效果看，T_{as} 与土壤湿度及 pH 能够解释盐碱土碳通量数据及其变化所包含信息的 90%，其中神经网络训练精度超过 90%，验证数据集和测试数据集的模拟精度均高于 87%（图 5-18）。这就足以说明用地表气温作为温度控制指标，同时，引入土壤湿度和 pH 等新变量，必定可以建立一个描述干旱区盐碱土碳通量的可靠模型。然而，神经网络是一个黑箱子，最优函数的形式，可能是线性的，也可能是非线性的。需要用线性模型和本节所构建的非线性模型分别模拟，以最终判断建立的模型是否更优。

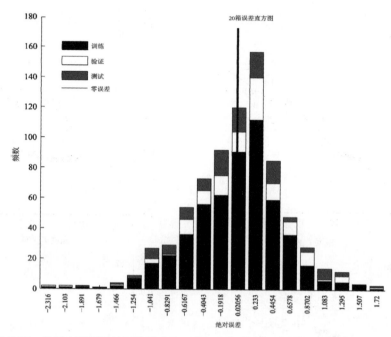

图 5-17　盐碱土碳通量的函数值分布及其概率收敛特征（基于 BP-神经网络）

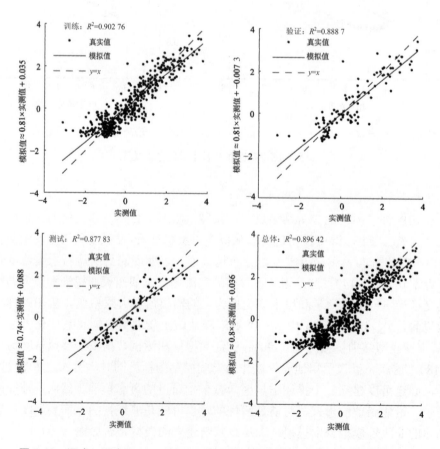

图 5-18　温度、湿度和 pH 对盐碱土碳通量的解释能力（基于 BP-神经网络）

5.3.2.3　模拟与验证

将线性模型与本节所构建的非线性模型在不同空间尺度上的模拟结果进行了对照。对照结果显示，线性模型在生态系统尺度上有一定的可靠性，但是无法推广到更大尺度，而非线性模型显然不局限于生态系统尺度（图 5-19）。因此，区域尺度上应考虑采用非线性模型。对单一的绿洲农田或者荒漠碱土而言，盐碱土碳通量均可以很好地用线性模型描述，但是在站点尺度上，将两种生态系统的盐碱土碳通量数据放到一起，线性模型就不能够很好地解释了，出现了明显的偏差。而我们所构建的非线性模型不仅对单一的绿洲农田或者荒漠碱土而言，可以很好地描述盐碱土碳通量，而且在站点尺度上，将两种生态系统的盐碱土碳通量数据放到一起，也能很好地解释，没有明显的偏差。我们将非线性模型应用到区域尺度上，进一步证实了所构建的模型的可靠性。

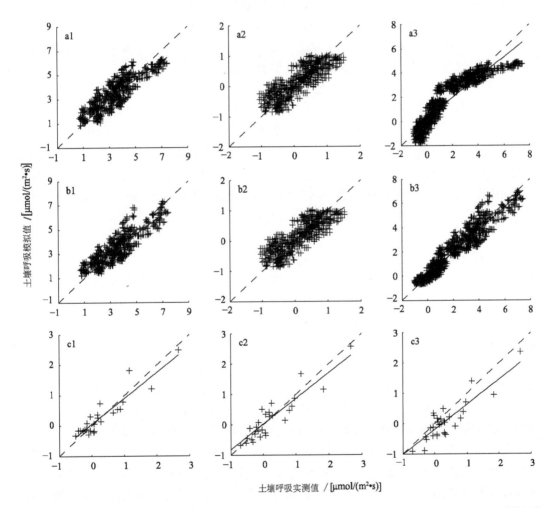

注：生态系统（绿洲：a1，b1；荒漠：a2，b2）和站点尺度上线性模型（a1～a3）、非线性模型（b1～b3）的模拟效果对照，非线性模型在区域尺度上的模拟效果（本文实验数据：c1；本文+文献数据：c2；本文+文献数据+室内控制实验数据 c3）。

图 5-19　线性模型与非线性模型在不同尺度上的模拟效果

在每个 pH 梯度取一个盐碱土碳通量的平均值，构成区域尺度上的代表数据集。其中，玛纳斯河流域的验证结果显示，非线性模型可以很好地解释盐碱土碳通量数据及其变化，可靠性在 95% 以上；将玛纳斯河流域与三工河流域盐碱土碳通量数据放到一起，验证结果显示，非线性模型的可靠性也在 90% 以上；如果将室内控制实验的数据也加进来，则非线性模型的可靠性降低到 80% 左右，并且出现明显低估的现象（图 5-19）。这说明，虽然我们所构建的非线性模型能够描述盐碱土碳通量时空变化的规律，但是室内控制实验的数据特征与野外观测数据有明显差异，不能放到一起模拟。具体地说，室内控制实验破坏了土壤结构，并排除了根系的影响，非生物交换及其影响被人为地放大。如果用室内控制实验的数据估算盐碱土碳通量中非生物交换的贡献，可能会高估。

基于 4 个变量，土壤温度、地表气温、土壤湿度和 pH 进行敏感性分析并构建了盐碱土碳通量模型。其中，温度在大量的文献中已经被作为全球变量引用，湿度虽然在大尺度上很少引用，但是在全球各生态系统和站点土壤碳通量的模拟中已经被广泛引用，只有土壤 pH 在少数文献中被作为模型的主要变量之一。这些仅有的少量文献正在建议我们将土壤 pH 作为干旱区土壤呼吸、土壤碳通量建模的重要变量。

事实上，即使在非干旱区，也已经出现越来越多的证据，能够证实土壤 pH 对土壤碳通量的影响。土壤 pH 可以调节土壤生物对养分的利用，对植被群落结构，植物初级生产力，以及土壤碳过程，包括土壤微生物群落的结构和活动，也有很大的影响（Robson，1989）。土壤 pH 决定土壤特征，并影响着有机质矿化及土壤本身的发展（Laskowshi et al.，2003；Kermitt，2006）。例如，硝化过程被证实是对土壤 pH 很敏感的（Curtin et al.，1998）。土壤 pH 也被认为是微生物活动和土壤有机质周转的主导因素（Adams and Adams，1983；Olsen et al.，1996）。这些证据都强烈地暗示我们在全球土壤碳通量的估算中考虑 pH 的影响。

在盐碱土碳通量的拆分方法上，我们采用的是函数形式上的拆分。换言之，将传统的土壤呼吸模型不能解释的部分归功于非生物交换过程的贡献。为了便于读者的理解，这需要进一步的补充说明。生态模型主要是描述生态数据的时空变化特征，而这个特征的差异，则受到多种环境因子的影响，因子之间可能有交互作用，这就可能存在一部分变化信息，无法被主导因子和过程解释（Borcard et al.，1992；Borcard and Legendre，1994；Legendre and Borcard 1994），从而在生态学研究中将不能解释的部分用特殊过程单独加以描述（Økland and Eilertsen 1994；Anderson and Gribble，1998；Borcard and Legendre，2002）。对于盐碱土碳通量而言，由于有负通量的存在，而全球通用的 Q_{10} 模型只能模拟正通量，所以也必须用非生物交换这一特殊的过程来解释 Q_{10} 模型无法解释的部分。

此模型能否推广应用到全球尺度还有待于进一步验证，需要其他干旱区盐碱土碳通量观测数据的支持。不过，依据我们的建模思路，可以认为玛纳斯河流域与三工河流域盐碱土碳通量数据放到一起拟合出的参数值，为在全球尺度评估盐碱土碳通量中非生物交换贡献提供了第一手参数值。严格意义上，今后需要在全球尺度上进行大面积检测，进一步调整参数，最终找到参数的全球收敛值。

5.4　亚洲中部干旱区盐碱土碳吸收评估

土壤是全球第三大碳库。而作为碳酸盐的重要组成部分，干旱区土壤无机碳对寻找全球"碳失汇"意义重大（Schlesinger et al.，2001；王效科等，2002），正在逐步成为生态学和全球变化研究的热点问题（杨黎芳等，2006；Philippe et al.，2007）。据统计，我国干旱性土壤碳酸盐每年截储大气 CO_2 的规模高达 1.5 Tg C（Li et al.，2007）。对北半球陆地碳汇的分析研究则证实，欧亚大陆是个巨大的碳汇（Tans et al.，1990）。增加土壤碳库被认为是未来换取工业 CO_2 减排的有效途径。

2005 年，中国科学家在准噶尔荒漠-绿洲土壤呼吸的对比实验观测中发现，荒漠盐碱土频繁出现对 CO_2 的吸收，并通过灭菌实验，证实了干旱区盐碱土碳过程存在其特殊性，可能存在隐匿的无机碳过程。盐碱土对 CO_2 的吸收，作为碳循环领域的重大发现，已经在《Science》报道，并在 Tans、Schlesinger 等著名科学家之间引发了一系列有趣而激烈的争论与探讨（Stone，2008）。科学界不得不重新评估干旱区碳过程对全球碳循环的贡献。

亚欧内陆干旱区分布着世界最大和最多的内陆流域，其典型特点是河流无法进入海洋，河水携带大量盐分不断堆积在荒漠—绿洲复合体中，使得盐渍土成为亚欧内陆干旱区的主要土壤类型，其 pH（8.5~11）远远超过了由外流河形成的海洋（pH ≈ 8.1）。而盐碱土吸收 CO_2 的功能，使其可能成为地球上除海洋以外的又一具有特殊意义的碳汇区。

同时，亚欧内陆干旱区占全球干旱区的 1/3，发育全球最大规模的荒漠–绿洲复合体系。对亚欧内陆干旱区碳循环特殊过程的研究，在干旱区碳循环研究中占有举足轻重的地位。土壤呼吸及其动态作为人类活动对碳循环影响的一个重要方面，是寻找"迷失的碳汇"一个重要方向（Schlesinger et al.，2001）。因此，重新估算亚欧内陆干旱区的土壤呼吸具有特殊的现实意义，对于正确评估干旱区碳过程在全球碳循环中的地位也有推进作用。

5.4.1　亚洲中部干旱区盐碱土碳吸收评估

5.4.1.1　区域估算方法

依托亚欧内陆研究平台，统一站点数据采集标准，整合野外站点观测数据，建立共享数据库，进行盐碱土碳通量的对比分析和尺度转换。通过参数校正和遥感地面验证，运用上一节所建立的盐碱土碳通量模型估算，用空间替代时间的方法，依照土壤碱性梯度推广到整个亚欧内陆。上一节对盐碱土碳通量的模拟，依托一个基于碳通量重组的 Q_{10} 模型实现。如下式，其中表观呼吸（碳通量 F_c）被重组为有机、无机两部分，分别用 F_a、F_x 表示：

$$\begin{cases} F_c = F_a + F_x \\ F_x = \lambda T + \mu\theta_s + r_7 q_7^{\mathrm{pH}-7} + e \\ F_a = R_{10} \times Q_{10}^{(T-10)/10} \end{cases}$$

式中：变量 T 为地表气温；θ_s 为土壤湿度；pH 为土壤酸碱度；参数 λ=0.005 9；μ=0.000 3；r_7=3.019 1；q_7=0.756 2；e=−2.508 1；R_{10}=0.362 5；Q_{10}=1.5。

需要指出的是，盐碱土碳通量中有机、无机两个部分的分离，国际上目前还没有提出可靠的方法。上述模型虽然在形式上将盐碱土碳通量分成了有机和无机两个部分，但是，却无法分别根据有机和无机的实测值，去模拟各自的参数（Wang et al. 2013）。我们希望借助这种形式上的近似的分离，初步评估无机吸收部分在盐碱土表观呼吸中所占的比重。

土壤湿度是来源于美国气象预测中心（Climate Prediction Center；CPC）模型模拟结果，空间分辨率为 0.5°×0.5°，时间分辨率为月。地表气温数据则来源于美国国家环境预测中心（The National Centers for Environmental Prediction；NCEP）的气候预测再分析数据[Climate Forecast System Reanalysis（CFSR）]，空间分辨率为 0.313°×0.313°，时间分辨率为日，为确保基础数据的时间尺度一致，将日尺度转换为月尺度后用于模型驱动，如图 5-20 和图 5-21 所示。

5.4.1.2 土壤 pH 修正方法

亚洲中部干旱区土壤 pH 数据集是以 FAO 土壤数据为数据源，由于该土壤数据集在海拔 1 500 m 以下大部分 pH 呈酸性，不符合实际值，为能更精确地获取中亚地区土壤 pH 值数据，我们采用步进式和资料同化的方法对土壤 pH 进行修正（以下所指土壤 pH 数据都为海拔低于 1 500 m 的数据）。

FAO 中亚地区土壤数据集由欧亚大陆中部1∶5 000 000 土壤空间图和中国1∶1 000 000 土壤空间数据组成。中亚五国土壤样点数据在英文文献中的记载非常有限（主要样点数据来源于世界土壤排放清单；WISE），其土壤数据集的分类是基于土壤发生所位于的气候带，根据气候的干旱程度，地表景观水平上的降水和径流关系对土壤湿度有效性等参数来产生空间数据的。

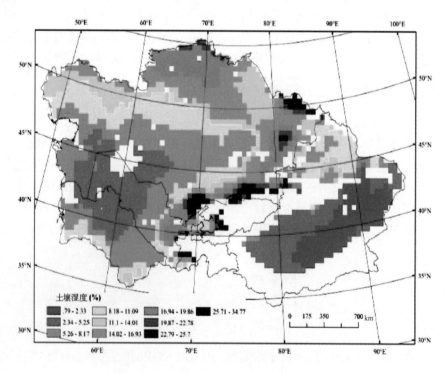

图 5-20　亚洲中部干旱区土壤湿度数据集

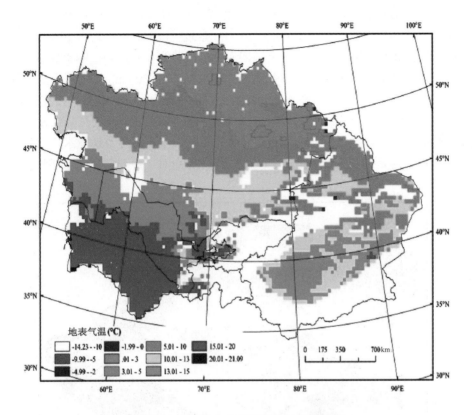

图 5-21　亚洲中部干旱区地表气温数据集

土壤分类体系是区分各单元土壤的性质的基础，其类别的定义亦是通过分析成土因素对土壤形成的影响和作用，研究成土过程的特性，对具备同一属性范围的土壤的概括（ISRIC Report 2002/02c；黄昌勇 2000）。我们将中亚五国海拔位于 1 500 m 以下土壤 pH 数据分别分为 pH＞7.0（R-UP7）和 pH＜7.0（R-UN7）两组，pH＜7.0 的数据作为需修正数据源，认为所有像元中同种土壤类型的具有相同的土壤酸碱性，基于这种假设统计 R-UP7 内各土壤类型 pH 平均值，将统计的属性表和 R-UN7 的土壤类型进行属性合并得到调整后的中亚五国土壤 pH 数据。

中亚地区新疆区域的土壤样点数据来源新疆土壤调查数据，样本数，统计各土壤类型的 pH，与 FAO 的新疆土壤空间数据进行属性连接。中国土壤分类方法，中国 1∶1 000 000 土壤空间数据运用土壤调查数据（新疆土壤调查）对各分区 pH 数据进行局部阈值化处理，让土壤 pH 数据更接近真实值。

5.4.2　碳吸收评估

5.4.2.1　土壤 pH

受土壤类型、植被类型和降水等气候因素的影响，亚洲中部干旱区（海拔 1 500 m 以下）的土壤 pH 均大于 7，在 pH 空间分布图（图 5-22）中，pH 较高区域主要分布在柴达木盆地、准噶尔盆地和图兰平原的荒漠地区，蒿属荒漠次之。不同土地利用类型对土壤 pH

影响较大，人类活动的干扰对土壤 pH 影响明显，农田经人类合理的水土开发，降低了耕作区的地下水位和含盐量，加速了农田区域的营养循环，因此农田地区 pH 普遍较低（罗格平 2005）。降雨通过淋溶作用改变土壤溶液中的盐基饱和度，是影响土壤 pH 值的重要因素（黄昌勇 2000）。亚洲中部大部分地区年降水量不足 200 mm，水量平衡大致是降水 205 mm，蒸发 203，降水时空分布不均，降水主要发生在山区和山麓且集中在高温的 6~8 月（夏季），在海拔低于 1 500 m 的地区年降水量远小于蒸发量。高的蒸降比使土壤具有明显的季节性积盐和脱盐频繁交替的特点，加上长期的人工灌溉导致地下水位上升，加剧了土壤积盐作用，这是中亚大部分地区土壤 pH 呈碱性（pH＞7）的最主要原因。

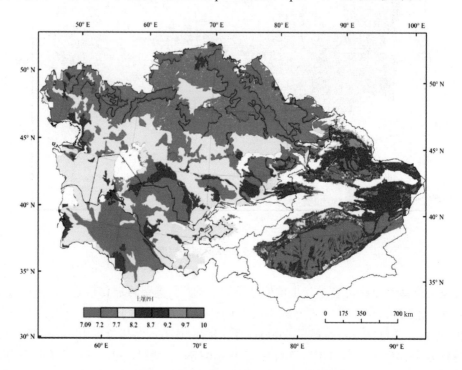

图 5-22　亚洲中部干旱区土壤 pH 修正结果

5.4.2.2　区域尺度估算结果

利用上一节所建立的区域估算模型，以地统计学为基础对各分区盐碱土 pH 进行局部阈值化处理，从美国气象预测中心和环境预测中心获取模型所需的基础数据，对亚欧内陆干旱区 1979 —2011 年的盐碱土表观呼吸进行了评估。分析结果表明：在过去的 30 年间，①亚欧内陆干旱区的根系、微生物的呼吸总量为 0.68 PgC/a，与 Biome-BGC 模型的估算结果一致；②盐碱土吸收二氧化碳的吸收总量为 0.63 PgC/a，与有机呼吸的强度相当；③亚欧内陆干旱区蕴含着长期未受重视的碳汇，盐碱土吸收二氧化碳的特殊功能，使其有可能成为除海洋以外的又一具有特殊意义的碳汇功能区。如果将估算结果推广到全球干旱区，则全球碳循环中的迷失碳有 90% 以上存在于干旱区。因此亚欧内陆干旱区土壤呼吸在全球碳循环中占据着举足轻重的地位。盐碱土表观呼吸总量仅为 0.05 Pg C/a，是一个微弱的碳源，如图 5-23 所示。

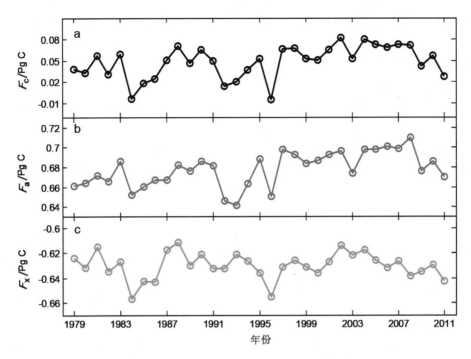

图 5-23　亚洲中部干旱区盐碱土碳吸收估算结果

由于在灭菌过程中，土壤中的 CO_2 气体全部从土壤中扩散出来，虽然灭菌土壤在野外静置、平衡了 12 小时后才开始进行 CO_2 通量的观测，但是由于土壤中的 CO_2 气体浓度远远高于大气中的 CO_2 浓度，灭菌后土壤中的 CO_2 气体浓度无法在如此短的平衡时间内恢复到灭菌前，导致所观测出的灭菌后土壤的 CO_2 吸收通量值比土壤实际的 CO_2 吸收通量值偏低。还进行了 CO_2 浓度升高处理的实验，综合考虑 CO_2 浓度和温湿度影响因素后我们估计盐碱土的日均 CO_2 吸收强度为 0.1～0.5 μmol $CO_2/$（$m^2 \cdot s$）。结合全球盐碱土的总面积，最后估测出全球 7.00 亿 hm^2 盐碱土的年吸收碳总量约为 1.86×10^{15} g。此数量级与全球碳循环中的"失踪汇"相同，说明盐碱土是大气 CO_2 的一个重要的吸收汇。这解释了长久以来困扰科学界的"迷失汇"问题，具有非常重要的科学意义。

以上估算结果是基于探讨干旱区生态系统中土壤 CO_2 通量的时空变异特征及其与环境因素之间的关系得出的初步模型，并在此基础上深入分析了盐碱土的 CO_2 汇吸收特征，估测出了全球盐碱土的 CO_2 年吸收总量，证明盐碱土是大气 CO_2 的一个吸收汇。这对深入理解陆地生态系统以及全球碳循环未知汇之谜具有极其重要的科学意义。然而，由于土壤 CO_2 通量过程在全球碳循环中具有十分重要的作用，深入探讨土壤 CO_2 通量的调控因素及其对全球变化的响应仍是今后努力的主要方向。

由于全球盐碱土的面积大、分布广，我们的观测数据不能够完全代表全球盐碱土 CO_2 通量的时空变异规律，仅从观测到的有限数据进行区域性甚至全球性的预测尚存在精度问题，今后在进行区域性或更大尺度上的相关研究时应加大样点密度，采用地面资料与遥感、地理信息系统等手段相结合的方法，增加土壤 CO_2 通量的基础数据，这样就能够在更大尺度上提高土壤 CO_2 通量的研究精度与数据处理速度。

　　盐碱土碳吸收规模的评估是陆地生态系统碳循环实验研究中迫切需要解决的一个问题，尽管科学工作者在这方面已经做了大量的工作，但研究中仍然存在许多空白点，缺乏系统性，某些机理性问题尚待深入研究。要充分认识土壤CO_2通量与陆地生态系统之间的关系，就需要针对不同的研究区域进行大量的野外定位实验研究工作，而不能只局限于对某几个样点的研究。同时，在CO_2通量观测方面，也不能只对短期流量、季节动态及相应的影响因子进行分析，而应该从碳循环过程的整体出发，测定并计算土壤CO_2通量的年度总量数据资料，并综合考虑未来气候变化和人类活动干扰的可能影响，这些都需要全球范围内科研工作者的通力合作。

参考文献

[1] 董云社，齐玉春，刘纪远，等. 不同降水强度 4 种草地群落土壤呼吸通量变化特征. 科学通报，2005，50（5）：473-480.

[2] 董云社，章申，齐玉春，等. 内蒙古典型草地 CO_2，N_2O，CH_4，通量的同时观测及其日变化. 科学通报，2000，45（3）：318-322.

[3] 方精云，朴世龙，赵淑清. CO_2 失汇与北半球中高纬度陆地生态系统的碳失汇. 植物生态学报，2001，25（5）：594-602.

[4] 阜康市党史地方志编纂委员会编. 阜康县志. 乌鲁木齐：新疆人民出版社，2001.

[5] 顾峰雪，张远东，潘晓玲，等. 阜康绿洲土壤盐渍化与植物群落多样性的相关性分析. 资源科学，2002，24（3）：42-48.

[6] 蒋寒荣，李述刚. 阜康荒漠生态站及其毗邻地区的土壤. 干旱区研究，1990，7：6-13.

[7] 李法虎. 土壤物理化学. 北京：化学工业出版社，2006，235-263.

[8] 李明峰，董云社，齐玉春，等. 锡林河流域羊草群落春季 CO_2 排放日变化特征分析. 中国草地，2003，25（3）：9-14.

[9] 李述刚，程心俊，王周琼，等. 荒漠绿洲农业生态系统. 北京：气象出版社，1998，1-6.

[10] 刘世全，张世熔，伍钧，等. 土壤 pH 与碳酸钙含量的关系. 土壤，2002，5：279-282.

[11] 刘晓云. 阜康生态站研究区域内景观生态类型及特征. 博格达生物圈保护区国际研讨会文集，1992，67-70.

[12] 鲁如坤主编. 土壤农业化学分析方法. 北京：中国农业科技出版社，1999.

[13] 潘根兴，曹建华，周运超. 土壤碳及其在地球表层系统碳循环中的意义. 第四纪研究，2000，20（4）：325-334.

[14] 吴琴，曹广民，胡启武，等. 矮嵩草草甸植被-土壤系统 CO_2 的释放特征. 资源科学，2005，27（2）：96-102.

[15] 杨劲松. 土壤盐渍化研究进展. 土壤，1995，27（1）：23-27.

[16] 于君宝，王金达，刘景双，等. 典型黑土 pH 值变化对微量元素有效态含量的影响研究. 水土保持学报，2002，16（2）：93-95.

[17] 袁道先. 碳循环与全球岩溶. 第四纪研究，1993，（1）：1-6.

[18] 张金霞，曹广民，周党卫，等. 退化草原暗沃寒冻雏形土 CO_2 释放的日变化和季节动态. 土壤学报，

2001，38（1）：32-40.

[19] 张元明，曹同，潘伯荣. 新疆古尔班通古特沙漠南缘土壤结皮中苔藓植物的研究. 西北植物学报，2002，22（1）：18-23.

[20] 赵广东，王并，杨晶，等. LI-8100 开路式土壤碳通量测量系统及其应用. 气象科技，2005，33（4）：363-366.

[21] Adams T M，Adams S N. The effects of liming and soil pH on carbon and nitrogen contained in the soil biomass. Journal of Agricultural Science，1983，101：553-558.

[22] Anderson M J，Gribble N A. Partitioning the variation among spatial，temporal and environmental components in a multivariate data set. Aust J Ecol，1998，23：158-167.

[23] Baggs E M. Partitioning the components of soil respiration：a research challenge. Plant Soil，2006，284：1-5.

[24] Bahn M，Schmitt M，Siegwolf R，et al. Does photosynthesis affect grassland soil-respired CO_2 and its carbon isotope composition on a diurnal timescale？ New Phytologist，2009，182，451-460.

[25] Baldocchi D D，Falge E，Gu L，et al. FLUXNET：a new tool to study the temporal and spatial variability of ecosystem-scale carbon dioxide，water vapor，and energy flux densities. B Am Meteorol Soc，2001，82：2415-2434.

[26] Baldocchi D D，Vogel C A，Hall B. Seasonal variation of carbon dioxide exchange rates above and below a boreal jack pine forest. Agricultural and Forest Meteorology，1997，83：147-170.

[27] Bauer P J，Frederick J R，Novak J M，et al. Soil CO_2 flux from a Norfolk loamy sand after 25 years of conventional and conservation tillage. Soil and Tillage Research，2006，90：205-211.

[28] Bond-Lamberty B，Wang C，Gower S T. A global relationship between the heterotrophic and autotrophic components of soil respiration？ Global Change Biol，2004，10：1756-1766.

[29] Billings S A，Richter D D，Yarie J. Soil carbon dioxide fluxes and profile concentrations in two boreal forests. Can J Forest Res，1998，28：1773-1783.

[30] Bolin B. Changes of land biota and their importance for the carbon cycle. Science，196：613-61.

[31] Boone R D，Nadelhoffer K J，Kaye J P. 1998. Roots exert a strong influence on the temperature sensitivity of soil respiration. Nature，1997，396：570-572.

[32] Borcard D，Legendre P，Drapeau P . Partialling out the spatial component of ecological variation. Ecology，1992，73：1045-1055.

[33] Borcard D，Legendre P. Environmental control and spatial structure in ecological communities：an example using oribatid mites（Acari，Oribatei）. Environ Ecol Sta，1994，1：37-61.

[34] Borcard D，Legendre P.All-scale spatial analysis of ecological data by means of principal coordinates of neighbour matrices. Ecol Model，2002，153：51-68.

[35] Bowling D R，Pataki D E，Randerson J T. Carbon isotopes in terrestrial ecosystem pools and CO_2 fluxes. New Phytologist，2008，178：24-40.

[36] Brandes E，Kodama N，Whittaker K，et al. Short-term variation in the isotopic composition of organic matter allocated from the leaves to the stem of Pinus sylvestris：effects of photosynthetic and postphotosynthetic carbon isotope fractionation. Global Change Biology，2006，12：1922-1939.

[37] Brandes E, Wenninger J, Koeniger P. et al. Assessing environmental and physiological controls over water relations in a Scots pine (Pinus sylvestris L.) stand through analyses of stable isotope composition of water and organic matter. Plant, Cell and Environment, 2007, 30: 113-127.

[38] Buchmann N. Biotic and abiotic factors controlling soil respiration rates in Picea abies stands. Soil Biology and Biochemistry, 2000, 32: 1625-1635.

[39] Butler A J, Chesson P L. Ecology of sessile animals on sublittoral hard substrata: the need to measure variation. Aust J Ecol, 1990, 15: 521-531.

[40] Caldeira K, Wickett M E. Anthropogenic carbon and ocean pH. Nature, 2003, 425: 365.

[41] Chang S X, Trofymow J A. Microbial respiration and biomass (substrate-induced respiration) in soils of old-growth and regenerating forests on northern Vancouver Island, British Columbia. Biological Fertilization of Soil, 1996, 23: 145-152.

[42] Chapin F S, Woodwell G M, Randerson J D, et al. Reconciling carbon-cycle concepts, terminology, and methods. Ecosystems, 2006, 9: 1041-1050.

[43] Chapman S J, Thurlow M. The influence of climate on CO_2 and CH_4 emission from organic soils. Agricultural and Forest Meteorology, 1996, 79: 205-217.

[44] Chen X, Luo G P, Xia J, et al. Ecological response to the climate change on the northern slope of the Tianshan Mountains in Xinjiang. Science in China (Series F), 2005, 48: 765-777.

[45] Chen X, Wang W F, Luo G P, et al. Time lag between carbon dioxide influx to and efflux from bare saline-alkali soil detected by the explicit partitioning and reconciling of soil CO_2 flux. Stochastic Environmental Research and Risk Assessment, 2012. doi: http://dx.doi.org/10.1 007/s00 477-012-0 636-3.

[46] Chmura G L, Anisfeld S C, Cahoon D R, et al. Global carbon sequestration in tidal, saline wetland soils. Global Biogeochemical Cycles, 2003, 17 (4): 1-12.

[47] Conant R T, Dalla-Betta P, Klopatek C C, et al. Controls on soil respiration in semiarid soils. Soil Biology and Biochemistry, 2004, 36, 945-951.

[48] Conant R T, Klopatek J M, Malin R C, et al. Carbon pools and fluxes along an environmental gradient in northern Arizona. Biogeochemistry, 1998, 43 (1): 43-61.

[49] Conant R T, Klopatek J M, Klopatek C C. Environmental factors controlling soil respiration in three semiarid ecosystems. Soil Science Society of America Journal, 2000, 64: 383-390.

[50] Cotrufo M F, Conssen A. Elevated CO_2 enhanced belowground C allocation in three perennial grass species at different levels of N availability. New Phytologist, 1997, 137, 421-431.

[51] Cox P M, Betts R A, Jones C D, et al. Acceleration of global warming due to carbon-cycle feedback in a coupled climate model. Nature, 2000, 408, 184-187.

[52] Curtin D, Campbell C A, Jalil A. Effects of acidity on mineralization: pH-dependence of organic matter mineralization in weakly acidic soils. Soil Biology & Biochemistry, 1998, 30: 57-64.

[53] Davidson E A, Belk E, Boone R D. Soil water content and temperature as independent or confounded factors controlling soil respiration in a temperate mixed hardwood forest. Global Change Biol, 1998, 4: 217-227.

[54] Davidson E A, Verchot L V, Cattanio J H. Effects of soil water content on soil respiration in forest and

cattle pastures of eastern Amazonia. Biochemistry，2000，48：53-69.

[55] Davidson E A，Janssens I A. Temperature sensitivity of soil carbon decomposition and feedbacks to climate change. Nature，2006，440：165-173.

[56] De jong E，Schappert H J V，Macdonald K B. Carbon dioxide evolution from virgin and cultivated soil as affected by management practices and climate. Canadian Journal of Soil Science，1974，54：299-307.

[57] Dutilleul P. Spatial heterogeneity and the design of ecological field experiments. Ecology，1993，74：1646-1658.

[58] Emmerich EW. Carbon dioxide fluxes in a semiarid environment with high carbonate soils. Agr Forest Meteorol，2003，116：91-102.

[59] Epron D，Farque L，Lucot E，et al. Soil CO_2 efflux in a beech forest：the contribution of root respiration. Ann. Forest Sci，1999，56，289-295.

[60] Farifteh F，Van der Meer F，Atzberger C，et al. Quantitative analysis of salt-affected soil reflectance spectra：A comparison of two adaptive methods（PLSR and ANN）. Remote Sens Environ，2007，110：59-78.

[61] Falge E，Baldocchi D D，Tenhunen J et al. Seasonality of ecosystem respiration and gross primary production as derived from FLUXNET measurements. Agr Forest Meteorol，2002，113：53-74.

[62] Falkowski P，Scholes R J，Boyle E，et al. The global carbon cycle：a test of our knowledge of earth as a system. Science，2000，290：291-296.

[63] Fang C，Moncrieff J B. A model for soil CO_2 production and transport 1：Model development，Agricultural and Forest Meteorology，1999，95：225-236.

[64] Fang C，Moncrieff J B. The dependence of soil CO_2 efflux on temperature. Soil Biology and Biochemistry，2001，33：155-165.

[65] Fan S，Gloor M，Pacala S，et al. A large terrestrial carbon sink in North America implied by atmospheric and ocean carbon dioxide data and models. Science，1998，282，442 -445.

[66] FAO. 2006. the United Nations：http：//www.fao.org/ag/AGL/agll/spush/topic2.htm.

[67] Gombert P . Role of karstic dissolution in global carbon cycle. Global Planet Change，2002，33：177-184

[68] Goulden M L，Wofsy S C，Harden J W，et al. Sensitivity of boreal forest carbon balance to soil thaw. Science，1998，279：214-217.

[69] Goulden M L，Munger J W，Fan S M，et al. Measurement of carbon sequestration by long-term eddy covariance，methods and critical evaluation of accuracy. Global Change Biology，1996，2：169-182.

[70] Grace J.， Understanding and managing the global carbon cycle. J. Ecol.，2004，92：189-202.

[71] Gregory P.J. Roots，rhizosphere and soil：the route to a better understanding of soil science. Eur. J. Soil Sci.，2006，57：2-12.

[72] Guisan A，Edwards JrTC，Hastie T. Generalized linear and generalized additive models in studies of species distributions：setting the scene. Ecol Model，2002，157：89-100.

[73] Hanson P.J.，Edwards N.T.，Garten C.T.，et al. Separating root and soil microbial contributions to soil respiration：a review of methods and observations. Biogeochemistry，2000，48：115-146.

[74] Hastings SJ, Oechel WC, Muhlia-Melo A. Diurnal, seasonal and annual variation in the net ecosystem CO_2 exchange of a desert shrub community (Sarcocaulescent) in Baja California, Mexico. Global Change Biol, 2005, 11: 1-13.

[75] Hendricks J.J., Nadelhoffer K.J., Aber J.D. Assessing the role of fine roots in carbon and nutrient cycling. Trends Ecol. Evol, 1993, 8, 174-178.

[76] Högberg P, Nordgren A, Buchmann N et al. Large-scale forest girdling shows that current photosynthesis drives soil respiration. Nature, 2001, 411: 789-792.

[77] Holt JA, Hodgen MJ, Lamb D. Soil respiration in the seasonally dry tropics near Townsville, North Queensland. Aust J Soil Res, 1990, 28: 737-745.

[78] Huang W, Foo S.Neural network modelling of salinity variation in Apalachicola River. Water Res 2002, 36: 356-362.

[79] Inglima I, Alberti G, Bertolini T, et al. Precipitation pulses enhance respiration of Mediterranean ecosystems: the balance between organic and inorganic components of increased soil CO_2 efflux. Global Change Biol, 2009, 15: 1289-1301.

[80] IPCC. 2007. Climate Change 2007: The Physical Sciences Basis: Contribution of Working Group I to the Fourth Assessment Report of the Intergovernmental Panel on Climate Change. Cambridge: Cambridge University Press.

[81] Janssens I, Pileggaard K. Large seasonal change in Q_{10} of soil respiration in a beech forest. Global Change Biology, 2003, 9: 911-918.

[82] Jarvis PG. Scaling processes and problems. Plant Cell Environ, 1995, 18: 1079-1089.

[83] Jasoni R L, Smith S D, Arnone J A. Net ecosystem CO_2 exchange in Mojave Desert shrublands during the eighth year of exposure to elevated CO_2. Global Change Biol, 2005, 11: 749-756.

[84] Jenkinson D S, Adams D E, Wild A. Model estimates of CO_2 emission from soil in response to global warming. Nature, 1991, 351: 304-306.

[85] Johnsen K., Maier C., Sanchez F. Physiological girdling of pine trees via phloem chilling: proof of concept. Plant, Cell and Environment, 2007, 30: 128-134.

[86] Jones M H, Fahnestock J T, Stahl P D, et al. A note on summer CO_2 flux, soil organic matter, and microbial biomass from different high Arctic ecosystem types in northwestern Greenland, Arctic, Antarctic, and Alpine Research, 2000, 32 (1): 104-106.

[87] Karberg N J, Pregitzer K S, King J S, et al. Soil carbon dioxide partial pressure and dissolved inorganic carbonate chemistry under elevated carbon dioxide and ozone. Oecologia, 2005, 142: 296-306.

[88] Keeling, C D, Chin J F S, Whorf T P. Increased activity of northern vegetation in inferred from atmospheric CO_2measurements. Nature, 1996, 382, 146-149.

[89] Keitel C., Adams M.A., Holst T., et al. Carbon and oxygen isotope composition of organic compounds in the phloem sap provides a short-term measure for stomatal conductance of European beech (Fagus sylvatica L.). Plant, Cell and Environment, 2003, 26, 1157-1168.

[90] Kirschbaum M U E. The temperature dependence of soil organic matter decomposition, and the effect of global warming on soil organic C storage. Soil Biology and Biochemistry, 1995, 27: 753-760.

[91] Kowalski AS，Serrano-Ortiz P，Janssens I A，et al. Can flux tower research neglect geochemical CO_2 exchange？ Agr Forest Meteorol，2008，148：1045-1054.

[92] Kuzyakov Y. Sources of CO_2 efflux from soil and review of partitioning methods. Soil Biology and Biochemistry，2006，38，425-448.

[93] Kuzyakov Y.，Gavrichkova，O. Time lag between photosynthesis and carbon dioxide efflux from soil：a review of mechanisms and controls. Global Change Biology，2010，16：3386-3406.

[94] Laskowshi R，Maryański M，Niklińska M. Variance components of the respiration rate and chemical characteristics of soil organic layers in Niepolomice Forest，Poland. Biogeochemistry，2003，64：149-163.

[95] Legendre P，Fortin M J. Spatial pattern and ecological analysis. Plant Ecol，1989，80：107-138.

[96] Legendre P，Borcard D. Rejoinder. Ann I Sta Math，1994，43：45-59.

[97] Legendre P，Legendre L. Numerical ecology，developments in environmental modelling 1998，20，2nd edn. Elsevier，Amsterdam.

[98] Li L H，Luo G P，Chen X，et al. Modelling evapotranspiration in a Central Asian desert ecosystem. Ecological Modelling，2011，222：3680-3691.

[99] Lin G，Ehleringer J R，Rygiewicz P T，et al. Elevate CO_2 and temperature impacts on different components of soil CO_2 efflux in Douglasfir terracosms. Global Change Biology，1999，5：157-168.

[100] Liu，R，Li，Y，Wang，Q X. Variations in water and CO_2 fluxes over a saline desert in western China. Hydrological Processes，2012，26：513-522.

[101] Liu R，Pan L P，Jenerette D G，et al. High efficiency in water use and carbon gain in a wet year for a desert halophyte community. Agricultural and Forest Meteorology，2012，162-163：127-135.

[102] Lomander A，Kätterer T，Andrén O. Carbon dioxide evolution from top-and subsoil as affected by moisture and constant and fluctuating temperature. Soil Biology & Biochemistry，1998，30：2017-2022.

[103] Lloyd J，Taylor J A. On the temperature dependence of soil respiration. Functional Ecology，1994，8：315-323.

[104] Luo Y，Wan S，Hui D，et al. Acclimatization of soil respiration to warming in a tall grass prairie. Nature，2001，413：622-625.

[105] Ma J，Zheng X J，Li Y. 2012. The response of CO_2 flux to rain pulses at a saline desert. Hydrological Processes，doi：http：//dx.doi.org/10.1002/hyp.9204.

[106] Maestre F T，Cortina J. Small-scale spatial variation in soil CO_2 efflux in a Mediterranean semiarid steppe. Applied Soil Ecology，2003，23：199-209.

[107] Maier C A，Kress L W. Soil CO_2 evolution and root respiration in 11 year-old loblolly pine（Pinus taeda）plantation as affected by moisture and nutrient availability. Canadian Journal of Forest Research，2000，30（3）：347-359.

[108] Maier HR，Dandy GC. Neural network based modelling of environmental variables：A systematic approach. Math Comput Model，2001，33：669-682.

[109] McGuire A D，Melillo J M，Kicklighter D W，et al. Equilibrium responses of soil carbon to climate change：empirical and process-based estimates. Biogeochemistry，1995，22：785-796.

[110] Melillo J M，Steaudler P A，Aber J D，et al. Soil warming and Carbon-cycle feedback to the climate system.

Science，2002，298（13）：2173-2176.

[111] Mielnick P，Dugas W A，Mitchell K，Havstad K. Long-term measurements of CO_2 flux and evapotranspiration in a Chihuahuan desert grassland. J Arid Environ，2005，60：423-436.

[112] Myneni R B，Keeling C D，Tucker C J，et al. Increased plant growth in the northern high latitudes from 1981-1991. Nature，1997，386：698-702.

[113] Nguyen C. Rhizodeposition of organic C by plants：mechanisms and controls. Agronomie，2003，23：375-396.

[114] Oechel，W C，Hastings S J，Vourlitis G L，et al. Recent change of arctic tundra ecosystems from a net carbon sink to a source. Nature，1993，361：520-523.

[115] Oechel W C，Vourlitis G L，Hastings S J，et al. Acclimation of ecosystem CO_2 exchange in the Alaskan Arctic in response to decadal climate warming. Nature，2000，406：978-981.

[116] Økland RH，Eilertsen O. Canonical Correspondence Analysis with variation partitioning：some comments and an application. J Veg Sci，1994，5：117-126.

[117] Olsen M W，Frye R J，Glenn E P. Effects of salinity and plant species on CO_2 flux and leaching of dissolved organic carbon during decomposition of plant species. Plant and Soil，1996，179：183-188.

[118] Pacala S W，Hurtt G C，Baker D，et al. Consistent land-and atmosphere-based U. S. carbon sink estimates. Science，2001，292：2316-2319.

[119] Paterson E.，Midwood A.J.，Millard P. Through the eye of the needle：a review of isotope approaches to quantify microbial processes mediating soil carbon balance. New Phytologist，2009，184，19-33.

[120] Prentice I C，Llogd J. C-quest in the Amazon Basin. Nature，1998，396，619-620.

[121] Reichstein M，Falge E，Baldocchi D D，et al. On the separation of net ecosystem exchange into assimilation and ecosystem respiration：review and improved algorithm. Global Change Biol，2005，11：1-16.

[122] Reth S，Reichstein M，Falge E. The effect of soil water content，soil temperature，soil pH-value and the root mass on soil CO_2 efflux-A modified model，Plant Soil，2005，268：21-33.

[123] Sanchez-Cañete E P，Serrano-Ortiz P，Kowalski A S，et al. Subterranean CO_2 ventilation and its role in the net ecosystem carbon balance of akarstic shrubland. Geophys Res Lett，2011，38：L09802.

[124] Sardinha M，Muller T，Schemeisky H，et al. Microbial performance in soils along a salinity gradient under acidic conditions. Applied Soil Ecology，2003，23：237-244.

[125] Scanlon B R，Keese K E，Flint AL，et al. Global synthesis of groundwater recharge in semiarid and arid regions，Hydrol Process，2006，20：3335-3370.

[126] Schimel D S，Braswell B H，Holland EA，et al. Climatic，edaphic，and biotic controls over storage and turnover of carbon in soils. Global Biogeochem Cy，1994，8：279-293.

[127] Schimel D S，House J I，Hibbard K A，et al. Recent patterns and mechanisms of carbon exchange by terrestrial ecosystems. Nature，2001，414：169-172.

[128] Schlesinger，W H. Carbon sequestration in soils. Science，1999，284：2095-2097.

[129] Schlesinger W H，Belnap J，Marion G. On carbon sequestration in desert ecosystems. Global Change Biol，2009，15：1488-1490.

[130] Sellers P J，Dickinson R E，Randall D A，et al. Modeling the exchange of energy，water and carbon between continents and the atmosphere. Science，1999，275：502-509.

[131] Serrano-Ortiz P，Roland M，Sánchez-Moral S，et al. Hidden，abiotic CO_2 flows and gaseous reservoirs in the terrestrial carbon cycle：Review and perspectives.Agr Forest Meteorol，2010，150：321-329.

[132] Stone R. Have desert researchers discovered a hidden loop in the carbon cycle? Science，2008，320：1409-1410.

[133] Stoy P C，Katul G G，Siqueira M B S，et al. An evaluation of models for partitioning eddy covariation-measured net ecosystem exchange into photosynthesis and respiration. Agr Forest Meteorol，2006，141：2-18.

[134] Tang J.，Baldocchi D D，Xu L.. Tree photosynthesis modulates soil respiration on a diurnal time scale. Global Change Biology，2005b，11：1298-1304.

[135] Tang J，Misson L，Gershenson A.et al. Continuous measurements of soil respiration with and without roots in a ponderosa pine plantation in the Sierra Nevada mountains. Agricultural Forest Meteorology，2005a，132：212-227.

[136] Tans P P，Fung I Y，Takahashi T. Observational constraints on the global atmospheric CO_2 budget. Science，1990，247：1431-1438.

[137] Townsend C R，Doledec S，Scarsbrook M R. Species traits in relation to temporal and spatial heterogeneity in streams：a test of habitat templet theory. Freshwater Biol，1997，37：367-387.

[138] Underwood A J，Chapman M G. Scales of spatial patterns of distribution of intertidal invertebrates. Oecologia，1996，107：212-224.

[139] Valentini R，Matteucci G，Dolman A J，et al. Respiration as the main determinant of carbon balance in European forests. Nature，2000，404：861-865.

[140] Vargas R，Allen M F. Environmental controls and the influence of vegetation type，fine roots and rhizomorphs on diel and seasonal variation in soil respiration. New Phytologist，2008，179：460-471.

[141] Vargas R，Detto M，Baldocchi D D. et al Multiple scale analysis of temporal variability of soil CO_2 production as influenced by weather and vegetation. Global Change Biology，2010，16：1589-1605.

[142] Wang X H，Piao S L，Ciais P，et al. Are ecological gradients in seasonal Q_{10} of soil respiration explained by climate or by vegetation seasonality? Soil Biol Biochem，2010，42：1728-1734.

[143] Watson R T，Verardo D J. Land-use change and forestry. Cambridge University Press，2000，81-85.

[144] Wichern J，Wichern F，Joergensen R G. Impact of salinity on soil microbial communities and the decomposition of maize in acidic soils. Geoderma，2006，137：100-108.

[145] Winkler J P，Cherry R S，Schlesinger W H. The Q_{10} relationship of microbial respiration in a temperate forest soil. Soil Biology & Biochemistry，1996，28：1067-1072.

[146] Wohlfahrt G，Fenstermaker LF，Arnone JA. Large annual net ecosystem CO_2 uptake of a Mojave Desert ecosystem. Global Change Bio，2008，114：1475-1487.

[147] Wold S，Sjöström M，Eriksson L. PLS-regression：A basic tool of chemometrics. Chemometr Intell Lab，2001，58：109-130.

[148] Xie J X，Li Y，Zhai C X，et al. CO_2 absorption by alkaline soils and its implication to the global carbon

cycle. Environ Geol，2009，56：953-961.

[149] Xu X，Kuzyakov Y，Wanek W，et al. Root-derived respiration and non-structural carbon of rice seedlings. European Journal of Soil Biology，2008，44，22-29.

[150] Yang H，Griffiths P R，Tate J D. Comparison of partial least squares regression and multi-layer neural networks for quantification of nonlinear systems and application to gas phase Fourier transform infrared spectra. Anal Chim Acta，2003，489：125-136.

[151] Yuste J C，Baldocchi D D，Gershenson A，et al. Microbial soil respiration and its dependency on carbon inputs，soil temperature and moisture，Global Change Biology，2007，13：2018-2035.

[152] Zhu B Q，Yang X P，Liu Z T，et al. Geochemical compositions of soluble salts in aeolian sands from the Taklamakan and Badanjilin deserts in northern China，and their influencing factors and environmental implications. Environmental Earth Sciences，2011，66：337-353.

第 6 章　干旱区生态系统过程与模拟

以 CO_2 为主的温室气体排放，导致了全球范围内的气候变化，如气候变暖、降水模式改变以及极端气象灾害增多等。气候变化同其他人类活动导致的环境变化，如大气成分变化、土地利用变化密切相关，统称为全球变化。开展全球变化的研究对人类社会的可持续发展有着重大的意义。干旱区生态系统对气候变化和人类活动异常敏感，并正经历着巨大的变化（Beaumont，1989），生态过程研究是揭示异常和变化的关键（Ojima et al.，1993）；而且在生态水文过程、植物水分关系等研究取得了很大进展（Nicholson，2001；Wylie et al.，2004），指出生态过程及其响应与适应机制研究，是全球变化与干旱区生态学研究的前沿（Sivakumar，2007）。

6.1　干旱区生态系统能量、水汽与 CO_2 交换机制

近地层的湍流输送对陆地-大气间能量、水汽和 CO_2 通量交换起着重要作用，集中反映了地-气耦合中的交换过程。它们对气候变化的响应也是通过物质和能量的交换过程来传递的。弄清其交换机制无疑可为合理配置自然资源及生态环境的利用和保护提供科学依据，正因为如此，目前开展了不同下垫面研究，目的是为进一步了解各种下垫面的湍流运动规律和物质、能量交换特征，从而加深对不同下垫面地—气相互作用的认识。

干旱区占世界陆地面积的 1/3，是陆地上重要的下垫面，土壤表层湿度低，地表反照率大，生态脆弱（Lal，2004）。亚洲是世界上生态恶化最为严重的地区之一，而其生态恶化最严重的区域又重点分布在亚洲中部干旱区，该区是全球变化研究中备受关注的生态脆弱区之一。自 20 世纪 50 年代以来，人类活动正日益影响和改变着中亚土地利用结构布局、方式与强度，使中亚生态环境发生显著变化，部分区域环境出现了明显的退化（周可法等，2006）。当前，针对中亚脆弱的生态环境问题，还缺乏全面深入调查和系统性的研究。

在全球变暖背景下，亚洲中部干旱区近百年来气温显著升高，远高于北半球的变暖幅度，同时极端降水事件的次数也不断增加，引起干旱的频次及强度也不断加剧，进而对干旱区生态系统的功能、结构产生重大影响（胡中民等，2006）。陆地生态系统的碳循环与水循环是陆地表层系统物质能量循环的核心，而陆地生态系统 CO_2、水汽、能量是地圈—生物圈-大气圈物质能量交换的主要形式。探讨未来气候变化对干旱区生态系统水碳循环的影响，需要深入认识不同时空尺度上的生理生态过程以及各尺度间的相互关系。

太阳辐射直接被大气吸收的部分所占比例较小，主要是被地面吸收，地面吸收到能量后，以感热、潜热通量及长波辐射等方式影响大气。陆面与大气之间的热量交换不仅取决于大气

的状态，而且也依赖于地表面的特性，如地面反照率、地面温度和土壤湿度等。陆面还通过与大气之间的物质交换来影响大气，这种物质交换主要包括水、二氧化碳等，其中水分交换是最重要的，这些物质输送影响着大气的水分平衡和热平衡等（Dai et al.，2003）。

但是，由于地表覆盖物的多样化，以及土壤质地和土壤颜色等土壤特征分布不均匀，直接影响到土壤湿度和温度的不均匀性，进而影响到陆-气之间物质、能量和通量交换的变化等情况，这些都给研究工作带来了很大的困难，且陆地的构成多样化，地形起伏较大，植被覆盖分布不均、复杂多变，这就导致了陆面对太阳辐射的吸收和反射的差异，以及对大气环流的改变。大气中的水分和热量主要是通过边界层的湍流运动从地表输送和水平输送获得（李新等，2007；梁晓和戴永久，2008；刘金婷等，2009）。

由于干旱区特殊的气候条件和物理特性，使得它在全球能量平衡中占有了重要的地位，其与地—气之间相互作用从而影响气候，是通过能量通量、水汽通量、动量通量等反馈影响大气环流来实现的，而沙漠、戈壁等地区植被稀少，地表干燥，蒸发强烈，但蒸发量相对较小，地—气相互作用主要体现为感热通量的输送。然而，干旱区的水汽交换过程却显得更为重要，其地上的蒸发过程以及地上、地下的碳交换过程也有别于其他湿润地区。

近年来，全球气候变化不断加剧，陆地生态系统的碳通量与水热通量的研究越来越受关注，已成为国际上关注的热点问题，同时也是气候变化和区域可持续发展研究的核心之一。涡度相关技术是目前测定地-气交换最好的方法之一，已经广泛地应用于估算陆地生态系统中的物质与能量交换。然而利用该技术对干旱半干旱地区的物质与能量通量的连续观测不太多，已有的研究主要集中在森林、农田、草地等生态系统的通量研究。

通过亚洲中部干旱区内 4 个涡度相关站点（咸海站、巴尔喀什湖站、阜康站、乌兰乌苏站）的观测数据，分析不同陆地生态系统站点能量、水汽及 CO_2 通量，主要是干旱区 4 个生态站点的 CO_2 通量、水热通量的日变化及季节变化的时空特征与差异及其影响因子，揭示气候变化对区域水、碳物质循环的影响和演变机制，明确其生态系统功能对气候变化的响应和敏感性。因阜康站及乌兰乌苏站的碳通量数据质量较差，在此只重点比较分析咸海站及巴尔喀什湖站的碳通量数据。

6.1.1 站点介绍

中国科学院阜康荒漠生态系统观测试验站（CN-FK，44°17′N，87°56′E，海拔 475 m），地处中纬度欧亚大陆腹地、古尔班通古特沙漠南缘，属于温带荒漠气候，夏季炎热干燥，冬季寒冷，年均气温 5~7℃，年降水量为 100~200 mm，主要集中在 5~9 月，占全年降水量的 70%~80%，年潜在蒸发量为 1 000~2 000 mm，全年地下水位在 2.9~5.3 m 波动。该地土壤为盐碱土，由于潜水位较高，潜水可直接到达地表蒸发而形成严重的积盐现象，地表多生长着以柽柳科植物为建群种的盐生植物群落，植被覆盖度约为 20%。

乌兰乌苏绿洲农田生态与农业气象试验站（CN-Wul，44°17′N，85°51′E，海拔 468.2 m）地处准噶尔盆地南缘，气候夏季炎热、冬季寒冷，年均气温约为 7℃，年均降水量约为 209 mm。土壤类型为壤土，地下水位在 8~20 m 以下，地下水补给量可忽略不计，作物为棉花、玉米和冬小麦。

咸海站（KZ-Ara，45°58′N，61°05′E）位于咸海东北部。该站点实际位于阿拉尔库姆沙漠边缘，与小咸海的最短距离是 23 km，年降水量 140.5 mm，年气温为 8.3℃。该地主要土壤类型是盐碱土，土壤 pH 为 8.15～8.36，地表多生长着牧草、芦苇、小型灌木，植被覆盖度平均为 30%～40%。

表 6-1　亚洲中部干旱区 4 个典型站点基本情况描述

站点	经度	纬度	土壤类型	主要植被类型	温度/℃	降水/mm	模拟地段	备注
CN-FK	87°56′E	44°17′N	Alkaline	Shrub	6.6	150	2007—2009	Gubantonggut Desert, China
CN-Wul	85°51′E	44°17′N	Loamy sand	Crop	7	209	2009—2010	Oasis, China
KZ-Bal	76°39′E	44°34′N	Alkaline	Grass	5.7	140	May-Sep, 2012	Balkhash Lake, Kazakhstan
KZ-Ara	61°05′E	45°58′N	Alkaline	Shrub	8.3	140	May-Aug, 2012	Aralkum Desert, Kazakhstan

巴尔喀什湖站（KZ-Bal，44°34′N，76°39′E）位于巴尔喀什湖与卡普恰盖水库之间，距巴尔喀什湖和卡普恰盖水库之间的最短距离分别为 200 km 和 100 km。该站点地处绿洲农田与原始荒漠生境的横断面，年降水量为 140.2 mm，年气温为 5.7℃。该地土壤类型为盐碱土，站点周围生长着农作物、芦苇、杂草及小型灌木。

图 6-1　亚洲中部干旱区四个典型站点位置示意图

6.1.2 涡度相关技术

涡度相关技术（eddy covariance technique）是对大气与生态系统间能量和物质交换进行非破坏性测定的一种微气象技术，是通过计算物理量（温度、CO_2、H_2O 等）和垂直风速的协方差来求湍流通量的。

1895 年，雷诺提出涡度相关的理论基础——雷诺平均和雷诺分解。后来，随着流体力学和微气象理论的发展，特别是微气象仪器、计算机技术等快速发展，使得涡度相关方法在技术上得以实现。它是测量大气与生态系统交换的标准方法，是国际通量网（FLUXNET）的主要技术手段。20 世纪 90 年代中后期，中国科学院大气所开始进行仪器的研制和观测，中国科学院地理所开始引进涡度相关短期试验观测。2000 年以后，开始建立通量观测站点，其中 ChinaFLUX（中科院管理）是最早在国内大规模进行涡度相关 CO_2/H_2O 通量观测的研究网络（于贵瑞和孙晓敏，2006）。

陆地生态系统 CO_2 和水热通量的长期观测研究一直是国际上关注的热点问题。大气湍流研究领域的莫林——奥布霍夫相似理论和经典雷诺定义的确立以及近年来超声风速计和红外 CO_2/H_2O 分析仪的发明，使植物和大气之间气体交换的观测研究取得了很大的进步，为观测和评价地表与大气之间的能量及物质通量提供了理论基础和技术支持。涡度相关技术是对大气与森林、草地或农田等生态系统间的 CO_2、H_2O 和热量通量进行非破坏性测定的一种微气象观测技术。

为涡度相关技术理论基础的雷诺平均和分解，最早是由雷诺在 1895 年提出的，后来随着流体力学和微气象学理论的长期发展，以及微气象仪器、计算机和数据采集器等技术的进步，涡度相关技术逐渐成熟，到 20 世纪 70 年代后，涡度相关技术已经开始应用于不同类型生态系统通量的观测，90 年代逐渐趋于成熟，并开始被广泛应用于 CO_2 和水热通量的长期观测。目前，涡度相关技术作为唯一能直接测定大气与群落间 CO_2 和水热通量的标准方法，已得到微气象学和生态学家们的广泛认可，成为国际通量观测网络（FLUXNET）的主要技术手段。所观测的数据也被广泛用于模型的参数化和验证工作中。

涡度相关技术要求仪器安装在 CO_2 通量不随高度发生变化的常通量层内，而常通量层假设要求稳态大气、下垫面与仪器之间没有任何源或者汇、足够长的风浪区和水平均匀的下垫面等基本条件。在这种条件下可以通过 CO_2 的物质守恒定律得到通量计算的基本方程。在地势平坦、植被均匀的下垫面，涡度相关系统观测的垂直湍流通量，可以近似地认为等于生态系统碳代谢过程的 CO_2 的收支[净生态系统 CO_2 交换量（NEE），相当于净生态系统生产力（NEP）]。但是，在复杂地形条件下，生态系统实际碳代谢过程的 CO_2 收支可能与仪器所观测的湍流涡度通量不一致，这主要是由于忽略了涡度相关系统观测高度以下的 CO_2 储存、垂直平流和水平平流等气流运动造成的通量估算偏差，有必要对其进行评估和校正。

通量的推导求算过程具有坚实的理论基础，但是在实际观测和数据处理过程中依然存在数据采集、数据质量控制、数据插补和计算结果的校正等众多技术性的问题。涡度相关技术是通过计算物理量的脉动与垂直风速脉动的协方差求算湍流通量的方法，观测的项目主要包括风速脉动、CO_2 和水汽浓度脉动、湿度和气温脉动等，其观测需要高精度、响应速度极快的湍流脉动测定装置。各通量观测站的观测项目因研究目和实际的植被状况而不同，所以常规的通量观测需要在保证获取湍流涡度通量观测数据的前提条件下，建立各种辅助观测系统，主要包括常规气象观测系统、土壤观测系统和植物观测系统。同时，通量与卫星遥感的地面观测，氢、氧和碳的稳定同位素观测以及冠层生态学、流域水文学等方面的观测内容相结合是通量观测研究发展的趋势（于贵瑞和孙晓敏，2006）。

涡动相关法的核心内容就是观测到垂直速度脉动项和其他特征量脉动项，并求其协方差，从而计算得到各种通量：

$$Qh = \overline{\rho} C_p \overline{\omega' t'} \tag{6.1}$$

$$Qle = \lambda \overline{\omega' \rho_v'} \tag{6.2}$$

$$F_C = \overline{\omega' \rho_c'} \tag{6.3}$$

式中：ρ'——空气密度；

$\quad\quad \omega'$——垂直风速的脉动量；

$\quad\quad t'$——温度脉动量；

$\quad\quad \rho_v$、ρ_c——水汽密度和 CO_2 密度的脉动量；

$\quad\quad C_p$——空气定比热容；

$\quad\quad \lambda$——蒸发潜热；

$\quad\quad Qh$——感热通量；

$\quad\quad Q_{le}$——潜热通量；

$\quad\quad F_c$——CO_2 通量。

涡度相关通量观测的开路系统如图 6-2 所示：

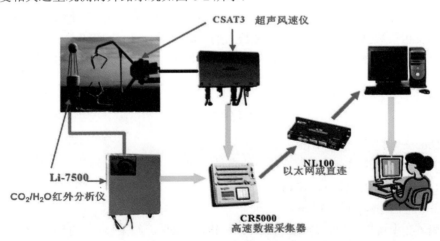

图 6-2　涡度相关通量观测开路系统

涡度相关通量测定系统主要由数据采集器及三维超声风速仪、开放式红外 CO_2/H_2O 分析器等传感器、数据存储卡、数据处理软件、防水机箱、安装支架及电源系统等部分组成。

可自动测量并存储地表与大气相互作用时近地层的瞬时三维风速脉动、温度脉动、水汽脉动和 CO_2 脉动值；采用微气象学湍流涡动协方差方法，可自动测量并存储 CO_2 通量、水汽通量、显热通量、空气动量通量等地表与大气之间的物质与能量交换通量及摩擦风速等微气象特征量。系统还可以根据需要配置空气温湿度传感器、净辐射、土壤热通量等其他传感器。

CO_2/H_2O 分析器等传感器装置安装在地面以上 3 m 的高度，测量的频率为 10Hz，集成 CR23X 数据记录器（30 min）。地面热通量测定的热通量板安装在土壤表层以下 2 cm 左右。与之相关的气象与土壤数据包括光合有效辐射通量密度（Li-190SA、LI-COR），大气温度和湿度（HMP45C，Campbell），地面以上 2 m 高度向上和向下的长波与短波辐射（CNR-144 1，Kipp & Zonen，Delft，the Netherlands）、降水（TE525MM，145 Texas Electronics，Dallas，TX，USA）。在地表以下 0.02 m、0.05 m、0.07 m 和 0.2 m 的位置测量土壤温度（TCAV，Campbell）、土壤含水量（CS616，Campbell），以及土壤的热通量（HFP01，Hukseflux，Delft，the Netherlands）。这些数据按 10Hz 的速度记录并且每 30 min 记录 1 次平均值。

对 10Hz 原始涡度相关系统观测数据进行坐标旋转、WPL 校正等处理，并按 30 min 步长计算平均值。用红外气体分析仪观测的 CO_2 气体浓度是质量密度，并非它的摩尔质量比，由于大气的温度、压力、湿度的变化均会引起大气中 CO_2 气体质量密度的变化。因此，为了消除水热传输对 CO_2 通量的影响，需要对通量数据进行 WPL 校正。由于观测仪器上的水滴以及电源不足等，将影响水热通量观测的准确性，需要对异常值进行剔除以及对夜间观测数据进行摩擦风速剔除，以确保数据质量。数据剔除后，需要对缺测和异常的数据采用不同的方法进行插补，以获得长期的连续数据集。

6.1.3 通量数据分析

6.1.3.1 能量闭合分析

能量闭合分析是评价观测系统性能和数据质量的一个有效方法。能量平衡闭合程度作为评价涡度相关数据可靠性的方法已经被人们广泛接受，FLUXNET 许多站点把能量平衡闭合状况分析作为评价通量数据质量的一种标准程序。因此，我们采用能量平衡线性回归方程来评价能量闭合程度。理论上：

$$Rnet-G=Qle+Qh \tag{6.4}$$

式中：Qle——潜热通量，W/m^2；

Qh——感热通量，W/m^2；

Rnet——太阳净辐射，W/m^2；

G——土壤热通量，W/m^2。

从表 6-2 中可以看出，能量闭合程度在 48%～86%。结果显示，能量有明显的不闭合现象，造成能量不闭合的原因可能有以下几点：①空间采样误差；②忽略了埋放土壤热通量板以上的土壤热储能；③仪器测量可能产生系统偏差等（图 6-3）。

表 6-2 亚洲中部干旱区 4 个通量站能量闭合状况

站点	斜率	R^2
咸海站（KZ-Ara）	0.56	0.85
巴尔喀什湖站（KZ-Bal）	0.80	0.90
乌兰乌苏站（CN-Wul）	0.48	0.83
阜康站（CN-Fk）	0.86	0.90

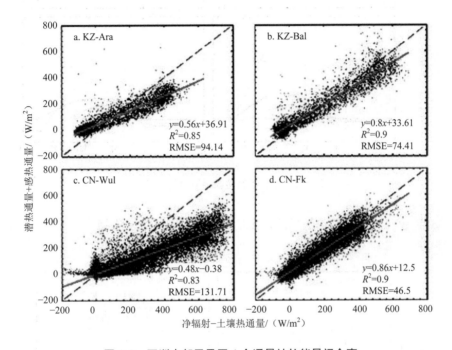

图 6-3 亚洲中部干旱区 4 个通量站的能量闭合率

6.1.3.2 能量通量分析

图 6-4 为 4 个站点净辐射 Rnet、感热通量 Qh、潜热通量 Qle 和土壤热通量 G 的日变化。在能量平衡方程中，净辐射为支配项，不仅其绝对值在白天大部分时间最大，而且在能量平衡方程中其余各项都在某种程度上直接或间接地取决于它的大小和日变率。净辐射在白天为正值，向感热通量、潜热通量和土壤热通量提供能量。晴天净辐射很大，每平方米达到几百瓦（W/m²）；夜间净辐射为负值，它主要由感热和土壤热通量提供，其值约为每平方米负几十瓦（W/m²）。

感热通量和潜热通量在白天为正值，其大小主要取决于下垫面的性质。当下垫面植被稀疏或土壤干燥时，感热通量占主导地位；反之，潜热通量比感热通量大。夜间潜热通量基本接近于 0，感热通量为负值。

土壤热通量 G，与能量平衡方程中的其他几个能量相比，值很小，而且就一个长的时间段来看（1 年），基本上是收支平衡的。土壤热通量的变化曲线与净辐射相似，白天地表面得到太阳辐射，土壤热通量为正值；夜间太阳辐射为 0，地表向外放出热量，土壤热通量为负值。

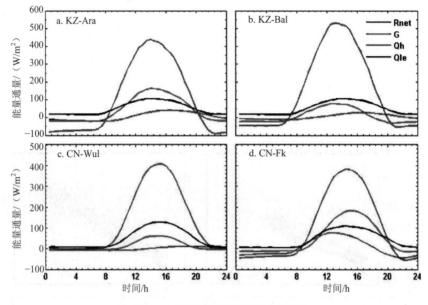

图 6-4　4 个通量站能量通量的日变化

各站点的感热通量和潜热通量的日变化与地表净辐射的变化趋势基本一致，均呈单峰变化（图 6-4）。

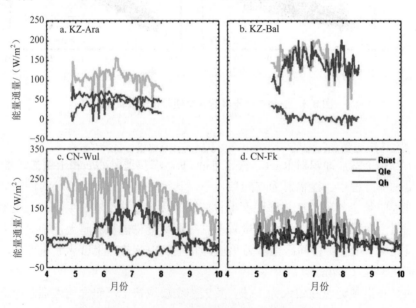

图 6-5　4 个站点能量通量的季节变化

图 6-5 为 4 个通量站的日均净辐射、感热通量和潜热通量在生长季（4—10 月）的变化过程。从图中可以看出，除了显热通量在生长季的变化较为平稳，没有明显的季节变化，

其他通量的季节变化趋势明显。随着太阳高度角的变化，净辐射能逐渐增大，在 7 月、8 月达到最大值。潜热通量在生长季的变化近似呈单峰型，在生长季初期逐渐增加，7 月达到最大，之后逐渐减小。显热通量在生长季的变化较为平稳，显然在干旱区有效能的分配上，显热通量是主要的能量输出项，这是干旱区能量分配的特点之一。

6.13.3　水汽通量分析

以涡度相关法观测的 4 个通量站的通量数据为基础，分析水汽通量的日、季节变化。图 6-6 为生长季 4 个通量站（KZ-Ara、KZ-Bal、CN-Wul、CN-Fk）的水汽通量日变化特征。从图中可以看出，在生长季的任何阶段，其日变化特征均为典型的单峰型变化。在地方时14：00 时左右达到最大值，之后随着光合有效辐射和温度的逐渐减小，水汽通量也随之减小，在夜间，水汽通量基本在 0 值附近。

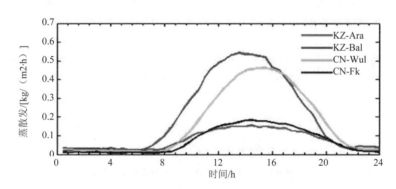

图 6-6　水汽通量的日变化

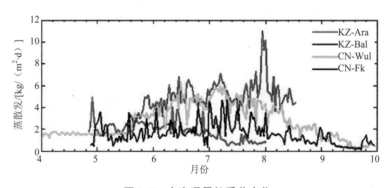

图 6-7　水汽通量的季节变化

通过涡度相关技术对水汽通量的长期定位观测，能够揭示陆地生态系统水汽通量的季节变化特征。图 6-7 为生长季（4—10 月）4 个通量站（KZ-Ara、KZ-Bal、CN-Wul、CN-Fk）的水汽通量的季节变化。可见生态系统蒸散量（ET）具有非常明显的季节变化特征，呈现锯齿状波动。从图中可以看出，乌兰乌苏站（CN-Wul）在 4—5 月的水汽通量表现为小幅波动，随后 4—9 月的波动较明显，在 7 月前后达到最大值，9 月之后迅速减小，这主要受降水量的影响。咸海站、巴尔喀什湖站及阜康站在 5—9 月水汽通量波动较大，在生长季（6—8 月），植被进入快速生长阶段，此时植被蒸散也达到一年的最大值，土壤蒸发也随着降水量的增加而增加，从而有较高的水汽通量。

6.13.4 中亚两个站点（KZ-Ara 和 KZ-Bal）碳通量分析

（1）气象条件。从图 6-8 可以看出，两站点历年年均降水量为 140 mm，但是月平均降水则具有很大的波动性。在咸海站（KZ-Ara），夏季降水量较少，而在巴尔喀什湖站（KZ-Bal），8—10 月降水较少。研究时段内，咸海站的月均降水量比往年要高，相反巴尔喀什湖站比往年低（图 6-8a 和图 6-8b）。

从图中看出，两站点历年的月均温度呈明显的正弦曲线。咸海站（KZ-Ara）和巴尔喀什湖站（KZ-Bal）两站点的最高气温出现在 7 月，分别为 26℃ 和 24℃；最低气温出现在 1月，分别为 –10℃ 和 –15℃。在一年中的 5 个月（1—3 月，11—12 月）的月均温在 0℃ 以下，而 5—9 月的月均温在 10℃ 以上，因此，我们将 5—9 月定为生长季。在最近的研究时段内，月均气温的变化与历年变化趋势基本一致，但是 7 月的月均气温明显低于多年相对应的月均气温（图 6-8c 和图 6-8d）。

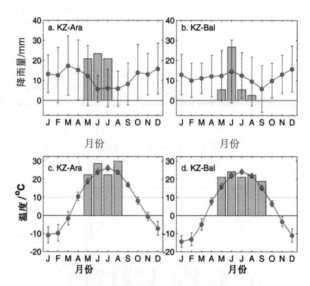

图 6-8 两站点研究时段内（绿色）和历年（蓝色）月均降水量（a.KZ-Ara；b.KZ-Bal）及
月均温度（c.KZ-Ara；d.KZ-Bal）的比较

（2）摩擦风速对夜间 NEE 的影响。在低湍流状况下可能引起涡度相关测量的夜间 NEE存在潜在的系统误差，且夜间 NEE 对摩擦风速的依赖性因站点而异（Anthoni et al., 2004）。夜间 NEE 与摩擦风速的关系有助于认识低湍流引起的不确定性。在咸海站（KZ-Ara），摩擦风速在 0～0.9 m/s 的范围内，摩擦速度与夜间 NEE 是独立的，它们的关系可以用相对线性回归来表示。风玫瑰图显示主风向为大面积荒漠的东北方向。在巴尔喀什湖站（KZ-Bal）摩擦风速影响夜间呼吸，特别是在低湍流状况下。夜间 NEE 对摩擦风速的依赖部分原因可能是，在站点附近不均匀的地貌和风的方向。通过对最大和最小值归一化后的夜间 NEE 值的分析发现，摩擦风速对夜间呼吸的最大影响可能低于 38%。

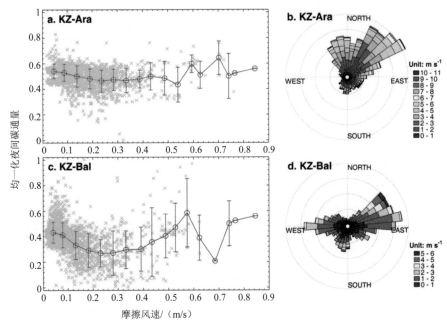

注：符号"x"表示半小时的观测数据；空心圆圈代表 0.05 m/s 宽度的平均值；误差棒表示±1 范围的标准差。

图 6-9　夜间 NEE 标准化的值（NEE-min（NEE）/max（NEE）-min（NEE））与
摩擦风速的关系（左图）；风玫瑰图（右图）

（3）NEE 的日变化。每月 NEE 平均日变化在生长季呈现清晰的正弦曲线态势（图 6-10），这在两个站点均表现为白天 CO_2 的净吸收，及夜晚的净释放。两个站点 NEE 的峰值均出现在当地时间的 12：00。白天碳吸收的最大速率随研究的月份不同，观测到的最高值在 3 月和 7 月，KZ-Ara 和 KZ-Bal 两个站点平均碳吸收速率分别达到-0.5 μmol/（m^2·s）和 -15 μmol/（m^2·s）。两个站点碳吸收速率的不同和每月中碳最大吸收速率的不同可能与当地的植被组成与气候状况有关。在 KZ-Bal 站点附近，主要分布着荒漠植被、灌木和草地，并且没有人类干扰。在 KZ-Ara 站点观测到的气温要比 KZ-Bal 站点的高，这可能导致物候提前进而影响植被的初级生产力。在 KZ-Bal 站点，观测的 NEE 可能受周围绿洲农田及沿灌渠生长的芦苇和杂草的影响。

从图 6-11 可以看出两个站点明显的白天碳净吸收和夜晚碳净释放。在 KZ-Ara 站点，月均 NEE 变化从 3 月的-2.5 μmol/（m^2s）到 8 月的-1.1 μmol/（m^2s）。白天 NEE 均值从 4 月开始下降；相反，NEE 的月均值在夜间从 4 月 1.65 μmol/（m^2s）变化到 6 月的 1.0 μmol/（m^2s）。在 KZ-Bal 站，白天碳吸收速率从 3 月的-0.7 μmol/（m^2s）到 7 月的 -7.2 μmol/（m^2s）。月际之间碳吸收速率明显不同，且碳吸收的峰值出现在 7 月。在 7 月前后，碳吸收的速率均在下降。夜间生态系统的平均呼吸量在 9 月的 2.15 μmol/（m^2s）和 6 月的 3.88 μmol/（m^2s）。在两个站点，最大夜间平均生态系统呼吸量出现在 6 月，与白天最大平均 NEE 出现的月份不同。

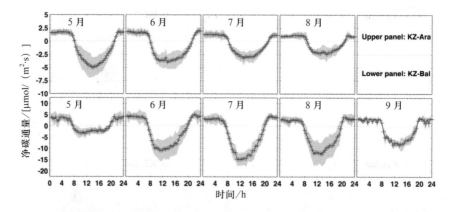

图 6-10　两站点（KZ-Ara、KZ-Bal）在 5—9 月 NEE 的日变化，阴影区表示±1 的标准差范围

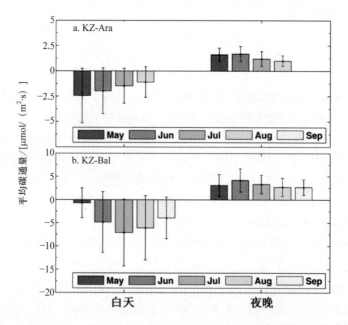

图 6-11　两站点（KZ-Ara、KZ-Bal）白天及夜间 NEE 的月均误差棒表示±1 的标准差范围

表 6-3　一阶指数衰减模型 NEE（μmol/（m²·s））=Aexp（−PAR/B）+C 参数列表

	May	KZ-Ara Jun	Jul	Aug	May	Jun	KZ-Bal Jul	Aug	Sep
A	6.91	5.81	4.81	3.68	7.01	15.05	20.01	19.1	13.13
B	874.48	551.12	777.08	624.87	358.33	656.46	845.4	1 095.4	930.59
C	−5.53	−3.99	−3.48	−2.41	−2.81	−11.09	−16.36	−16.2	−10.18
$A+C$	1.38	1.82	1.33	1.27	4.2	3.96	3.65	2.9	2.95
R^2	0.66	0.74	0.76	0.62	0.68	0.63	0.82	0.66	0.79

注：PAR 表示光和有效辐射度（μmol/（m²·s）），A、B、C 为模型参数；C 表示最大吸收；$A+C$ 表示夜间呼吸。

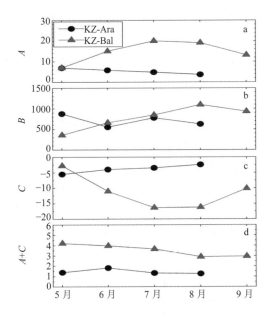

注：所有模型参数见表 6-3。

图 6-12　KZ-Ara（黑色实心圆）及 KZ-Bal（蓝色三角）两站点白天 NEE 和 PAR 之间一阶指数
衰减模型 NEE（μmol/（m²s））=Aexp（-PAR/B）+C

（4）NEE 对 PAR 的响应。NEE 对 PAR 的响应关系是一个一阶指数衰减模型：NEE=Aexp
（−PAR/B）+C（图 6-13）。拟合方程中的参数 C 表示 CO_2 吸收的饱和阈值，C 的变化表示
各月 CO_2 最大吸收量。模型对 NEE 的模拟结果较好。由此可以推断出各月份 NEE 的最大
值（即拟合方程中的参数 C），如咸海站 5 月份[C=−5.53 μmol/（m²·s），R^2=0.66]与巴尔喀
什湖站 7 月份[C=−16.36 μmol/（m²·s），R^2=0.82]。参数 A 描述的是 NEE 在 PAR 饱和状态
（即拟合方程中参数 B）下对 PAR 的响应值。咸海站 A 与 C 的值都明显小于巴尔喀什湖站
（表 6-3），并且各站点较大的 C 值与较大的 A 值有一定联系。在相近的光合有效辐射（PAR）
条件下，巴尔喀什湖站的拟合参数 A 与 C 值要比咸海站大。这表明，拟合方程中参数 A
与 C 的值可能主要取决于植被状况及土壤中可利用的水分含量。

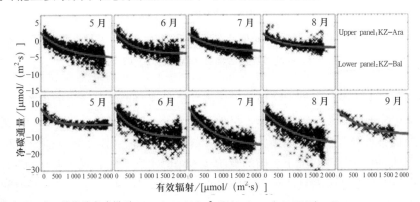

注：蓝色曲线表示一个一阶指数衰减模型 NEE（μmol/（m²·s））=Aexp（−PAR/B）+C

图 6-13　KZ-Ara 及 KZ-Bal 两站点 4—9 月 NEE 与光合辐射（PAR）的关系

（5）NEE 在生长季的日变化。图 6-14 表示 NEE 的日累积量、日降水量与日平均 PAR 的动态变化。总体来说，咸海站的碳吸收率要比巴尔喀什湖站的碳吸收率低。在两个站点，NEE 的日变化在生长季节均表现出较大的变动，表明 NEE 对环境因子（如 PAR 与降水）的变化有较高的敏感性。咸海站的 NEE 日最大值可以达到−3 gC/（$m^2 \cdot d$）（图 6-14a），同时巴尔喀什湖站 NEE 的最大值超过−8 gC/（$m^2 \cdot d$）（图 6-14b）。相应地，在多云或雨天之后，巴尔喀什湖站碳损失的程度要比咸海站大。在天气晴朗并且有较高的光合有效辐射时（PAR＞600 μmol/（$m^2 \cdot s$）），两站每日的 NEE 均为负值，即净碳吸收。在多云或雨天时两站每日的 NEE 均趋向于正值，即净碳释放。例如，咸海站 6 月 23—24 日连续的降水，造成明显的碳损失，巴尔喀什湖站 5 月 30 日到 6 月 3 日连续 5 个降水日，导致大量的碳释放到大气中[0.5～3.5 gC/（$m^2 \cdot d$）]。另外，在多云天气时，如，5 月 27 日，当 PAR 为 250 μmol/（$m^2 \cdot s$）时，咸海站表现为净碳的释放。

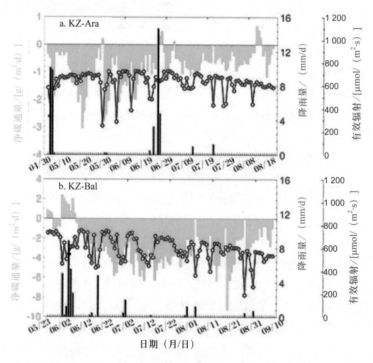

图 6-14　KZ-Ara 及 KZ-Bal 站点生长季日累计 NEE（绿色柱状）及日降雨（黑色柱状），以及日均光合辐射（蓝色折线）图

在过去的几十年中，沙漠地区净生态系统二氧化碳交换量已经受到越来越多的关注。原因可能是在陆地生态系统中干旱半干旱地区所占的范围较大（Lal，2004），另外，NEE 的变化对气候条件有很强的依赖性，尤其是对降水的依赖（Bell et al.，2012）。此外，Wohlfahrt 等人的研究表明，位于美国的莫哈韦沙漠的生态系统表现为很强的碳汇，其固碳的能量可以与很多森林生态系统相当（Wohlfahrt et al.，2008）。几乎在同一时间，中国的古尔班通古特沙漠也有相似的发现，其很强的碳汇能力归因于夜间盐碱土对二氧化碳的吸收（Stone，2008；Xie et al.，2009）。尽管大量的研究可以作为盐碱土溶解碳酸盐的证据

（Serrano-Ortiz et al.，2010），但是碳的吸收率不如 Xie 等人报道的大（Xie et al.，2009）。在沙漠生态系统中，这么高的净生态系统生产报告受到 Schlesinger 等人的质疑（Schlesinger et al.，2009）。

首次在哈萨克斯坦盐生荒漠生态系统观测的生长季节净生态系统二氧化碳交换量在一定程度上提高了我们对中亚荒漠生态系统碳固定能力的理解。尽管 Liu 等人（Liu et al.，2012a；Liu et al.，2012b）已经报道了中国古尔班通古特沙漠的年净碳平衡的状况，这一荒漠生态系统与当前研究中所用的哈萨克斯坦两个站点一样，但是基于 NEE 白天、夜间与 NEE 的日变化特征还不为人所知。我们处理了这些问题并且发现，这两个盐生荒漠生态系统生长季节 NEE 的日变化特征符合正弦曲线，这与农田、森林、草地生态系统（Baldocchi and Meyers，1998；Falge et al.，2002）及其他非盐碱土荒漠生态系统的 NEE 变化特征极为相似（Bell et al.，2012）。盐生荒漠生态系统与那些生物因素占主导的生态系统在夜间、多云时及雨天净碳的释放和晴朗天气条件下日间净碳的吸收的 NEE 变化特征有很好的一致性。那么盐碱土对 NEE 起到什么作用？荒漠生态学中的非生物过程对 NEE 贡献率的量级与幅度有多大？通过分析涡度相关技术观测的 NEE 数据，我们找到了答案。通过比较本研究中的两个站点和其他荒漠生态系统的 NEE 的变化特征，识别白天、夜间 NEE 的变化，会给以上问题一些解答。

总结前人有关全球荒漠生态系统 NEE 的研究发现，NEE 的年变化有一个很大的波动范围，从$-127\sim258$ g C/($m^2\cdot a$)，尽管站点观测的年降水量与之可相提并论（$140\sim186$ mm）。生长季（5—9 月）的 NEE 在咸海站和巴尔喀什湖站分别是$-86.6\sim-297.8$ g C/m^2。明显地，两个站点对 NEE 的估算并没有考虑研究时期以外的 NEE，从各月份 NEE 的变化可以推断那些未考虑的 NEE 大部分是净碳的释放。此外，巴尔喀什湖站在生长季节表现为较大的碳汇（-297.8 g C/m^2），这可能与站点周围人类活动的干扰有很强的联系（周围是灌溉农田及生长较好的植被）。我们推测，研究时段以外净碳的释放可以占到研究期内 NEE 累积的$1/3\sim1/2$，因此咸海站与巴尔喀什湖站每年 NEE 的值分别是$-57.7\sim-43.3$ g C/m^2 和$-198.5\sim-148.9$ g C/m^2。荒漠生态系统的 NEE 与环境因素有很高的敏感性，尤其是降水（Bell et al.，2012；Liu et al.，2012a）。两站点生长季节观测的 NEE 值的有明显的不同，这也说明了涡度相关观测到的 NEE 主要受涡度相关系统的特定位置及周边环境的影响（尤其是土壤水分与植被状况），Schlesinger 等人也强调这一点（Schlesinger et al.，2009）。

位于哈萨克斯坦的两个盐生荒漠生态系统站在夜间、多云和雨天表现为明显地净碳释放，但是在晴天的日间表现为明显地净碳吸收。结合日间 NEE 对 PAR 很强的响应，NEE 均值的月变化和 NEE 对降水的响应，表明碳循环的生物过程在这两个荒漠生态系统的 NEE 中仍占主导作用，尽管两站点土壤都是盐碱土并且有很高的 pH。最近的研究通过连续不断地观测盐碱土中的土壤呼吸表明，无论在白天还是夜间都有明显地净碳的释放。这些发现与 Xie 的报道（Xie et al.，2009）和 Stone 的假设形成对比（Stone，2008），但是与 Schlesinger 的观点一致（Schlesinger et al.，2009）。即使认识到盐碱土吸收 CO_2 是存在的（Serrano-Ortiz et al.，2010），但是盐碱土吸收 CO_2 的程度和幅度可能还不是很显著，并且它对净生态系统二氧化碳交换量的贡献率可能相当有限。

综上所述，基于对中亚两个盐生荒漠生态系统站的涡度相关观测数据进行的分析，结果表明，每月的 NEE 日动态在生长季节符合明显地正弦曲线模式。在晴天日间 NEE 的均值为负值，表明是净碳的吸收。相反地，在阴天或雨天及夜间 NEE 均值都是正值，表明是净碳的释放。进一步地，NEE 对 PAR 较高的相关性及 NEE 对降水的响应，表明盐生荒漠生态系统仍然是生物因素占主导作用，这与其他生态系统相似。根据其对碳吸收的量级和幅度，我们有理由指出盐碱土对无机碳的吸收还是很微弱的。

6.2　干旱区生态系统模拟

生态系统模型已成为研究区域以及全球尺度环境变化背景下生态系统响应的有效手段，在评价及预测历史及未来环境条件下陆地生态系统能量和物质循环中发挥着重要的作用。生态系统模型为集成海量数据，为分析和预测不同尺度的生态系统过程提供了新的视角，也为各种复杂生物过程问题的不确定性提供了动态约束，同时也为实验研究带来了启发性的线索。

6.2.1　改进的 Biome-BGC 模型

6.2.1.1　模型简介

Biome-BGC 是利用站点描述数据、气象数据和植被生理生态参数，模拟日尺度碳、水和氮通量的有效模型，其研究的空间尺度可以从 1 m^2 扩展到整个陆地生态系统。对于碳的生物量积累，采用光合酶促反应机理模型计算出每天的初级生产力（Gross Primary Production，GPP），将生长呼吸和维持呼吸减去后的产物分配给叶、枝条、茎和根。生物体的碳每天都按一定比例以凋落方式进入凋落物碳库。该模型模拟的水循环过程包括降雨、降雪、冠层截留、穿透降水、树干径流、冠层蒸发、融雪、雪升华、冠层蒸腾、土壤蒸发、蒸散、地表径流和土壤水分变化以及植物对水分的利用。对于土壤过程，模型考虑了凋落物分解进入土壤有机碳库过程、土壤有机物矿化过程和基于木桶模型的水在土壤层间的输送关系。对于能量平衡，该模型还考虑了净辐射、感热通量和潜热通量（基于 Penman-Monteith 方程）等过程。此外，该模型考虑了雪的融化和干扰效应，且使用 Biome-BGC 模型 4.1.2 版本，模型源程序和详细说明文档可从 http：//www.forestry.umt.edu/ntsg 获取。

6.2.1.2　模型参数

Biome-BGC 的输入文件分为三类：初始化文件（.ini）、气象文件（.metadata）和植被生理学参数文件（.epc）。初始化文件主要包括研究区经纬度、海拔、土壤有效深度、大气 CO_2 浓度年际变化、植被类型的选择和对输入输出文件的设定；气象数据包括最高温、最低温、日均温、降水、饱和蒸气压差和太阳辐射等因子；生理生态参数包括叶片 C：N、气孔导度、冠层消光系数、冠层比叶面积和叶氮在羧化酶中的百分含量等。由于干旱区特殊生理生态过程的典型特征，Biome-BGC 默认的参数在该区域具有不适用性，所以收集相关文献中关于云杉的生理生态参数确定模型所需的输入参数，部分易获取数据采用样地实测方法，如土壤质地参数等，重新确定生理生态参数（表 6-4）。

表 6-4 天山北坡 Biome-BGC 模型参数值

参数	值	单位
土壤沙土含量	29.64**	%
土壤粉土含量	66.23**	%
土壤黏土含量	4.13**	%
转移生长占生长季比率	0.3	prop.
凋落过程占生长季比率	0.3	prop.
叶子/细根年周转率	0.25	a^{-1}
活立木年周转率	0.70	a^{-1}
整株植物年周转率	0.005	a^{-1}
细根与新叶碳分配比例	1.0	ratio
新茎与新叶碳分配比例	2.24*	ratio
新立木与所有木质组织碳分配比例	0.059*	ratio
新根与新茎的碳分配比例	0.19*	ratio
生长与储存的碳分配比例	0.5*	prop.
叶片碳氮比	42.0	kgC/kgN
叶片凋落物碳氮比	93.0	kgC/kgN
细根碳氮比	42.0	kgC/kgN
活立木碳氮比	50.0	kgC/kgN
死立木碳氮比	729.0	kgC/kgN
叶凋落物中易分解物质比例	0.33*	DIM
叶凋落物中纤维素比例	0.42*	DIM
叶凋落物中木质素比例	0.25*	DIM
叶凋落物中易分解物质比例	0.33*	DIM
叶凋落物中纤维素比例	0.39*	DIM
叶凋落物中木质素比例	0.28*	DIM
死立木中纤维素比例	0.71*	DIM
死立木木质素比例	0.29*	DIM
冠层截水系数	0.041	1/LAI/d
冠层消光系数	0.5	DIM
叶表面积与投影叶面积比例	2.6	DIM
平均比叶面积	9.68*	m^2/kgC
阴生与阳生叶比叶面积比例	2.0	DIM
Rubisco 酶活叶氮量	0.04	DIM
最大气孔导度	0.003	m/s
表皮导度	0.00001	m/s
边界层导度	0.08	m/s
气孔开始缩小时叶片水势	−0.6	MPa
气孔完全闭合时叶片水势	−2.433*	MPa
气孔开始缩小时饱和水汽压差	930.0	Pa
气孔完全闭合时饱和水汽压差	4 100.0	Pa

DIM: 量纲为 1; *数据来源于文献（White et al., 2000）; **实测数据。

6.2.1.3 模型运行

BIOME-BGC 模型的源程序共包括 70 个文件，其中有 9 个头文件，61 个子程序。模型运行时需要 3 个输入参数文件，第一个文件是初始化参数文件。它提供关于模型初始化的总体信息，包括对研究区物理、地理、土壤等环境的描述、模拟的时间范围、需要的输入文件名、输出的文件名和变量等。第二个输入文件是气象数据文件。它包括模拟时间范围内每一天的气温、降雨、湿度、辐射和日长值的记录。第三个输入文件是生态生理学参数文件，它包括对研究区植被的生态生理学特性的描述，包括 43 个参数，例如叶子的碳氮比，最大气孔导度、分配比例以及火的干扰等。这些具体的过程就是BIOME-BGC 模型的各个子程序模块在 BIOME-BGC 中，最重要的三个程序是：pointbgc.c（主程序）、bgc.c 和 spinup_bgc.c。在模型运行前，首先要运行 spinup_bgc。使模型的状态变量达到稳定状态。这一稳定状态是指气象数据仍然存在年际变化，但是长期平均通量（flux）是稳定的和静止的，长期的平均 NEE 为正值时表示碳汇，NEE 为负值时表示碳源。Spinup 的目的是在特定的气候和植被类型下，将土壤有机物带入动态平衡。由于土壤有机物是凋落物分解累积的结果，而且土壤有机物的矿物质化提供了植物生长的大部分氮元素，植物的生长和土壤碳氮库对此有强烈的反馈作用。在模型的状态变量达到稳定状态后，运行主程序即可。

6.2.2 AEM 模型

AEM（Li et al.，2013；Zhang et al.，2013）模型是一个基于过程的高度集成的空间显式的生态系统模型，主要用来模拟多种环境因素影响下的干旱区生态系统结构和功能的变化，其中环境因素主要包括气候、大气组成（CO_2 和氮沉降）、土地管理（收获、施肥和灌溉等）、地下水埋深等。AEM 模型耦合了碳-氮-水循环，包括生物物理模块、植被生理模块、土壤物理和生物地球化学模块及植被动态模块，不但可用于自然生态系统，也可模拟复杂的城市生态系统的结构和功能动态。

与其他生态过程模型相比，AEM 细化了荒漠植被的形态与结构的模拟，重构了根系垂直分布模型，引入了根系吸水机制模型，融合了降雨脉冲效应、光分解效应等生理生态过程。在此基础上，AEM 模拟并分析了干旱区生态系统特殊生理生态特点和机制，包括植物根系在土壤中垂直分布格局以及土层厚度和地下水位对干旱区植物，特别是深根功能型的水分吸收有关键影响；干旱区植被发展出高根冠比等特殊形态结构以应对环境胁迫；耐旱植物发展出较高的光合-水分利用效率以应对干旱胁迫（图 6-15）。

AEM 以气象、土壤、地形、植被分布、大气成分、土地管理等数据为驱动因子，可动态模拟日、年尺度站点或区域生态系统碳、氮、水通量及储量。AEM 以 C++程序设计语言为基础，结合 GIS 技术，其模拟结果具有可空间显示与分析的优越性。

构建标准化驱动数据集是进行区域模拟的前提。AEM 中亚区域驱动包括气候数据、土壤数据、地形数据、植被功能类型图等（表 6-4）。

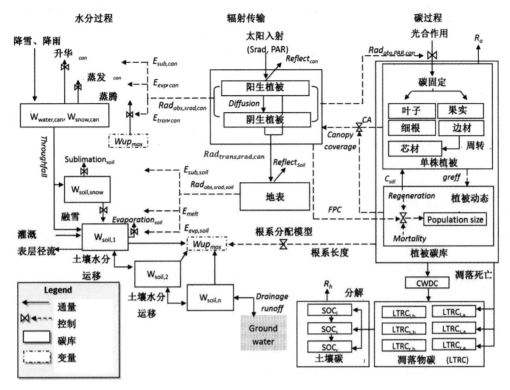

图 6-15　AEM 模型结构图

表 6-4　模型主要驱动数据集

数据集名称	空间（Lat°×Lon°）/时间分辨率	数据来源
气候数据		
CFSR	0.31×0.31/d（1979—2012 年）	美国国家环境预报中心再分析气候预测系统（Saha et al.，2010）
ERA-Interim	0.75×0.75/d（1979—2012 年）	欧洲中尺度天气预测中心（Dee et al.，2011）
MERRA	0.5×0.67/d（1979—2012 年）	NASA（Rienecker et al.，2011）
地形数据		
高程，坡度，坡向	30 m×30 m	ASTER 全球高程数据集（http://datamirror.csdb.cn）
植被功能类型		
新疆	1∶100 万	中国植被图（中国科学院中国植被图编辑委员会，2007）
中亚五国	1∶250 万	中亚植被图（Rachkovskaya，1995）
土壤数据		
质地 pH 容重	1 km×1 km	世界和谐土壤数据库 v1.2（FAO/IIASA/ISRIC/ISSCAS/JRC，2012）
CO_2	年尺度	http://co2now.org
地下水位	1∶400 万	新疆地下水资源（董新光，2005）

　　基于构建的区域驱动数据集，进行区域尺度全要素动态模拟。模型的区域模拟主要由三部分构成：平衡态、spin-up、动态模拟。每部分的模拟细则如下：

　　（1）设置 AEM 平衡态年限为 3 000 年，以保障土壤水、氮在特定的气候与植被类型下达到动态平衡。平衡态的模拟结果作为研究时段（1979—2012 年）动态模拟的基准（baseline）。由于无法获得 1979 年之前的再分析气候数据，故将研究时段前期（如前 10 年）的平均气温数据作为平衡态气候数据。虽然多数模型的平衡年限为 2 000 年（如 Biome-BGC 模型），但考虑到中亚干旱区气候条件相对恶劣，故增加平衡态运行时间，减小由系统不平衡带来的误差或错误。

　　（2）Spin-up 时间为 1 000 年。AEM 模型的 spin-up 是衔接在平衡态和动态模拟之间的模块，用于消除模型由平衡态瞬间转入动态模拟带来的系统波动。因此，气候数据采用研究时段前期的去趋势数据（detrend data）。

　　（3）动态模拟（1979—2012 年）即为全要素模拟，所有动态数据如气候数据、CO_2 数据等皆随时间波动。模拟时间步长为天。

参考文献

[1] 董新光. 新疆地下水资源. 乌鲁木齐市：新疆科学技术出版社， 2005.

[2] 胡中民，于贵瑞，樊江文，温学发. 干旱对陆地生态系统水碳过程的影响研究进展. 地理科学进展，2006，25：12-20.

[3] 李新，黄春林，车涛，等. 中国陆面数据同化系统研究的进展与前瞻. 自然科学进展，2007，17：163-173.

[4] 梁晓，戴永久. 通用陆面模式对土壤质地和亮度的敏感性分析. 气候与环境研究，2008，13：585-597.

[5] 刘金婷，马柱国，罗德海. 三个陆面模式对新疆地区陆面过程模拟的对比研究. 高原气象，2009，28：1242-1249.

[6] 于贵瑞，孙晓敏. 陆地生态系统通量观测的原理与方法. 北京：高等教育出版社，2006.

[7] 中国科学院中国植被图编辑委员会. 1：100 万中华人民共和国植被图. 北京：地质出版社，2007.

[8] 周可法，张清，陈曦，等.中亚干旱区生态环境变化的特点和趋势. 中国科学：D 辑 2006，36：133-139.

[9] Anthoni P，Knohl A，Rebmann C，et al. Forest and agricultural land‐use‐dependent CO_2 exchange in Thuringia，Germany. Global Change Biology，2004，10：2005-2019.

[10] Baldocchi D，Meyers T. On using eco-physiological，micrometeorological and biogeochemical theory to evaluate carbon dioxide，water vapor and trace gas fluxes over vegetation：a perspective. Agricultural and Forest Meteorology，1998，90：1-25.

[11] Beaumont P. Drylands environmental management and development，London，1989.

[12] Bell T W，Menzer O，Troyo-Diéquez，et al. Carbon dioxide exchange over multiple temporal scales in an arid shrub ecosystem near La Paz，Baja California Sur，Mexico. Global Change Biology，2012，18：2570-2582.

[13] Dai Y，Zeng X，Dickinson R E. et al. The common land model. Bulletin of the American Meteorological Society，2003：84，1 013-1 023.

[14] Dee D P，Uppala S M，Simmons A J. et al. The ERA-Interim reanalysis：configuration and performance of the data assimilation system. Q J Roy Meteor Soc，2011，137：553-597.

[15] Falge E，Tenhunen J，Baldocchi D，et al. Phase and amplitude of ecosystem carbon release and uptake potentials as derived from FLUXNET measurements. Agricultural and Forest Meteorology，2002，113：75-95.

[16] Lal R. Carbon Sequestration in Dryland Ecosystems. Environ Manage，2004，33：528-544.

[17] Li C，Zhang C，Luo G，et al. Modeling the carbon dynamics of the dryland ecosystems in Xinjiang，China from 1981 to 2007—The spatiotemporal patterns and climatecontrols. Ecol Model，2013.

[18] Liu R，Li Y，Wang Q X，et al. Variations in water and CO_2 fluxes over a saline desert in western China. Hydrological Processes，2012a，26：513-522.

[19] Liu R，Pan L P，Jenerette，et al.. High efficiency in water use and carbon gain in a wet year for a desert halophyte community. Agricultural and Forest Meteorology，2012b，162：127-135.

[20] Nicholson S E. Application of remote sensing to climatic and environmental studies in arid and semi-arid lands，Geoscience and Remote Sensing Symposium，2001，983：985-987.

[21] Ojima D S，Valentine D W，Mosier A R，et al. Effect of land use change on methane oxidation in temperate forest and grassland soils. Chemosphere，1993，26：675-685.

[22] Rachkovskaya E I. Kazakhstan semi-deserts and melkosopochnik Vegetation Map of Kasakhstan and Middle Asia. Scale 1∶2 500 000. Komarov Botanic Institute，Russian Academy of Sciences，Saint Petersburg，1995.

[23] Rienecker M M，Suarez M J，Gelaro R，et al. MERRA：NASA's Modern-Era Retrospective Analysis for Research and Applications，J Climate，2011，24：3624-3648.

[24] Saha S，Moorthi S，Pan H.-L.et al. The NCEP climate forecast system reanalysis. B Am Meteorol Soc，2010，91：1015-1057.

[25] Schlesinger W H，Belnap J，Marion G. On carbon sequestration in desert ecosystems. Global Change Biology，2009，15：1488-1490.

[26] Serrano-Ortiz P，Roland M，Sanchez-Moral S，et al. Hidden，abiotic CO_2 flows and gaseous reservoirs in the terrestrial carbon cycle：Review and perspectives. Agricultural and Forest Meteorology，2010，150：321-329.

[27] Sivakumar M V K. Interactions between climate and desertification. Agr Forest Meteorol，2007，142：143-155.

[28] Stone R. Have desert researchers discovered a hidden loop in the carbon cycle？Science，2008，320：1409-1410.

[29] White M A，Thornton P E，Running S W，et al. Parameterization and Sensitivity Analysis of the BIOME–BGC Terrestrial Ecosystem Model：Net Primary Production Controls. Earth Interactions，2000，4：1-85.

[30] Wohlfahrt G，Fenstermaker L F，ARNONE III J A，et al. Large annual net ecosystem CO_2 uptake of a

Mojave Desert ecosystem. Global Change Biology，2008，14：1 475-1 487.

[31] Wylie B K，Gilmanov T G，Johnson D A，et al. Intra-Seasonal Mapping of CO_2 Flux in Rangelands of Northern Kazakhstan at One-Kilometer Resolution. Environ Manage，2004，33：S482-S491.

[32] Xie J，Li Y，Zhai C，et al. CO_2 absorption by alkaline soils and its implication to the global carbon cycle. Environmental Geology，2009，56，953-961.

[33] Zhang C，Li C，Luo G，et al. Modeling plant structure and its impacts on carbon and water cycles of the Central Asian arid ecosystem in the context of climate change. Ecol Model，2013，267，158-179.

第7章 亚洲中部干旱区生态系统碳循环

生态系统碳储量动态是区域碳源/汇特征最直观的表现,是研究区域碳平衡对全球变化响应的基础(Ciais et al,2012;Ni,2001)。干旱半干旱区覆盖了全球 1/3 的陆地面积(Lal,2001),其生态系统对气候变暖、降水格局变化、土地利用变化、大气成分变化尤为敏感(Lal,2009;Lioubimtseva and Henebry,2009;Smith et al,2000)。虽然干旱半干旱生态系统植被有机碳库密度小(Cao and Woodward,1998),但土壤有机碳密度却较大(Wiesmeier et al,2011),并且考虑到其广袤的面积以及对全球变化敏感的特性,特别是其绿洲和山地森林生态系统具有较高的生产力(Rotenberg and Yakir,2010;Scott et al,2006),干旱半干旱生态系统有机碳储量的研究在区域乃至全球尺度的碳循环研究中都具有重要的科学意义(Schimel,2010)。

亚洲中部干旱区植被分布、土壤特性空间异质性显著,气候变化呈现出不同的时空特征(Lioubimtseva et al,2005;Schiemann et al,2008)。近几十年,亚洲中部干旱区人类干扰加剧,如过度放牧、耕地的大面积开垦与撂荒显著影响了亚洲中部干旱区的地表景观格局以及区域的碳水循环(Lioubimtseva,2007a;Luo et al,2012)。以碳循环为表征的亚洲中部干旱区生态系统结构与功能动态,也在气候变异与人为活动双重影响下呈现出新的时空特征(Chuluun and OJIMA,2002b;Lioubimtseva et al,2005)。

7.1 有机碳储量结构与分布

7.1.1 基于经验统计的亚洲中部干旱区生态系统碳库估算结果

该方法主要通过海量文献、数据库、书籍检索,统计中亚不同植被功能类型的植被和土壤有机碳密度数据,并结合中亚植被功能类型图,估算中亚有机碳储量(数据说明详见第 2 章)。根据每条数据的地理坐标与中亚植被图进行数据空间关联,并剔除与植被图中的植被类型不一致的数据记录。最后,借助 GIS 缓冲区分析、叠加分析、邻域计算等技术,估算中亚有机碳储量,描绘空间格局。由于很难保证调查数据在时间序列上的连续性,因此本方法无法估算碳储量的时间动态。

从表 7-1 可以看出,中亚五国植被碳密度最高的植被类型为林地,其次为草地,再次为农田,最低的是以裸地为主的荒漠生态系统。林地植被碳密度显著高于其他植被类型,约为草地、农田和裸地植被碳密度的 9.6 倍、16.2 倍和 72.3 倍。其中林地植被碳密度为 6 236.0 g/m^2;不同研究之间的草地植被碳密度差异很大,植被碳密度介于 61.1 ~

2 500.0 g/m^2，均值为 645.9 g/m^2；农田植被碳密度介于 156.1～633.0 g/m^2，不同研究之间的差异性较小，均值为 384.7 g/m^2；裸地植被碳密度介于 45～100 g/m^2，均值为 86.3 g/m^2。

表 7-1　亚洲中部干旱区陆地生态系统植被碳密度

植被类型	碳密度均值/（gC/m^2）	标准差	资料来源
林地	6 236.0	—	Chuluun and Ojima，2002a
草地	645.9	1 039.9	Chuluun and Ojima，2002a，Propastin and Kappas，2009，Propastin et al，2012
裸地	86.3	27.5	Chuluun and Ojima，2002a，Lioubimtseva，2007b
农田	384.7	157.4	Funakawa et al，2007，Hamzaev et al，2007，Takata et al，2008

对新疆植被碳密度的研究表明，新疆生态系统植被碳密度介于 6.2～25 706.3 g/m^2，不同生态系统的植被碳密度差异显著（表 7-2）。林地是新疆植被碳密度最高的植被类型，植被碳密度为 7 728.1 g/m^2，其中天然针叶林的植被碳密度为 9 597.1 g/m^2，落叶阔叶林的植被碳密度仅为 3 316.3 g/m^2，约为天然针叶林植被碳密度的 1/3。新疆农田植被碳密度为 806.0 g/m^2，高于草地和裸地的植被碳密度。草地的植被碳密度为 585.5 g/m^2，不同草地类型的植被碳密度存在较大的差异。高山草原是植被碳密度最高的草地类型，植被碳密度为 847.5 g/m^2，略高于农田植被碳密度；山地干草原和荒漠草原植被碳密度较低，分别为 559.4 g/m^2、323.0 g/m^2。裸地的植被碳密度最低，仅为农田植被碳密度的 6.8%。

表 7-2　新疆植被碳密度

植被类型	碳密度均值/（gC/m^2）	标准差	资料来源
针叶林	9 597.1	4 477.2	罗天祥，1996，王燕和赵士洞，1999，2000，苏宏新，2005，刘广路，2006，李虎等，2008，包艳丽等，2009
阔叶落叶林	3 316.3	2 145.7	罗天祥，1996，吴晓成，2009，魏艳敏，2010，赵海珍等，2011，胡莎莎等，2012
灌木林	513.8	311.1	王春玲等，2005，赵振勇等，2006，魏艳敏，2010，赵海珍等，2011
高山草原	847.5	454.8	贠静等，2009，安尼瓦尔·买买提等，2006，安尼瓦尔·买买提，2006，李凯辉等，2008，胡玉昆等，2007，Ma et al，2010
山地干草原	559.4	128.7	周斌等，2007，安尼瓦尔·买买提等，2006，安尼瓦尔·买买提，2006，Ma et al，2010
荒漠草原	323.0	122.1	彭建等，2011，安尼瓦尔·买买提等，2006，安尼瓦尔·买买提，2006，郭永盛等，2011，于嵘等，2008，李卫红等，2010，崔夺等，2011
裸地	54.6	61.5	于嵘等，2008，魏艳敏，2010，赵海珍等，2011
农田	806.0	397.0	孟凡德等，2007，于嵘等，2008，罗新宁等，2009，张宏锋等，2009，李晨华等，2010

　　中亚地区，哈萨克斯坦的生态系统碳储量最高，为 23.58 Pg（图 7-1），其中有 13.85 Pg 碳存储在草地生态系统，其次为农田生态系统，约为 4.81 Pg；新疆总生态系统碳储量在中亚各地区中位列第 2（8.81 Pg）。其他地区按总碳储量依次为：乌兹别克斯坦＞土库曼斯坦＞吉尔吉斯斯坦＞塔吉克斯坦。

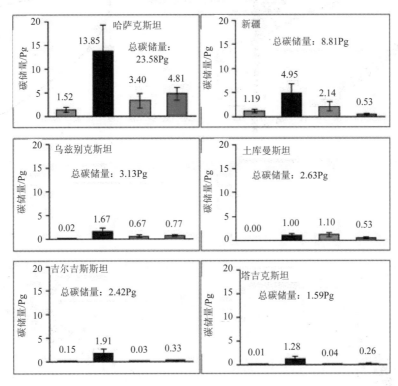

图 7-1　亚洲中部各地区有机碳储量分布图

7.1.2　基于模型模拟的亚洲中部干旱区生态系统碳库估算

7.1.2.1　AEM 模型

　　（1）模型验证。AEM 模型已根据中亚干旱区各植被类型进行了参数化、模型调试与验证。

　　图 7-2a 是 AEM 对不同植被类型根系垂直分布的模拟与观测结果对比。HA 为梭梭，代表非深根吸水功能型灌木；TR 为柽柳，代表深根吸水功能型灌木；CT 为棉花，代表农田；GS 为草地；PS 为雪岭云杉，代表针叶林；PE 为胡杨，代表阔叶林。图 7-2b 是 AEM 对不同深度梭梭、柽柳根系垂直分布的模拟。

　　图 7-3 是 AEM 对两种不同根系吸水模式灌木冠幅的模拟与验证。结果表明，AEM 能够较好地模拟出这两种灌木的冠幅面积 R^2 分别为 0.81 和 0.59。

　　AEM 模拟了新疆地区不同植被类型 1 m 深度土壤有机碳含量，并与实测结果进行了对比（图 7-4）。模拟结果的相对误差小于 $\pm20\%$，在可接受范围之内。其中对草地土壤有机碳含量的模拟最为准确。

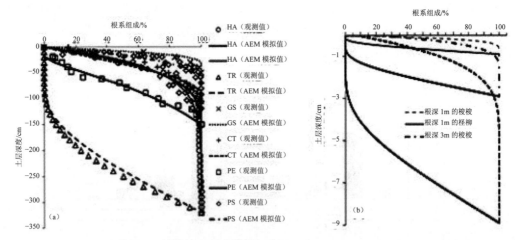

图 7-2　植株地下形态模拟与验证（Zhang et al，2013）

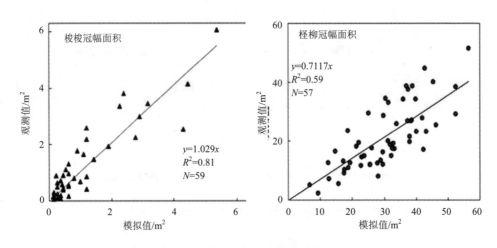

图 7-3　植株地上形态模拟与验证

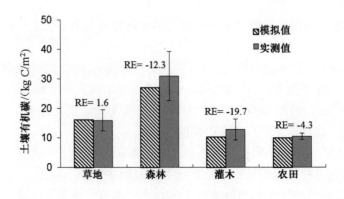

图 7-4　土壤有机碳密度模拟

　　基于巴音布鲁克草原站提供的草地 NPP 数据，以及中国森林生物量和叶面积指数数据集，AEM 针对对应站点进行了模拟与验证（图 7-5）。图 7-5a 表明，AEM 虽然低估了草地和森林的 NPP，但是整体模拟效果较接近观测值，R^2=0.91，RMSE=62.8 g C/（m²·a）。图 7-5b 为 AEM 对草地地上 NPP 的模拟与验证，结果表明 AEM 能够较为准确地模拟草地地上 NPP 的动态。

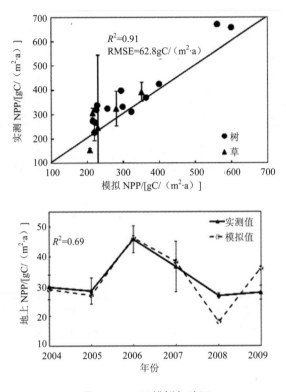

图 7-5　NPP 模拟与验证

　　图 7-6 是阜康荒漠站柽柳群落 2004 年水汽通量的模拟结果。由图可见，AEM 不但能够较好地模拟水汽通量的年内波动（R^2=0.82），而且数值误差也很小（RMSE=0.207 mm/d）。这表明 AEM 能够有效地模拟荒漠灌木的水分利用过程。

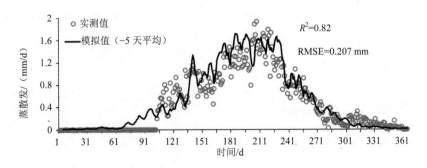

图 7-6　水汽通量模拟与验证

（2）亚洲中部干旱区有机碳储量估算。基于 AEM 的亚洲中部干旱区有机碳储量估算结果表明，中亚有机碳储量为 42.45 Pg C，其中土壤有机碳储量约为 38.07 Pg C，植被碳储量约为 4.08 Pg C。在地区中，哈萨克斯坦由于面积最大（$2.72×10^6$ km^2），故其生态系统有机碳储量也最多，约为 28.93 Pg C，其土壤有机碳储量和植被碳储量分别占中亚的 68%和 73%；其次为中国新疆地区（$1.66×10^6$ km^2），约为 8.26 Pg C。土壤有机碳储量和植被碳储量分别占亚洲中部干旱区的 19%和 20%。这两个地区的有机碳储量站整个中亚的 88%。其他地区按有机碳储量依次为：乌兹别克斯坦＞土库曼斯坦＞吉尔吉斯斯坦＞塔吉克斯坦。

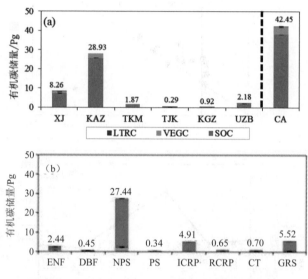

图 7-7　亚洲中部干旱区不同植被类型有机碳储量

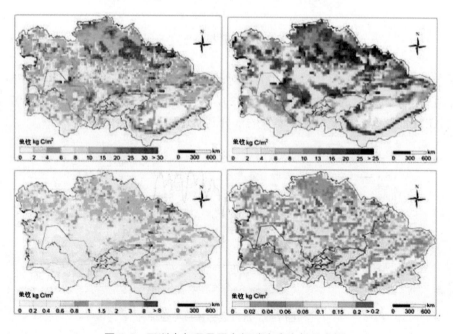

图 7-8　亚洲中部干旱区有机碳密度空间分布图

就各生态系统而言，浅根吸水型灌木有机碳储量最大，为 27.44 Pg C，其中土壤有机碳约为 25.04 Pg C，均占亚洲中部干旱区 50%以上。其次为草地生态系统，草地在亚洲中部干旱区虽然面积最大（占总面积 40%），但由于其植被碳密度较小，其生物量只占总量不足 10%。灌溉农田生态系统的碳储量位居第三，为 4.91 Pg C。其他生态系统类型由于分布面积很小，故其对中亚有机碳储量的贡献也相对有限，如落叶阔叶林、深根吸水型灌木等。

7.1.2.2 Biome-BGC 模型

首先在新疆三工河流域利用野外采集的部分生物量，对模型进行验证。三工河流域位于天山北坡中段，山地草原垂直带谱完整，由半荒漠草原带—山地干旱草原带—森林草甸草原—高寒草甸草原带—高山冰雪石质带构成。半荒漠草原（PDG）的分布下线多为 650 m，山地干旱草原（LMDG）的海拔分布为 650～1 650 m；森林草甸草原（MMFM）分布的海拔高程为 1 650～2 700 m；高寒草甸草原（AM）分布在海拔 2 700～3 400 m 内；其上为高山冰雪石质带所占据（图 7-9）。重点对山地干旱草原（1 296 m）和森林草甸草原（2 376 m）两个模拟站点年地上净初级生产力及月地上净初级生产力分别进行了验证。所有生物量单位均以碳（gC/m^2）的形式表示，植物生物量（单位：g/m^2）转换为碳（gC/m^2），按照方静云等（1996）采用的 0.45；模型中地上净初级生产力用每天碳库转移到叶碳两个通量（cpool_to_leafc 和 cpool_to_leafc_storage）之和表示，年地上净初级生产力为上述两通量年内总和；在无放牧状态（即围栏）下，实测地上年净初级生产力选用 7—8 月最大地上生物量实测值近似表征，由于研究区内缺少足够的实测数据，选取与研究区内模拟站点具有相似生境的生物量实测值对模型进行验证。具体验证方法如下：对于模拟站点 LMDG，利用在天山北坡奇台县 2007 年（1 365 m）和 2008 年（1 356 m）采集的生物量与模型模拟结果进行比较；站点 MMFM 采用天山巴音布鲁克草原观测站（2 577 m）2004—2009 年以及奇台（2027 m）2007 年的生物量实测数据进行验证，结果见图 7-10。

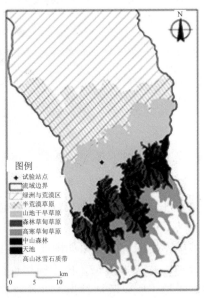

图 7-9　草地空间分布示意图及验证站点分布图

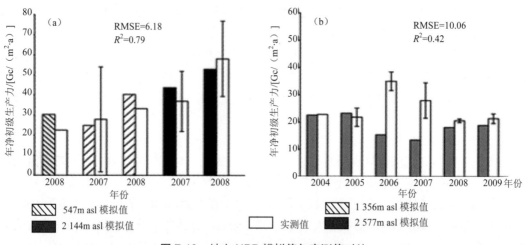

图 7-10　地上 NPP 模拟值与实测值对比

　　模型的区域验证主要利用大量文献中搜集的实测数据与模型结果进行比较，样点分布如图 7-11 所示。

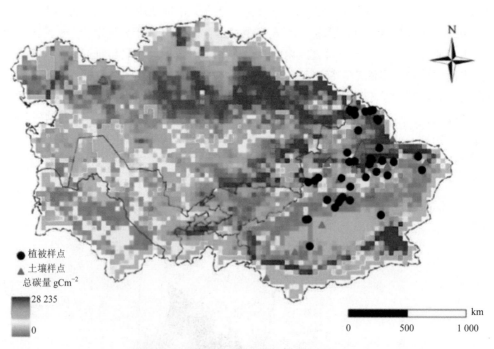

图 7-11　亚洲中部干旱区样点验证数据

　　分别对土壤碳密度和植被碳密度的验证结果如图 7-12 和图 7-13 所示，实测数据和模拟数据的吻合程度较好，R^2 分别为 0.82 和 0.67。由于模型模拟的分辨率为 40 km，在山地高程变化明显的区域不能很好模拟，所以验证站点主要选择在平原区。

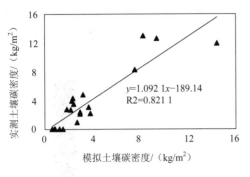

图 7-12 土壤碳密度验证

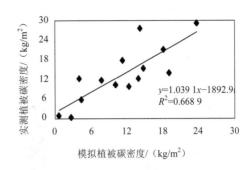

图 7-13 植被碳密度

该部分针对生态系统主要碳库的碳密度及其变化在空间上的分布情况进行描述。图 7-14 为 1979—2011 年平均植被碳库的空间分布，植被碳库主要集中在哈萨克斯坦、吉尔吉斯斯坦和新疆北部，密度最大的区域约为 12 000 g/m²。图 7-14 为土壤碳密度的空间分布特征，其趋势与植被碳密度相似，土壤碳密度最大的区域值约为 23 000 g/m²。由图 7-14 可以看出，除哈萨克斯坦北部和新疆北部碳库有增加趋势之外，其他区域都表现为下降趋势，这表明，亚洲中部干旱区大部分区域在 1979—2011 年期间表现为一个弱的碳源。

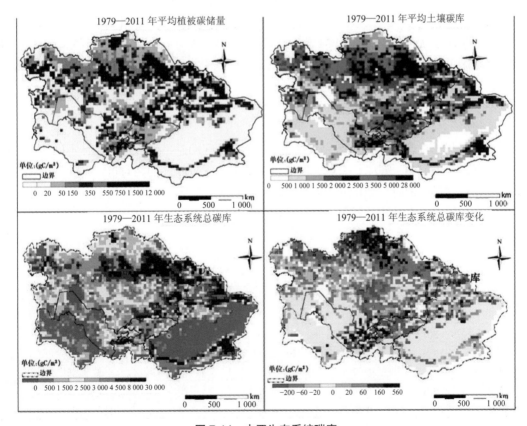

图 7-14 中亚生态系统碳库

该部分主要讨论不同区域（中亚五国和新疆）的整体碳储量及年碳通量变化。图 7-15 显示了亚洲中部干旱区碳储量的基本情况，其中，哈萨克斯坦和新疆分别占 72% 和 14.7%。

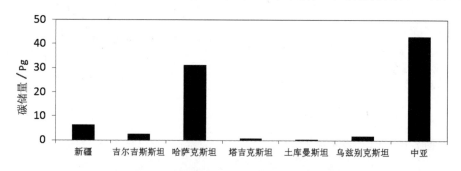

图 7-15　亚洲中部干旱区不同区域碳储量

7.2　气候变化对生态系统碳循环的影响

近几十年，亚洲中部干旱区经历了由人为活动和自然因素共同导致的显著气候变异，并显著影响了其碳循环的时空特征。但由于观测数据稀缺以及干旱区生理生态过程的特殊性，尚没有研究全面探究过该区域循环动态对气候变化的时空响应机制。因此，研究以两个不同的生态系统过程模型（AEM 和 Biome-BGC）为工具，结合多尺度气象、土壤、植被等驱动因子，通过多情景模拟实验，模拟并分析该干旱区近 30 年生态系统碳动态过程及其对气候变化的响应机制。

7.2.1　生态系统模型模拟

首先，基于 3 套气象数据分别模拟近 30 年碳循环动态；然后通过设计不同的情景实验（表 7-3）分析各气候因子及 CO_2 对亚洲中部干旱区碳循环的相对贡献，并探究主要影响因子在群落尺度的时空效应，继而从生理生态机理上解释气候变化影响下的亚洲中部干旱区生态系统碳动态的时空特征。

表 7-3　情景模拟设计

情景	CO_2	气候因子			情景描述
		降水	温度	其他	
Overall	1979—2011 年	1979—2011 年	1979—2011 年	1979—2011 年	气候与 CO_2 变化总效应
CO_2	1979—2011 年	平衡态*	平衡态	平衡态	CO_2 变化效应
CLM	1979 年	1979—2011 年	1979—2011 年	1979—2011 年	气候变化效应
PREC	1979 年	1979—2011 年	平衡态	平衡态	降水变化效应
TEMP	1979 年	平衡态	1979—2011 年	平衡态	温度变化效应
Other	1979 年	平衡态	平衡态	1979—2011 年	其他气候因子变化效应

*平衡态：采用研究时段前 10 年（1979—1988 年）的平均气温状况作为模拟的起始状态。

表 7-3 中，情景 Overall 即为历史气候背景的全要素模拟，反映 1979—2011 年气候和 CO_2 浓度"实际"变化背景下中亚干旱区的碳动态。CO_2、CLM、PREC、TEMP 以及 other 情景则可分别计算出对应因子变化对区域碳循环动态的相对贡献率。

基于各气候因子相对贡献率的大小，明确中亚区域碳循环的关键影响因子。然后分析关键影响因子的时空效应，确定关键因子影响碳循环的主要时间和区域。关键因子的主要作用时段和热点区域，分析该因子的时空变化特征，探究各植被类型生理生态过程对该因子变化的响应，从而从机理上解释亚洲中部干旱区生态系统碳循环对气候变化的时空响应。

7.2.2　模拟结果分析

7.2.2.1　AEM 模型

（1）近 30 年新疆碳循环时空格局。AEM 模拟了新疆地区碳循环对过去近 30 年气候变化的时空格局响应。

图 7-16 表明，1981—2007 年仅在气候变化影响下新疆地区生态系统为碳汇，累积固碳约为 137.6 Tg，其中植被碳储量的贡献率最大，为 78.4%（107.9 Tg），且其波动趋势与降水变化趋势相关性显著（$r=0.82$，$p<0.05$）。

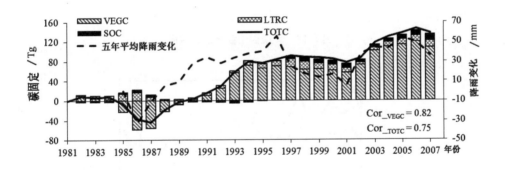

图 7-16　1981—2007 年新疆累积碳固定

图 7-17 表明，施肥效应对各生态系统碳库正效应最显著，且对植被碳库的效应最大；1981—2007 年的气候变化降低土壤有机碳储量，增加植被碳储量，使生态系统总碳储量增加（碳汇）。由图 7-17b 可见，气候变化和 CO_2 浓度升高对常绿针叶林碳密度正效应最大，气候变化对落叶阔叶林碳密度的负效应最明显。深根吸水型灌木生物量受温度影响大于降水影响，而非深根功能型灌木则相反。该结论与实验观测结果一致，进一步体现了 AEM 对荒漠植被水分利用机制模拟的合理性。

（2）中亚近 30 年碳循环时空格局。图 7-18 表明，1979—2011 年，中亚年平均温度升高约 0.04℃/a，年总降水减少约 5.84 mm/a。NPP 和土壤呼吸与降水显著正相关（表 7-4），相关系数分别为 0.82 和 0.75；与温度负相关，相关系数分别为 −0.45 和 −0.32。

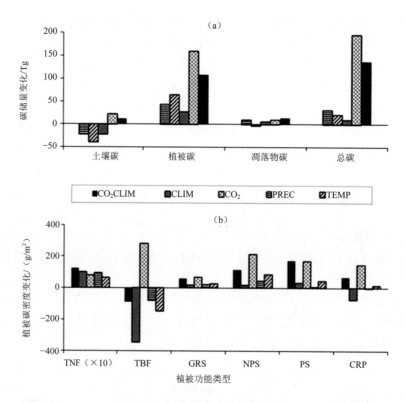

图 7-17　环境因子变化的碳效应

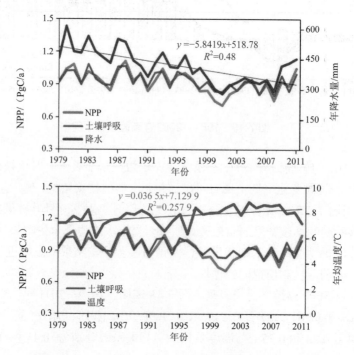

图 7-18　中亚 NPP、土壤呼吸、降水、温度年际变化（1979—2011 年）

表 7-4　NPP、土壤呼吸与降水、温度相关系数矩阵

相关系数矩阵	NPP	土壤呼吸
降水	$R =0.82$, $p<0.01$	$r=0.75$, $p<0.01$
温度	$R =-0.45$, $p<0.01$	$r =-0.32$, $p =0.07$

1979—2011 年，亚洲中部干旱区累积 NEE 总体呈减少趋势，尤其从 1997 年以后，降低趋势极为明显（图 7-19）。各地区中，哈萨克斯坦和新疆累积 NEE 的减少最为明显，为较强的碳源。而吉尔吉斯斯坦与塔吉克斯坦的累积 NEE 在研究时段内恒为正值（碳汇），但由于这两个地区面积较小，其微弱的碳汇效应并没有改变整个亚洲中部干旱区的碳源特征。

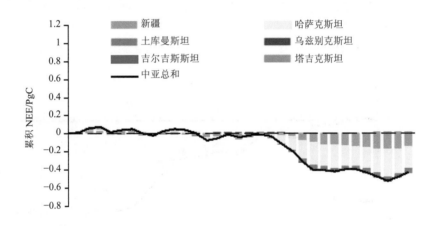

图 7-19　亚洲中部干旱区各地区累积 NEE 变化

1979—2011 年，CO_2 升高的正效应使各碳库的碳储量增加（图 7-20）。而气候变化则为负效应，尤其在 1997 年以后，气候变化使植被碳库显著减小，并直接导致了生态系统总碳库的减小。虽然，CO_2 对土壤有机碳库的施肥效应大于气候变化的负效应，但总体来看，气候变化仍然是亚洲中部干旱区失碳的主要原因。

通过模拟不同植被类型对气候变化的响应（图 7-21），结果表明气候变化的负效应对浅根灌木和草地生态系统影响最大，使浅根灌木植被碳库累积失碳-0.71 Pg，草地-0.23 Pg，且自 1997 年起，气候变化使浅根灌木植被碳库急剧减少。其他植被类型对气候变化的响应不明显。

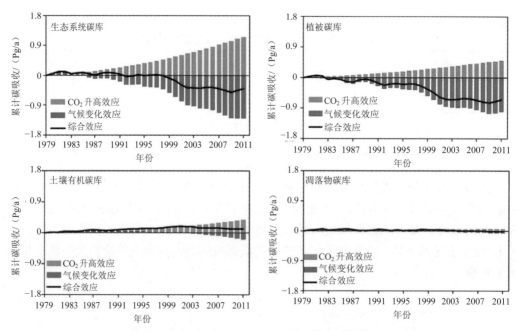

图 7-20 亚洲中部干旱区气候变化和 CO_2 升高对生态系统碳储量的影响

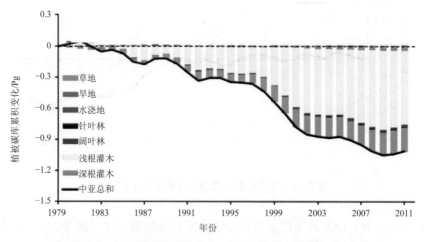

图 7-21 不同植被类型碳库累积变化对降水变化的响应

7.2.2.2 Biome-BGC 模型

（1）流域尺度碳循环（玛纳斯河流域）。

☞ NPP 历史变化：利用经过验证的 Biome-BGC 模型，模拟玛纳斯河流域 1962 年以来的单位面积 NPP 变化情况（图 7-22）。其中，农作物的单位面积 NPP 值最大，多年平均值达到 531.46 g C/（m^2·a），其次为温带常绿针叶林和灌木，而中低山干旱草原和高寒草甸草原的单位面积 NPP 值最小，多年均值仅为 55.7 g C/（m^2·a）和 30.1 g C/（m^2·a）。分析各植被功能类型单位面积 NPP 变化趋势，农作物的 NPP 值呈缓慢波动上升状态，其他植被功能类型均未表现出明显的变化趋势。

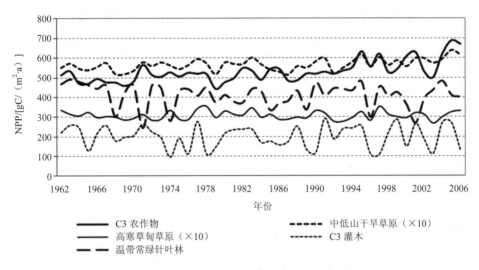

图 7-22 1962—2008 年玛纳斯河流域不同植被功能类型单位面积 NPP

☞ 利用上述单位面积 NPP 值和土地利用变化数据，计算玛纳斯河流域 1962—2008
年不同植被功能类型净初级生产力总量及累加值（图 7-23 和表 7-5）。

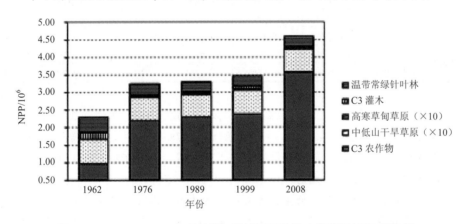

图 7-23 1962—2008 年玛纳斯河流域不同植被功能类型 NPP 累积量

☞ 从植被净初级生产力总量分析，玛纳斯河流域植被 NPP 呈增加趋势，1962 年流域
植被 NPP 总量为 2.31×10^6 t，1976 年增加到 3.25×10^6 t，到 2008 年达到 4.59×10^6 t，
较 1962 年增加了约一倍，46 年间年均增长率为 2.14%。从不同植被功能类型构成
分析，农作物占所有年份 NPP 总量的比例最高，1962 年为 42.32%，到 2008 年上
升到 77.99%，NPP 净增 2.6×10^6 t，年均增长率为 5.78%；其次为中低山干旱草原
的比例也较大，1962 年占 30.11%，到 2008 年下降到 14.12%；高寒草甸草原的 NPP
总量很小，但年均增长率最高，达到 9.12%；灌木、温带常绿针叶林和中低山干旱
草原的 NPP 呈下降趋势，到 2008 年灌木的 NPP 最小，约占总量的 0.37%。从植被
净初级生产力变化过程分析，全过程可分为 3 个部分，1962—1976 年与 1999—2008
年为 NPP 迅速增长阶段，1976—1999 年为 NPP 缓慢增长阶段。

表 7-5　1962—2008 年玛纳斯河流域不同植被功能类型 NPP 总量　　　　　单位：t

年份	统计指标	C3 农作物	中低山干旱草原	高寒草甸草原	C3 灌木	温带常绿针叶林	总量
1962	NPP	978 687.19	696 329.01	10 673.44	173 016.71	453 669.00	2 312 375.34
	比例	42.32%	30.11%	0.46%	7.48%	19.62%	100.00%
1976	NPP	2 198 686.78	660 105.04	47 511.99	27 859.10	313 400.54	3 247 563.44
	比例	67.70%	20.33%	1.46%	0.86%	9.65%	100.00%
1989	NPP	2 307 517.85	629 555.85	48 780.19	33 083.20	279 834.74	3 298 771.83
	比例	69.95%	19.08%	1.48%	1.00%	8.48%	100.00%
1999	NPP	2 377 446.73	676 588.08	49 687.20	66 090.98	294 130.94	3 463 943.93
	比例	68.63%	19.53%	1.43%	1.91%	8.49%	100.00%
2008	NPP	3 580 720.37	648 478.60	55 473.55	16 965.03	289 911.07	4 591 548.62
	比例	77.99%	14.12%	1.21%	0.37%	6.31%	100.00%
1962—1976	NPP	1 219 999.59	−36 223.97	36 838.55	−145 157.62	−140 268.46	935 188.10
	年变化率	8.90%	−0.37%	24.65%	−5.99%	−2.21%	2.89%
1976—1989	NPP	108 831.08	−30 549.19	1 268.20	5 224.10	−33 565.80	51 208.39
	年变化率	0.38%	−0.36%	0.21%	1.44%	−0.82%	0.12%
1989—1999	NPP	69 928.88	47 032.23	907.01	33 007.78	14 296.20	165 172.11
	年变化率	0.30%	0.75%	0.19%	9.98%	0.51%	0.50%
1999—2008	NPP	1 203 273.64	−28 109.48	5 786.35	−49 125.95	−4 219.87	1 127 604.69
	年变化率	5.62%	−0.46%	1.29%	−8.26%	−0.16%	3.62%
1962—2008	NPP	2 602 033.18	−47 850.41	44 800.11	−156 051.68	−163 757.93	2 279 173.28
	年变化率	5.78%	−0.15%	9.12%	−1.96%	−0.78%	2.14%

☞ 通过分析玛纳斯河流域乌兰乌苏农气站 1962—2008 年的施肥和灌溉数据（图 7-24），表明施肥量在 1978 年以前很低，1978 年以后呈持续增加趋势，到 2008 年达到 0.13 kg/m²，而灌溉量呈波动下降趋势，由 1962 年的 1 200 kg/m² 下降到 2008 年的 500 kg/m² 左右。灌水量持续降低与灌溉方式密切相关，玛纳斯河流域开发初期，以大水漫灌为主，随着技术进步逐渐转变为沟灌和畦灌，特别是 2000 年以后滴灌大规模普及，水分利用效率大幅提高，单位面积灌溉量呈现下降趋势。施肥量主要受肥料类型影响，1978 年以前主要以绿肥为主，随着化肥的普及导致施肥总量持续升高。

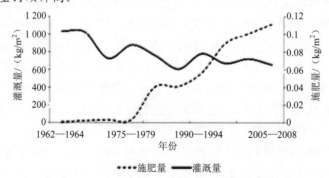

图 7-24　乌兰乌苏站灌溉与施肥量 5 年滑动平均值

（2）多情景模拟分析。

☞ 情景一：假设在 1962—2008 年，玛纳斯河流域气候条件不变，即以 1962 年的气象数据作为全部模拟过程的气象因子初始值，模拟在农业管理中的灌溉和施肥作用下绿洲 NPP 总量及变化趋势，分析灌溉和施肥对绿洲 NPP 的影响（图 7-25）。玛纳斯河流域绿洲 NPP 总体呈上升趋势，绿洲 NPP 总量由 1962 年的 5.6×10^5 t 增加到 2008 年的 1.62×10^6 t，46 年间净增加 1.06×10^6 t。变化幅度最大的时段为 1962—1976 年，NPP 增长率为 69.71%，而 1989—1999 年增幅最小，增长率为 7.28%。上述分析表明，气候条件不变情形下的 NPP 变化趋势与自然生长状态下的 NPP 变化特征相似。

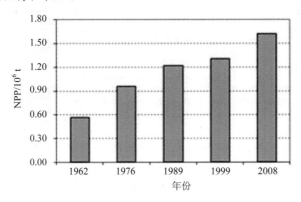

图 7-25　灌溉和施肥条件下的绿洲 NPP 变化

☞ 情形二：假设 1962—2008 年，玛纳斯河流域农业管理方式不变，即不考虑灌溉和施肥对农田生态系统的影响，模拟气候变化条件下的绿洲 NPP 总量与变化趋势（图 7-26），并分析气候变化对 NPP 的影响。

玛纳斯河流域绿洲 NPP 总体呈上升趋势，NPP 总量由 1962 年的 1.1×10^5 t 增加到 2008 年的 4.1×10^5 t，46 年间净增加 3.0×10^5 t，但在 1976—1999 年出现微弱减少。变化幅度最大的时间段为 1962—1976 年，NPP 增长率达到 158.43%，其次为 1999—2008 年，增长率为 56.53%。对比玛纳斯河流域正常生长状态下的 NPP 变化，发现在农业管理措施不变的条件下绿洲 NPP 变化趋势与之相符，即呈增加趋势，但 1976—1999 年绿洲 NPP 呈减少趋势，与正常生长状态有所差异。

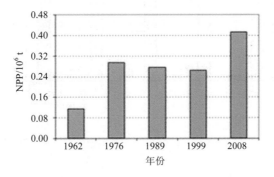

图 7-26　气候变化条件下的绿洲 NPP 变化

对比情形一与情形二的模拟结果，即气候条件不变与农业管理措施不变的条件下单位面积农作物 NPP 的变化趋势（图 7-27），可以看出，在气候条件不变、农业管理措施影响下的单位面积农作物 NPP 值大约为正常生长状态下的一半，而气候条件改变、农业管理缺失状况下的单位面积农作物 NPP 全部低于 $100\ \mathrm{g\ C/(m^2 \cdot a)}$，即灌溉和施肥对单位面积 NPP 的作用影响显著。

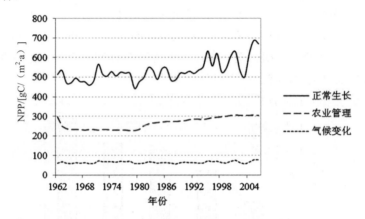

图 7-27　玛纳斯河流域自然状况与两种假设情形下的单位面积 NPP 变化趋势

对比两种假设条件下的玛纳斯河流域绿洲 NPP 总量模拟结果（图 7-28 和表 7-6），情形一的绿洲 NPP 变化趋势与自然状况相似，总体呈增加趋势，到 2008 年 NPP 净增 $1.06 \times 10^6\ \mathrm{t}$，占自然状况下 NPP 净增总量的 40.63%；情形二的绿洲 NPP 总量偏低，到 2008 年 NPP 净增 $3.0 \times 10^5\ \mathrm{t}$，占自然状况下 NPP 净增总量的 11.51%。显然，农业管理变化引起的绿洲 NPP 变化更加显著，而农业管理缺失、气候变化引起的玛纳斯河流域绿洲 NPP 变化相对微弱，即气候变化背景下的玛纳斯河流域绿洲 NPP 变化不显著，农业管理措施是引起玛纳斯河流域绿洲 NPP 变化的主要原因。

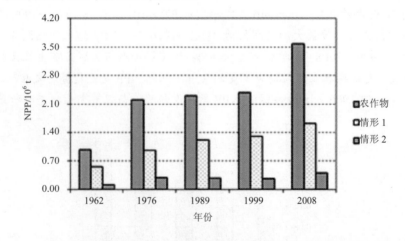

图 7-28　玛纳斯河流域自然状况与两种假设情形下的 NPP 总量对比

表 7-6　玛纳斯河流域自然状况与两种假设情形下的 NPP 总量对照表　　　　单位：t

	1962 年	1976 年	1989 年	1999 年	2008 年	1962—2008 年变化量
农作物	978 687.19	2 198 686.78	2 307 517.85	2 377 446.73	3 580 720.37	2 602 033.18
情形 1	564 414.97	957 843.74	1 220 688.47	1 309 584.56	1 621 579.21	1 057 164.24
	57.67%	43.56%	52.90%	55.08%	45.29%	40.63%
情形 2	114 367.30	295 558.43	275 696.52	264 452.16	413 940.68	299 573.38
	11.69%	13.44%	11.95%	11.12%	11.56%	11.51%

7.2.2.3　生态系统碳循环特征

该部分主要针对生态系统碳通量变化在空间上的分布情况。图 7-29a 为 1979—2011 年植被净初级生产力，生产力最高的区域主要集中在山区及哈萨克斯坦北部的灌溉农田，生产力最大的区域约为 1 000 gC/m²。图 7-29b 为生态系统碳通量 NEE 的空间分布特征，除哈萨克斯坦中部及新疆北部外，其他大部分区域都是负值，表明中亚总体为碳源。图 7-29c 是土壤呼吸的空间变化，其趋势与 NPP 的空间分布趋势相同。图 7-29d 为 1979—2011 年生态系统净初级生产力的变化，哈萨克斯坦中部的生产力呈现下降趋势。

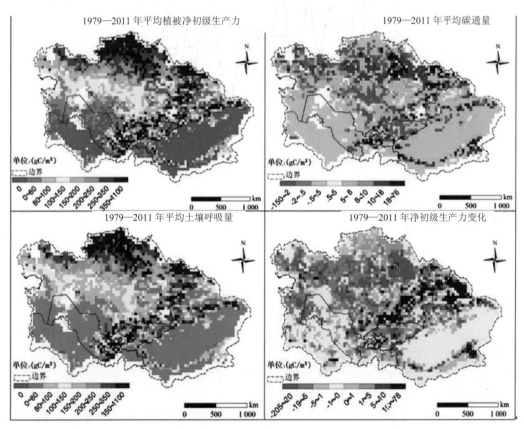

图 7-29　亚洲中部干旱区生态系统碳通量

由图 7-30 可以看出，CO_2 的施肥效应很明显，但是气候变化导致的碳通量减少效应更为明显。总体来说，1979—2011 年 NEE 为负值，表现为弱碳源。气候变化与 NEE 的关系如图 7-31 所示。

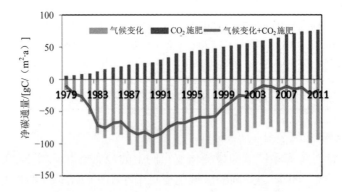

图 7-30　NEE 对气候变化和人类活动的响应曲线

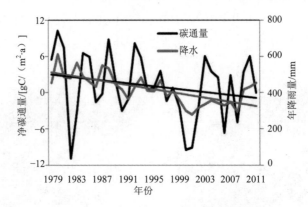

图 7-31　1979—2011 年降水量与年 NEE

参考文献

[1] 安尼瓦尔·买买提，杨元合，郭兆迪，等. 新疆草地植被的地上生物量. 北京大学学报：自然科学版，2006，42：521-526.

[2] 安尼瓦尔·买买提. 新疆草地生态系统碳、氮储量研究，北京：北京大学，2006.

[3] 安尼瓦尔·买买提，杨元合，郭兆迪，等. 新疆天山中段巴音布鲁克高山草地碳含量及其垂直分布. 植物生态学报，2006，30：545-552.

[4] 崔夺，李玉霖，王新源，赵学勇，等. 北方荒漠及荒漠化地区草地地上生物量空间分布特征. 中国沙漠，2011，31：868-872.

[5] 郭永盛，李鲁华，危常州，等. 施氮肥对新疆荒漠草原生物量和土壤酶活性的影响. 农业工程学报，2011，27：249-256.

[6] 胡莎莎，张毓涛，李吉玫，等. 新疆杨生物量空间分布特征研究. 新疆农业科学，2012，49，1059-1065.

[7] 胡玉昆,李凯辉,王鑫,等. 巴音布鲁克高寒草甸不同群落类型的生物量. 资源科学,2007,29:147-151.

[8] 李晨华,李彦,唐立松,刘燕. 盐化灰漠土开垦前后碳存贮与碳释放的分层特征. 干旱区研究,2010,27:385-391.

[9] 李虎,慈龙骏,方建国,等. 新疆西天山云杉林生物量的动态监测. 林业科学,2008,44:14-19.

[10] 李凯辉,王万林,胡玉昆,等. 不同海拔梯度高寒草地地下生物量与环境因子的关系. 应用生态学报,2008,19:2364-2368.

[11] 李卫红,周洪华,杨晓明,等. 干旱荒漠区草地植物群落地上生物量时空分布对地下水的响应. 草业学报,2010,19:186.

[12] 刘广路. 天山云杉生长规律与天山植物群落生产力研究. 保定:河北农业大学,2006.

[13] 罗天祥. 中国主要森林类型生物生产力格局及其数学模型. 北京:中国科学院研究生院,1996.

[14] 罗新宁,陈冰,张巨松,等. 氮肥对不同质地土壤棉花生物量与氮素积累的影响. 西北农业学报,2009,18,160-166.

[15] 孟凡德,马林,石书兵,等. 不同耕作条件下春小麦干物质积累动态及其相关性状的研究. 麦类作物学报,2007,27:693-698.

[16] 彭建,李刚勇,闫凯. 新疆昭苏马场春秋草场退化草地生物量的研究. 草食家畜,2011,68-70.

[17] 苏宏新. 全球气候变化条件下新疆天山云杉林生长的分析与模拟. 北京:中国科学院研究生院,2005.

[18] 王春玲,郭全水,谭德远,等. 准噶尔盆地东南缘不同生境条件下梭梭群落结构特征研究. 应用生态学报,2005,16:1224-1229.

[19] 王燕,赵士洞. 天山云杉林生物量和生产力的研究 应用生态学报,1999,10:389-391.

[20] 魏艳敏.荒漠环境规模化人工杨树林生物量和碳储量研究. 乌鲁木齐:新疆大学,2010.

[21] 吴晓成.新疆额尔齐斯河天然杨柳林生产力与碳密度的研究. 内蒙古农业大学,呼和浩特,2009.

[22] 于嵘,蔡博峰,温庆可,等. 基于 MODIS 植被指数的西北农业灌溉区生物量估算. 农业工程学报,2008,24:141-144.

[23] 负静,王万林,安沙舟,等.昭苏马场不同垂直带草地类型生物量的研究. 草业科学,2009,26:19-22.

[24] 张宏锋,欧阳志云,郑华,等.玛纳斯河流域农田生态系统服务功能价值评估. 中国生态农业学报,2009,17:1259-1264.

[25] 赵海珍,巴特尔,巴克,等.荒漠区新建林及外围荒漠植被生物量分析. 新疆农业大学学报,2011,34:244-248.

[26] 赵振勇,王让会,张慧芝,等.天山南麓山前平原柽柳灌丛地上生物量. 应用生态学报,2006,17:1557-1562.

[27] 周斌,乔木,冯缨. 伊犁河谷春秋草场草地生态调查及其恢复对策术. 生态学杂志,2007,26:528-532.

[28] Cao M,Woodward F I. Net primary and ecosystem production and carbon stocks of terrestrial ecosystems and their responses to climate change. Global Change Biol,1998,4:185-198.

[29] Chuluun T,Ojima D. Land use change and carbon cycle in and and semi-arid lands of East and Central Asia. Sci. China Ser. C-Life Sci,2002a,45:48-54.

[30] Chuluun T,OJIMA D. Land use change and carbon cycle in arid and semi-arid lands of East and Central Asia. Science in China(Series C),2002b,45:10.

[31] Ciais P,Tagliabue A,Cuntz M. Large inert carbon pool in the terrestrial biosphere during the Last

Glacial Maximum. Nature Geoscience，2012，5：74-49.

[32] Hamzaev A，Astanakulov T，Ganiev I. et al. Cover crops impacts on irrigated soil quality and potato production in Uzbekistan. Climate Change and Terrestrial Carbon Sequestration in Central Asia，2007，349.

[33] Lal R. Potential of Desertification Control to Sequester Carbon and Mitigate the Greenhouse Effect. Climatic Change，2001，51：35-72.

[34] Lal R. Sequestering carbon in soils of arid ecosystems. Land Degrad Dev，2009，20：441-454.

[35] Lioubimtseva E. Possible changes in the carbon budget of arid and semi-arid Central Asia inferred from land-use/landcover analyses during 1981-2001，in：Lal，R，Suleimenov，M，Stewart，B.A，Hansen，D.O，Doraiswami，P.（ed.），Climate change and terrestrial carbon sequestration in Central Asia. Taylor & Francis，London：2007a，441-452.

[36] Lioubimtseva E. Possible changes in the carbon budget of arid and semi-arid Central Asia inferred from landuse/landcover analyses during 1981 to 2001. Climate change and terrestrial carbon sequestration in Central Asia，2007b，441-452.

[37] Lioubimtseva E，Cole R，Adams J M，et al. Impacts of climate and land-cover changes in arid lands of Central Asia. J Arid Environ，2005，62：285-308.

[38] Lioubimtseva E，Henebry G M. Climate and environmental change in arid Central Asia：Impacts，vulnerability，and adaptations. J Arid Environ，2009，73：963-977.

[39] Luo G，Han Q，Zhou D，et al. Moderate grazing can promote aboveground primary production of grassland under water stress，ECOL COMPLEX，2012.

[40] Ma W H，Fang J Y，Yang Y H，et al. Biomass carbon stocks and their changes in northern China's grasslands during 1982-2006. SCIENCE CHINA Life Sciences，2010，53：841-850.

[41] Ni J. Carbon Storage in Terrestrial Ecosystems of China：Estimates at Different Spatial Resolutions and Their Responses to Climate Changes. Climatic Change，2001，49：330-359.

[42] Propastin P，Kappas M. Modeling net ecosystem exchange for grassland in Central Kazakhstan by combining remote sensing and field data. Remote Sensing，2009，1：159-183.

[43] Propastin P A，Kappas M W，Herrmann S M，et al. Modified light use efficiency model for assessment of carbon sequestration in grasslands of Kazakhstan：combining ground biomass data and remote-sensing. International Journal of Remote Sensing，2012，33：1465-1487.

[44] Rotenberg E，Yakir D. Contribution of semi-arid forests to the climate system. Science，2010，327：451-454.

[45] Schiemann R，Lüthi D，Vidale P L，et al. The precipitation climate of Central Asia—intercomparison of observational and numerical data sources in a remote semiarid region. Int J Climatol，2008，28：295-314.

[46] Schimel D S. Drylands in the Earth System. Science，2010，327：418-419.

[47] Scott R L，Huxman T E，Williams D G. et al. Ecohydrological impacts of woody-plant encroachment：seasonal patterns of water and carbon dioxide exchange within a semiarid riparian environment. Global Change Biol，2006，12：311-324.

[48] Smith S D，Huxman T E，Zitzer S F，et al. Elevated CO_2 increases productivity and invasive species

success in an arid ecosystem. Nature，2000，408：79-82.

[49] Takata Y，Funakawa S，Yanai J，et al. Influence of crop rotation system on the spatial and temporal variation of the soil organic carbon budget in northern Kazakhstan. Soil Sci Plant Nutr，2008，54：159-171.

[50] Wiesmeier M，Barthold F，Blank B，et al. Digital mapping of soil organic matter stocks using Random Forest modeling in a semi-arid steppe ecosystem. Plant Soil，2011，340：7-24.

[51] Zhang C，Li C，Luo G，et al. Modeling plant structure and its impacts on carbon and water cycles of the Central Asian arid ecosystem in the context of climate change. Ecol Model，2013.

第8章 人类活动对亚洲中部碳平衡的影响

近年来，气候变化特别是温室效应增加导致的全球气候变暖，已成为现代地理学、环境学和生态学等学科共同关注的焦点。人类活动对全球气候变化的影响程度远远超过了自然变化本身。理解人类活动对生物圈和全球气候的影响，是地球科学面临的挑战（Shevliakova et al. 2009）。温室气体排放导致温室效应增强所引发的各种气候与环境问题（Houghton et al. 2001）。化石燃料的燃烧增大全球温室气体浓度，导致全球变暖，这一点已取得科学界的共识（毛慧琴等，2011）。随着全球变化研究的深入，人们越来越认识到土地利用/覆盖变化（LUCC）在全球气候变化中的重要性（摆万奇和赵士洞，1997）。据IPCC估算，1850—1998年由土地利用变化引起的CO_2排放量约占人类活动总排放量的1/3（Watson et al. 2000）。作为全球气候变化的重要影响因素之一，土地利用变化通过改变生态系统的结构（物种组成、植被覆盖度、叶面积指数、生物量）和功能（生物多样性、能量平衡、碳、氮、水循环等）来影响生态系统碳循环过程，同时覆被变化显著改变生态系统各部分物质生产方式，进而影响生态系统碳储存与释放（Watson et al. 2000，陈广生和田汉勤，2007，葛全胜等，2008，刘纪远等，2011）。目前，全球陆地生态系统碳源/汇时空分布格局与变化机制还存在很大的不确定性，土地利用/覆被变化作为其中最大的不确定因素，给气候预测和《京都议定书》的执行也带来很大的不确定性（Canadell and Pataki 2002，Houghton et al. 2000，Levy et al. 2004）。因此，精确估算土地利用/覆被变化对陆地生态系统碳收支的影响是当前全球变化研究领域的重点内容，也是解答全球"碳失汇"问题最有可能的途径（Sampson et al. 1993）。

土地利用变化对区域碳平衡影响的相关研究，主要以碳密度较高的热带雨林和温带季风区森林为研究对象，对干旱半干旱区缺乏关注，这是由于干旱半干旱地区植被稀疏且生物量低、矿化强烈、土壤有机质含量低（Maestre and Cortina，2003）。土地利用变化对区域碳动态的影响因气候、土壤和植被分布区域差异具有很大的不确定性。在全球尺度的相关研究中，对干旱区的相关参数常采取简化或统一处理，尚未体现干旱区的特色，导致干旱区土地利用变化对区域碳储量的影响认识出现明显的偏差。对于区域尺度的碳收支研究，是全球尺度和国家尺度综合研究的基础（李家洋等，2006），干旱区土地利用变化对碳平衡的影响已成为陆地碳收支估算中的薄弱环节。

土地利用/覆被变化包含两层涵义：管理（management）和转换（conversion）（Houghton 2010），也有学者认为土地利用变化的两种主要类型为：渐变（modification）和转换（conversion）（Turner et al，1994）。虽然对土地利用/覆被变化主要形式的分类和定义存在差异，但具有相同的内涵。渐变和管理都是指一种土地覆被类型的内部变化，如森林砍伐、农田管理、放牧等；转换则指一种土地覆被类型转变为其他覆被类型，如森林转变为农田或草地。农田开垦、耕地转移、林产品收获与植树造林，以及放牧是亚洲中部干旱区主要的土地利用覆被变化类型，并影响着亚洲中部干旱区的碳循环。

8.1　土地开垦和耕地转移对碳平衡的影响

碳循环是生物地球化学循环研究的核心内容之一，含碳化合物在大气圈—土壤圈—水圈—生物圈的循环过程，直接影响了人类生存和各种生物生存环境的稳定性（杨景成等，2003）。陆地生态系统作为重要的碳库，在全球碳循环中起着重要的作用。而生态系统与大气之间碳的净通量主要取决于两个独立的过程：①土地利用和人类活动引起的地表变化；②自然干扰（Campbell et al. 2000）。而在过去的 140 年间受土地利用变化的影响，陆地生物圈成为一个巨大的碳释放源（Houghton 1999）。同时，随着各国对《京都议定书》的重视，全球和区域尺度土地利用变化对碳循环影响的研究不断深入，且从不同时空尺度针对土地利用变化与碳循环的关系开展了大量研究。同时，利用不同的方法或模型，从不同时间尺度和空间尺度估算了区域土地利用变化引起的碳排放。在研究方法方面，Houghton 等（Houghton et al. 1983b）建立的"簿记"（Bookkeeping）模型是研究土地利用/覆被变化对碳收支影响最普遍、最广泛的经验统计模型（潘嫄，2006；任伟等，2011）。

土地覆被变化引起地上植被碳储量发生变化，在此过程中一部分植被碳以枯枝落叶的形式留在原地，进入土壤转化为土壤有机碳；另一部分植被以不同的方式被利用，或用于建筑工程，或用于家具制作，或用于薪柴燃料等（葛全胜等，2008）。虽然移走植被，碳最终进入大气，但受利用方式影响，植被碳释放速率存在差异。同时，受地表植被的变化以及人类活动的影响，土壤有机碳储量增加或者减少（图 8-1）。

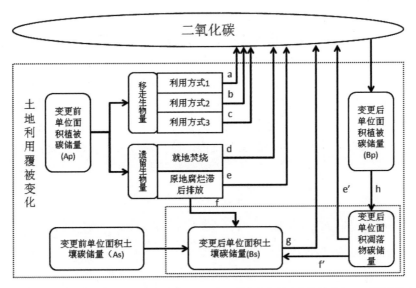

注：图中 a、b、c、d、e、e'分别表示不同的氧化速率；f、f'表示凋落物分解为有机质速率；h 表示植被组织凋落速率。

图 8-1　土地覆被类型变化发引起碳排放与吸收过程图

8.1.1 Bookkeeping 模型

该模型不同于生态过程模型，是基于清算法的统计模型。模型以年为时间步长，计算土地利用/覆被变化对陆地生态系统碳通量的影响。该模型的关键问题在于获取不同生态系统的碳密度以及逐年土地利用变化数据，因此该模型基于如下两类信息：土地利用变化速率以及同土地利用变化相联系的植被和土壤碳密度变化。在模型计算过程中，不同生态系统的碳密度值以及碳密度的变化速率一般通过文献调查获得。统计每种土地利用/覆被类型变化面积及干扰作用的时间，累加植被和土壤碳储量的年际变化值，即可评估生物碳库储量的变化及碳排放量（任伟 等，2011）。模型需要给出每种生态系统类型的植被和土壤碳在不同干扰下的响应曲线，尽管每一种响应曲线的形式相似，但幅度和方向有差异。本模型方法的核心是响应函数的构建和使用。

8.1.1.1 模型表达

（1）植被碳释放量。土地开垦过程中对植被的清理活动，使一部分遗留在原地的生物量，以一定速率进入土壤成为土壤碳或释放到空气当中；一部分生物量被移走，虽然植被碳最终被氧化进入大气，但受利用方式的影响，其氧化速率存在显著差别。由于氧化速率的差异，在一定时间内会形成产品库，对碳排放量的估算造成影响。第 t 年内由土地利用/覆被变化引起的植被碳年释放量 M_t' 可以表示为：

$$M_t' = \sum_{i=1}^{z} \sum_{j=1}^{z} M_{i,j,t}' = \sum_{i=1}^{z} \sum_{j=1}^{z} \left(\sum_{n=t-x_1}^{t} A_{i,j,n} \times \frac{m_i \times a\%}{x_1} + \sum_{n=t-x_2}^{t} A_{i,j,n} \times \frac{m_i \times b\%}{x_2} + \sum_{n=t-x_3}^{t} A_{i,j,n} \times \frac{m_i \times c\%}{x_3} \right)$$

（8.1）

式中：i，j——土地利用/覆被类型；

z——土地利用/覆被类型总数；

n——t 年之前的 n 年，$0 \leqslant n \leqslant t$；

$A_{i,j,n}$——第 n 年土地利用/覆被类型 i 向土地利用/覆被类型 j 转化面积；

m_i——土地利用/覆被类型 i 的植被碳密度；

$a\%$、$b\%$、$c\%$——x_1 年、x_2 年和 x_3 年氧化速率的植被碳占总碳储量百分比。

（2）碳密度变化速率。碳密度对土地覆被变化的响应曲线，刻画的是土地覆被发生变化后，碳密度在时间序列上的变化来表现碳密度在不同时间段内的变化速率。碳密度的变化速率与时间的乘积可以表示为碳密度变化值。植被碳与土壤碳密度变化速率 $v_{i,j}$ 均可用下式表示：

$$v_{i,j} = \begin{cases} v_1 = \dfrac{\Delta c_1}{T_1}, t-n < T_1 \\[2mm] v_2 = \dfrac{\Delta c_2}{T_2 - T_1}, T_1 < t-n < T_2 \\[1mm] \vdots \\[1mm] v_n = \dfrac{\Delta c_n}{T - T_{n-1}}, T_{n-1} < t-n < T \end{cases}$$

（8.2）

式中：T_1、T_2，…，T_{n-1}——土地利用变化发生后不同时间；

　　　t——碳密度达到稳定所需时间；

　　　$\Delta C_1 \sim \Delta C_n$——相应时间段碳密度差值。

（3）碳净增量估算方法。土地覆被变化对碳储量的影响具有滞后作用，第 t 年碳储量的变化不仅是由当年土地覆被变化引起的，而且受之前多年土地覆被变化的影响，因此，计算土地覆被变化对碳储量的影响应考虑之前几年土地覆被变化的作用。在土地覆被发生变化后，土壤碳储量变化速率在其后多年时间内存在差异，土壤碳年净变化量受变化面积与土壤碳密度变化速率的影响，鉴于第 t 年土壤碳增加量受之前多年土地覆被变化的影响，因而，将研究时间段内第 t 年土地覆被变化引起的土壤碳年净变化量表示为：

$$M_{t,\text{soil}} = \sum_{i=1}^{z}\sum_{j=1}^{z} M_{i,j,t} = \sum_{i=1}^{z}\sum_{j=1}^{z}\sum_{n=t-T}^{t} A_{i,j,n} \times v_{i,j} \tag{8.3}$$

式中：i, j——土地利用/覆被类型；

　　　z——土地利用/覆被类型总数；

　　　$M_{i,j,t}$——土地利用/覆被类型 i 向 j 转换情景下，第 t 年土壤碳净增量；

　　　n——第 n 年，$0 \leqslant n \leqslant t$；

　　　T——土壤碳密度达到稳定所需时间；

　　　$A_{i,j,n}$——第 n 年土地利用/覆被类型 i 向 j 转化面积；

　　　$v_{i,j}$——土地利用/覆被类型 i 向土地利用/覆被类型 j 转换 $t \sim n$ 年后土壤碳密度变化速率。

土地覆被类型发生转换后，植被碳储量的年净变化量受移走植被碳释放速率与转换后土地覆被类型植被碳密度变化速率的影响。植被碳储量年净变化量可用下式表示：

$$M_{t,\text{plant}} = \sum_{i=1}^{z}\sum_{j=1}^{z} M'_{i,j,t} = \sum_{i=1}^{z}\sum_{j=1}^{z}\left(\sum_{n=t-T}^{t} A_{i,j,n} \times v'_{i,j} - M'_t\right) \tag{8.4}$$

式中：i, j——土地利用/覆被类型；

　　　z——土地利用/覆被类型总数；

　　　$M'_{i,j,t}$——土地利用/覆被类型 i 向 j 转换情景下，第 t 年植被碳净增量；

　　　n——第 n 年，$0 \leqslant n \leqslant t$；

　　　T——植被碳密度达到稳定所需时间；

　　　$A_{i,j,n}$——第 n 年土地利用/覆被类型 i 向 j 转化面积；

　　　$v'_{i,j}$——土地利用/覆被类型 i 向土地利用/覆被类型 j 转换 $t \sim n$ 年后植被碳密度变化速率；$v'_{i,j}$ 计算方法同式（8.2）。

该模型尽管仅计算了由土地利用变化引起的碳储量变化，但是计算结果仍然是净变化量（潘嫄，2006）。研究时段内碳储量净增量 M 的计算方法如下所示：

$$M = \sum_{t=1}^{w}\left(M_{t,\text{soil}} + M_{t,\text{plant}}\right) \tag{8.5}$$

式中：w——研究年限；

　　　$M_{t,\text{soil}}$——第 t 年土壤碳储量净增量；

$M_{t, plant}$——第 t 年植被碳储量净增量。

8.1.1.2 中亚 Bookkeeping 模型参数

Bookkeeping 模型所需要的土地利用覆被变化数据可来自统计资料和遥感数据，碳密度及其变化数据则通常来自文献。碳密度参数处理是该模型成功应用与否的一个关键问题，以往全球尺度的研究对干旱区相关参数采取简化处理方式。通常将干旱区划分为单一的荒漠类型，忽视了亚洲中部干旱区存在的林地、草地等多种其他土地覆被类型。对干旱区的相关参数采取简化处理，导致干旱区土地利用变化引起的碳储量变化估算不够准确。通过对新疆地区大量文献的搜集整理，获得了一套适于干旱区研究的模型参数（表 8-1）（王渊刚等，2013）。

（1）土地开垦和耕地转移引起的植被碳储量变化。土地开垦指平原河谷林、灌丛、草地、裸地开垦为耕地，引起耕地规模增加，而耕地转移是耕地调整为其他土地利用与覆被类型，导致耕地面积减少。自然植被在开垦为耕地过程中，遗留生物量，移走生物量利用方式、比例和氧化速率以调查资料为准（表 8-2）。耕地转移为平原河谷林、灌丛、草地和裸地后，系统生物量恢复所需要的时间分别为：25 年（胡莎莎等，2012）、10 年（Houghton et al. 1983b）和 1 年（表 8-1）。

表 8-1　新疆地区 Bookkeeping 模型参数

	平原河谷林	灌木林	草地	裸地
未被扰动的生态系统中植被碳密度/（10^6 g/hm²）	33.16	5.14	4.08	0.55
恢复后的生态系统中植被碳密度/（10^6 g/hm²）	33.16	5.14	4.08	0.55
农作物的植被碳密度	8.06	8.06	8.06	8.06
弃耕后系统生物量恢复所需要的时间/（a）	25	10	10	1
未扰动的生态系统中土壤碳密度/（10^6 g/hm²）	69.40	57.99	70.91	27.99
恢复后的生态系统中土壤碳密度/（10^6 g/hm²）	69.40	57.99	70.91	27.99
清理后以枯枝落叶形式遗留在土壤中的部分/%	0.17	0.22	0.49	0.49
清理后移走植被碳库不同氧化速率的百分比/%	—	—	—	—
1a	0.42	0.13	0.51	0.51
5a	0.06	0.60	—	—
15a	0.35	0.05	—	—
清理后初始快速变化后土壤碳密/（10^6 g/hm²）	65.94	63.65	82.41	34.47
稳定农田生态系统中土壤碳密度/（10^6 g/hm²）	65.07	65.07	85.29	36.09
清理后土壤碳快速变化所需时间/a	15	5	5	5
耕作过程中土壤碳密度达到最大值所需时间/a	30	10	20	10
弃耕后土壤碳达到恢复后水平所需要的时间/a	40	10	20	10

表 8-2　新疆土地开垦过程中植被生物量不同利用方式的比例和氧化速率

利用方式	林地				灌木林				草地		
	留在原地	建房	薪柴	农具	留在原地	原地焚烧	薪柴	农具	留在原地	原地焚烧	薪柴
比例/%	17	35	42	6	22	13	60	5	49	42	9
氧化速率/a	—	15	1	5	—	1	3.5	5	—	1	1

（2）土地开垦和耕地转移引起的土壤碳储量变化。土壤中的有机碳量是进入土壤中的植物残体量以及在土壤微生物作用下分解损失量平衡的结果（金峰和杨浩，2000）。而土地利用变化会改变进入土壤中的植物残体，并影响土壤有机碳的分解损失量，打破土壤有机碳的平衡，使土壤碳密度发生改变。平原河谷林、灌丛、草地和裸地在开垦为耕地后的前 15 年（Houghton et al. 1983b）、5 年（徐万里等，2010）土壤碳变化量占总变化量的 80%（Houghton et al. 1983b）（表 8-1）。开垦后土壤碳密度达到基本稳定所需要的时间分别为 30年（Houghton et al. 1983b）、10 年（Houghton et al. 1983b）、20 年（Houghton et al. 1983b，徐万里等，2010）和 10 年（Houghton et al. 1983b）（表 8-1）。耕地弃耕后土壤碳密度的增加或者减少是匀速变化的，土壤碳密度达到稳定所需时间参照 Houghton 等（1983b）研究中土地开垦后土壤碳密度变化所需时间与耕地弃耕后土壤碳密度稳定所需时间的比例关系，并结合前人关于新疆耕地变化对碳密度影响的研究成果，实现参数本地化。耕地转移为平原河谷林、灌丛、草地、裸地后，土壤碳密度达到稳定所需要的时间分别为 40 年（Houghton et al. 1983b）、10 年（Houghton et al. 1983b）、20 年（Houghton et al. 1983b，徐万里等，2010）和 10 年（Houghton et al. 1983b）（表 8-1）。

中亚五国与新疆地区的自然条件和碳密度等也存在差异，而这些差异可能会引起估算结果的不确定性。以新疆地区的这套参数为基准，参考中亚五国碳密度的相关研究，可获得两套中亚五国地区的 Bookkeeping 模型参数。其中，哈萨克斯坦、吉尔吉斯斯坦和塔吉克斯坦采用同一套参数（表 8-3），土库曼斯坦和乌兹别克斯坦采用同一套参数（表8-4）。

表 8-3　哈萨克斯坦、塔吉克斯坦和吉尔吉斯斯坦 Bookkeeping 模型参数

	林地	灌木林地	草地	裸地
未被扰动的生态系统中植被碳密度/（10^6 g/hm^2）	33.16	5.14	1.80	0.86
恢复后的生态系统中植被碳密度/（10^6 g/hm^2）	33.16	5.14	1.80	0.86
农作物的植被碳密度/（10^6 g/hm^2）	2.73	2.73	2.73	2.73
弃耕后系统恢复所需要的时间/a	25	10	10	1
未扰动的生态系统中土壤碳密度/（10^6 g/hm^2）	57.50	57.99	116.84	26.43
恢复后的生态系统中土壤碳密度/（10^6 g/hm^2）	57.50	57.99	116.84	26.43
清理后以枯枝落叶形式遗留在土壤中的部分/%	0.17	0.22	0.49	0.49
清理后移走植被碳库不同氧化速率的百分比/%	—	—	—	—
1a	0.42	0.13	0.51	0.51
5a	0.06	0.60		
15a	0.35	0.05	—	—
清理后初始快速变化后土壤碳密度/（10^6 g/hm^2）	51.75	51.85	108.64	45.53
稳定农田生态系统中土壤碳密度度/（10^6 g/hm^2）	50.31	50.31	106.59	50.31
清理后土壤碳快速变化所需时间/a	15	5	5	5
耕作过程中土壤碳密度达到最大值所需时间/a	30	10	20	10
弃耕后土壤碳达到恢复后水平所需要的时间/a	40	10	20	10

表 8-4　乌兹别克斯坦和土库曼斯坦 Bookkeeping 模型参数

	林地	灌木林地	荒漠草地	裸地
未被扰动的生态系统中植被碳密度/（10^6 g/hm²）	33.1	5.14	1.170	0.863
恢复后的生态系统中植被碳密度/（10^6 g/hm²）	33.16	5.14	1.170	0.863
农作物的植被碳密度/（10^6 g/hm²）	4.96	4.96	4.96	4.96
弃耕后系统恢复所需要的时间/a	25	10	10	1
未扰动的生态系统中土壤碳密度/（10^6 g/hm²）	57.50	57.99	59.20	26.43
恢复后的生态系统中土壤碳密度/（10^6 g/hm²）	57.50	57.99	59.20	26.43
清理后以枯枝落叶形式遗留在土壤中的部分/%	0.17	0.22	0.49	0.49
清理后移走植被碳库不同氧化速率的百分比/%	—	—	—	—
1a	0.42	0.13	0.51	0.51
5a	0.06	0.60	—	—
15a	0.35	0.05	—	—
清理后初始快速变化后土壤碳密/（10^6 g/hm²）	51.75	51.85	52.09	45.53
稳定农田生态系统中土壤碳密度/（10^6 g/hm²）	50.31	50.31	50.31	50.31
清理后土壤碳快速变化所需时间/a	15	5	5	5
耕作过程中土壤碳密度达到最大值所需时间/a	30	10	20	10
弃耕后土壤碳达到恢复后水平所需要的时间/a	40	10	20	10

8.1.1.3　亚洲中部干旱区土地开垦与耕地变化对碳平衡的影响

（1）土地开垦。探讨中亚五国（吉尔吉斯斯坦、哈萨克斯坦、塔吉克斯坦、土库曼斯坦和乌兹别克斯坦）和新疆地区土地开垦对该地区碳库的影响（图 8-2）。

研究表明，在土地开垦情形下亚洲中部干旱区的吉尔吉斯斯坦和哈萨克斯坦的植被碳储量有所增加，但其土壤碳储量显著降低，总碳储量变化受土壤碳储量变化影响最大。两国碳储量在 1975—1979 年每年减少迅速，吉尔吉斯斯坦在 1979 年后每年碳储量减少量波动幅度不大，哈萨克斯坦碳储量在 1979—1993 年减少量保持相对稳定，1993 年后经历迅速降低又增大的趋势。30 年间，两国碳储量分别减少了 0.59 Tg 和 13.81 Tg。塔吉克斯坦、土库曼斯坦和乌兹别克斯坦植被碳和土壤碳均呈增加趋势。其中，塔吉克斯坦和乌兹别克斯坦碳储量年净增量在 1975—1987 年呈增加趋势。1987 年后碳储量年净增量则在波动中下降。土库曼斯坦碳储量年净增量在 1994 年之前在波动中上升，1994—2001 年经历了快速下降，2001 年以后则有所上升。其中，主要以原始灰漠土为开发对象，在整个研究时段内，植被碳和土壤碳均增加，增加幅度与耕地面积增加幅度具有正相关。在 31 年间，受土地开垦的影响，新疆地区碳库年增量虽有波动，但总体呈增加趋势，至 1999 年其碳储量年净增量达最大值，1999 年后经历了快速下降。

1975—2005 年，亚洲中部干旱区土地开垦使碳储量年净增量均为正值（图 8-3），这主要是由中国新疆和土库曼斯坦土地开垦贡献的。30 年碳储量年净增量在波动中上升。1999 年受哈萨克斯坦和中国新疆碳储量年净增量增大影响，亚洲中部干旱区总碳储量净增量达最大值（1.75Tg/a）。1999—2003 年受新疆碳储量年净增量降低的影响，亚洲中部干旱区总碳储量年净增量不断降低，至 2003 年碳储量年净增量降至 30 年内最低值（0.93 Tg/a）。吉尔吉斯斯坦和塔吉克斯坦土地开垦对亚洲中部干旱区碳储量的变化影响不大。

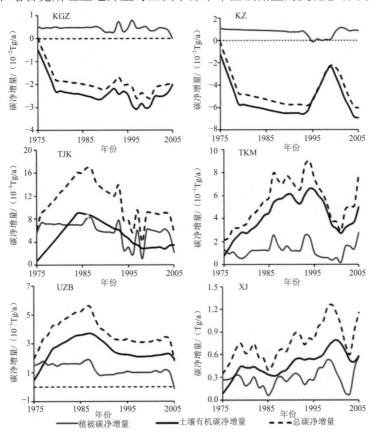

注：XJ-新疆，UZB-乌兹别克斯坦，TKM-土库曼斯坦，TJK-塔吉克斯坦，KGZ-吉尔吉斯斯坦，KZ-哈萨克斯坦。

图 8-2　土地开垦对植被和土壤碳库的影响

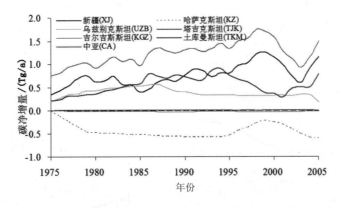

图 8-3　亚洲中部干旱区土地开垦对区域碳储量的影响

（2）耕地转移。一般而言，耕地转移对区域碳储量的影响与土地开垦相反。在耕地转移情景下，除新疆以外，其他地区耕地转移对区域碳库的影响均与土地开垦相反（图 8-4）。吉尔吉斯斯坦和哈萨克斯坦自 1975 年后，由于耕地弃耕使自燃植被恢复，总碳储量年净增量不断增大。其中，两国土壤碳储量年净增量均在增大，但两国植被碳储量年净增量为负值，吉尔吉斯斯坦净增量在一定范围内波动，哈萨克斯坦植被碳储量年净增量随时间变化呈下降趋势。塔吉克斯坦和土库曼斯坦耕地转移为其他覆被类型引起的碳储量年净增量均为负值，导致了大量碳排放。其中，塔吉克斯坦在 1975—1998 年，碳储量年净增量快速降低，导致大量的碳排放，至 1998 年共向大气排放 0.01 Tg C，1998 年后碳储量年净增量保持稳定，变化幅度较小。土库曼斯坦在 1975—1984 年碳储量年净增量降低速度较快，1984 年碳排放量约为−0.07 TgC/a，1984 年后碳排放量有所降低。乌兹别克斯坦的耕地转移增加了区域土壤碳储量，降低了区域植被碳储量，其主要原因在于，乌兹别克斯坦主要以裸地为开垦对象，但弃耕后耕地转移为草地的面积较多。研究认为乌兹别克斯坦的草地土壤密度大于耕地密度，但草地植被碳密度低于耕地植被碳密度。2001 年后乌兹别克斯坦总碳储量年净增量变为正值。中国新疆退耕还林面积占新疆耕地转移总面积比例较大，而中亚五国一般以弃耕为主，以耕地转移为稀疏草地和裸地为主。在 1975—2005 年，新疆耕地转移引起的碳年净增量逐步增大，主要是在退耕还林条件下，在一定时间范围内，随时间推移林地的固碳能力会不断地增加。

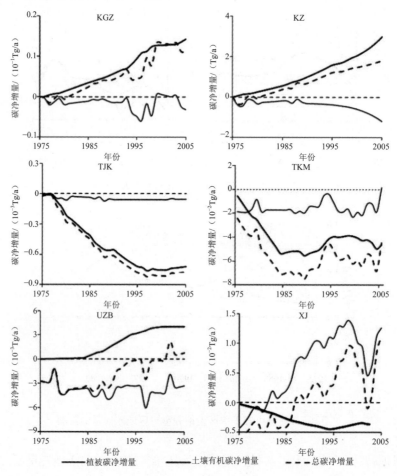

注：XJ-新疆，UZB-乌兹别克斯坦，TKM-土库曼斯坦，TJK-塔吉克斯坦，KGZ-吉尔吉斯斯坦，KZ-哈萨克斯坦。

图 8-4 耕地转移对植被和土壤碳库的影响

30 年间，耕地转移引起的碳储量年净增量呈上升趋势（图 8-5）。1982 年之前，碳储量年净增量为负值，1982 年后碳储量年净增量变为正值，且快速增大。30 年来由于耕地转移亚洲中部干旱区碳储量共增加了 21.78Tg。

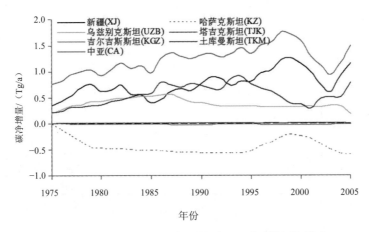

图 8-5　亚洲中部干旱区耕地转移对区域碳储量的影响

（3）耕地变化。土地开垦和耕地转移是耕地变化的两种形式。1975—2005 年塔吉克斯坦、土库曼斯坦、乌兹别克斯坦和新疆耕地变化引起的碳储量年净增量均为正值，吉尔吉斯斯坦耕地变化引起的碳储量年净增量为负值，最小年净增量为−0.02Tg/a（图 8-6）。哈萨克斯坦碳储量年净增量呈增加趋势，但在 1975–1987 年碳储量年净增量为负值，1987 年之后为正值。整个亚洲中部干旱区耕地变化情景下的碳储量年净增量均为正值，且在波动中上升，其碳储量年净增量最大值约为 3.28Tg C。

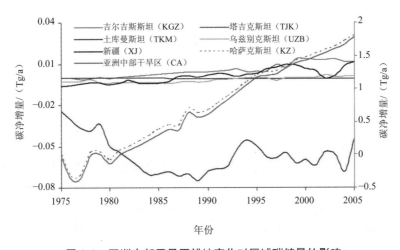

图 8-6　亚洲中部干旱区耕地变化对区域碳储量的影响

1975—2005 年亚洲中部干旱区的中国新疆、乌兹别克斯坦、土库曼斯坦和塔吉克斯坦的土地开垦均有利于增加碳储量（图 8-7）。31 年间分别累计增加碳储量为 23.56Tg、11.62

Tg、16.99 Tg 和 0.34 Tg。吉尔吉斯斯坦和哈萨克斯坦的土地开垦,分别向大气排放了 0.59 Tg 和 13.81 Tg。乌兹别克斯坦、土库曼斯坦和塔吉克斯坦耕地转移引起碳的排放,其余地区的耕地转移则有利于碳储量的增加。31 年间,除吉尔吉斯斯坦的耕地变化引起了 0.43 Tg 的排放外,其他地区的耕地变化均增加了区域碳储量,以新疆增加最多,约占亚洲中部干旱区总增量的 39.4%。

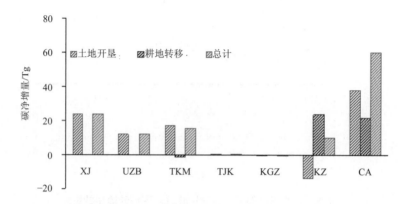

注: XJ-新疆,UZB-乌兹别克斯坦,TKM-土库曼斯坦,TJK-塔吉克斯坦,KGZ-吉尔吉斯斯坦,KZ-哈萨克斯坦,CA-亚洲中部干旱区。

图 8-7 亚洲中部干旱区累积碳储量净增量

8.2 林产品收获与植树造林对碳平衡的影响

土地利用/覆被变化往往伴随着大量的碳交换(Watson et al. 2000),不同类型的土地利用/覆被变化对生态系统碳循环的作用不同。例如,草地退化通常是碳源的过程(Chuluun and Ojima 2002),而植树造林过程却可以增加森林生态系统碳贮存(Fang et al. 2001,刘国华等,2000,张小全等,2005)。即使同一类型的土地利用/覆被变化对生态系统碳循环的作用也可能不同,例如高覆盖度的草地转换为农田的过程,通常会导致草地生态系统的碳损失(Guo and Gifford 2002,Qiu et al. 2012),而低覆被的荒漠草地开发为农田,通常是碳汇的过程(罗格平等,2005)。森林生态系统作为陆地生态系统的核心,在全球碳收支平衡中占主导作用(Woodwell et al. 1978)。同时,森林由于其本身拥有巨大的植被碳库(约占全球植被碳库的 86%以上(侯振宏,2010)),而且还维持着巨大的土壤碳库(约占全球土壤碳库的 73%(侯振宏,2010)),森林用地变化会对陆地生态系统的碳储量产生显著影响,并影响大气中的碳库。许多研究从全球尺度(Houghton et al. 1983a,Nilsson and Schopfhauser 1995,张小全等,2009)或区域尺度(Houghton 2003,付超等,2012;侯振宏,2010;阮宇等,2006)对土地利用/覆被变化对森林生态系统碳储量的影响进行了估算,但多数研究在计算碳储量的变化时对不同龄级、不同树种的碳密度和氧化速率的差异缺乏详细考虑(Houghton 2003,Nilsson and Schopfhauser 1995;付超等,2012;阮宇等,2006)。人工林碳储量依林龄、树种的不同而具有很大的差异和不确定性(Paul et al.,2002;Zinn,

Resck，da Silva，2002）。Trouve 等的研究发现，在刚果热带稀树大草原的桉树和松树人工林的土壤有机碳增量与时间呈线性相关（Trouve et al. 1994）。而 Vesterdal 等对在丹麦由农田转换过来的人工橡树林和人工挪威云杉林的研究发现，土壤碳储量在 0～5 cm 随林龄的增加而增加，而在 5～25 cm 则随林龄的增加而下降（Vesterdal，Ritter and Gundersen 2002）。不同类型的森林产品，因为使用寿命的年限不同，氧化速率具有很大差异。在薪材、纸和纸板、人造板和锯材 4 种林产品中，薪材使用寿命最短，可能当年就全部氧化，而锯材的使用寿命最长，因此其氧化速率最小（白彦锋等，2009）。

　　干旱区森林在维持整个干旱区生态系统物质和能量平衡的过程中有着至关重要的作用（Rotenberg and Yakir 2010），虽然干旱区森林面积小，且极易受到人类活动的干扰，因此成为全球环境变化最为敏感和最为脆弱的地带之一（陈曦，2007）。由于通常认为干旱区林业活动弱，常常忽略干旱区土地利用变化对森林生态系统的影响，这对全面深入认识人类活动对生态系统碳循环的影响是不利的，甚至会产生偏差。

8.2.1　林业活动碳源汇计量方法

　　《IPCC 土地利用、土地利用变化和林业优良做法指南》（IPCC 2003）（以下简称《LULUCF 指南》）将温室气体源汇从简单到复杂分为 3 个层次，使各国根据其本国的活动水平数据和参数的可获得性，选择适合的方法。第一层是采用 IPCC 提供的缺省参数值和其对应的基本方法，活动水平数据来自国际或国家级的估计或统计数据；第二层采用较详细的本国活动水平数据和国内获取的参数；第三层参数和活动水平数据是基于详细的分地区或类型的数据。其方法体系的实质是对于不同详细程度的数据采用不同的计算公式，以将计算结果的不确定性减少到可行的程度。《指南》是对 2000 年《IPCC 土地利用、土地利用变化优良做法指南》的补充，并特别增加了林业部分。因此，这种做法是一种确定"关键源"的方法，一旦资源可以获得，这一来源通过使用更详细的（更高层次的）估计方法给予优先考虑，因为它们在影响排放或固定的绝对水平或趋势、不确定性或质量因素中起着重要的作用。本研究在计算亚洲中部干旱区林地利用变化的碳排放或碳固定时，依据我们所能收集到的详细数据情况对数据进行分层，从而采用《指南》中不同层级的对应方法（表 8-5）。

表 8-5　研究数据分层情况

	植树造林		森林采伐	
	植被	土壤	植被	土壤
新疆	III	III	III	III
哈萨克斯坦	I	I	II	II
吉尔吉斯斯坦	I	I	II	II
塔吉克斯坦	I	I	II	II
土库曼斯坦	I	I	II	II
乌兹别克斯坦	I	I	II	II

注：I 表示第一层数据；II 表示第二层数据；III 表示第三层数据。

《LULUCF 指南》中计算土地利用、土地利用变化和林业（LULUCF）碳源汇时，须分别计量植被生物量（地上生物量、地下生物量）、死有机质（凋落物和枯死木）和土壤有机质共 5 大碳库变化。

1975—2005 年亚洲中部干旱区森林的土地利用及其变化类型主要包括植树造林和森林采伐，计算土地利用及其变化导致亚洲中部干旱区森林碳储量的变化ΔC可用下式表示：

$$\Delta C = \Delta C_{植树造林} + \Delta C_{森林采伐} \tag{8.6}$$

8.2.1.1 植树造林固碳量计算

（1）植被固碳量。新疆植树造林树种主要分为用材林、防护林和经济林 3 种，中亚五国植树造林主要为防护林。由于各林种所获得的参数有限，因此计算各林种的植被碳变化量时，针对已有的参数根据《IPCC 土地利用、土地利用变化和林业优良做法指南》中第 3 层方法，采用不同的公式进行计算。

$$\Delta VC_{植树造林} = \Delta VC_{云杉用材林} + \Delta VC_{杨树用材林} + \Delta VC_{防护林} + \Delta VC_{经济林} \tag{8.7}$$

新疆用材林主要分为杨树和云杉两种。杨树用材林和防护林因林种基本都为杨树，故采用统一的公式进行计算，计算公式为：

$$VC_{t_1} = \sum_{t=t_0}^{t_1} \frac{A_t \times V_{t_2} \times D \times BEF_{t_2} \times (1 + RSR_{t_2}) \times CF}{t_2 - t} \tag{8.8}$$

式中：VC_{t_1}——植树造林活动在 t_1 年的植被碳固定量；

A_t——t 年的造林面积，hm^2；

V_{t_2}——截至 t_2 年树木的蓄积量，m^3/hm^2；

D——基本木材密度，t/m^3；

BEF_{t_2}——截至 t_2 年树木的生物量扩展因子（树木地上总生物量与树干生物量的比值）；

RSR_{t_2}——截至 t_2 年树木的根茎比（地上生物量与地下生物量的比率）；

CF——单位干物质含碳率；

t_2——计算终止年份，在本研究中为 2005 年；

t_0——计算起始年份，在本研究中为 1975 年。

用材林云杉的植被碳固定量计算公式为：

$$VC_{t_1} = \sum_{t=t_0}^{t_1} A_t \times P_{t_1} \times CF \tag{8.9}$$

式中：VC_{t_1}——植树造林活动在 t_1 年的植被碳固定量；

A_t——t 年的造林面积，hm^2；

P_{t_1}——云杉在 t_1 年的净初级生产力，t/hm^2；

CF——单位干物质含碳率；

t_0——计算起始年份，在本研究中为 1975 年。

经济林的植被碳固定量计算公式为

$$VC_{t_1} = \sum_{t=t_0}^{t_1} A_t \times I_{t_1} \times (1+RSR) \times CF \tag{8.10}$$

式中：VC_{t_1}——植树造林活动在 t_1 年的植被碳固定量；

　　　A_t——t 年的造林面积，hm^2；

　　　I_{t_1}——云杉在 t_1 年的地上生物量增量，t/hm^2；

　　　RSR——根茎比；

　　　CF——单位干物质含碳率；

　　　t_0——计算起始年份，在本研究中为 1975 年。所以计算 1975—2005 年各造林林种的植被碳总固定量采用以下公式：

$$\Delta VC_i = \sum_{t_1=1975}^{2005} VC_{t_1} \tag{8.11}$$

1979—2005 年根据新疆林业厅统计结果，杨树用材林和云杉用材林的面积比约为 17：3（李丕军 等，2011），防护林主要以杨树为主，经济林主要为核桃、枣树、葡萄等果树。中亚五国的防护林以杨树为主。各造林树种的林分年龄结构、蓄积量、木材密度、地上生物量年均增量、净初级生产力、干物质含碳率从文献获得（表 8-6）。

表 8-6　造林植被固碳量计量参数表

林种	树种	林分结构	林分年龄	商品材积/m^3	木材密度	地上生物量年均增量	总生物量年均增量
用材林	杨树	幼龄林	0～5	45.96	0.39	—	—
		中龄林	6～15	33.71			
		成熟林	16～30	168.08			
	云杉	幼龄林	0～40	—	—	—	9.97
防护林	杨树	幼龄林	0～5	45.96	0.39	—	—
		中龄林	6～15	33.71			
		成熟林	16～30	168.08			
经济林	果树	—	—	—		6.45	—

注：“—”表示该树种参数计算时并不需要，各参数参考文献来源：林分年龄（冯慧想 2007，刘平 等，2004，朱教君和姜凤岐 1996）；蓄积量（李丕军 等，2011）；木材密度（吕妍 等，2010）；地上生物量年均增量和总生物量年均增量（罗天祥 1996）。

（2）土壤碳固定量。植树造林活动土壤固碳量也是分林种进行计算，各林种土壤有机碳储量年变化均参照《LULUCF 指南》中方程 3.2.32，计算公式为

$$\Delta SOC = \frac{A_{t_1} \times (SD_{t_2} - SD_{t_1})}{t_2 - t_1} \tag{8.12}$$

式中：ΔSOC——t_1 年造林导致的土壤年固碳量；

　　　A_t——t 年造林面积；

　　　SD_{t_1}——t_1 年转换为林地时林地的土壤碳密度；

SD_{t_2}——转换后至 t_2 年时林地的土壤碳密度；

t_2——计算终止年份，在本研究中为 2005 年；

t_1——从 1975 年开始。

由于植树造林活动是其他土地覆被类型向林地转移的过程，根据两期土地利用/覆被数据转移矩阵，新疆有草地、耕地和荒漠 3 种类型向林地转移，并且转移的比例分别为 21%、55%和 24%。中亚五国有耕地和草地向林地转移，并且转移比例为 177∶884。因此，计算过程中，向林地转换的各类型面积可以根据转移矩阵中各类型向林地转换的面积比例关系，确定它们在统计数据中每年向林地转移的面积。根据这个比例关系可以确定这 3 种土地覆被类型在统计数据中每年向林地转移的面积。假设造林之后土壤碳密度逐渐增加（造林初期由于土壤扰动导致的土壤碳密度下降较小而忽略不计），当树林成熟之后认为土壤碳密度达到最大值（Paul et al.，2002），并且认为整个过程的变化与林分年龄呈现性关系（Vesterdal，Ritter，and Gundersen 2002），那么就根据这个变化计算出 SD_{t_2}。

8.2.1.2 森林采伐碳排放计算

（1）植被碳释放量。森林采伐后，植被碳库分为两个部分，一部分作为木质林产品释放到大气中，另一部分是砍伐后留在地上的残余物和地下生物量，这些凋落物最终一部分会加入成为土壤碳库，另一部分会直接释放到大气中。进入土壤的这部分碳通过一定的周转时间又会全部释放到大气中。为了简化其过程，残余在地上生物量很小而忽略不计，并且地下生物量全部进入土壤碳库，而之后通过土壤碳库排放到大气中的碳属于土壤碳储量变化的范畴。因此只需计算森林产品的碳释放量，其计量公式源自于《LULUCF指南》中的方程 3.2.7（据方程 3.2.7 修改）：

$$\Delta VC = \frac{H_t \times D_t \times CF}{T} \tag{8.13}$$

式中：ΔVC——t 年森林采伐导致的植被碳释放量；

H_t——在时间 t_2 时的采伐材积，m^3；

D_t——在时间 t 时的基本木材干物质密度，g/m^3；

T——木质林产品的使用寿命；

CF——干物质的含碳率。

本研究计算森林采伐植被碳释放的木材密度、产品使用寿命均采用适合新疆实际情况的参数，干物质含碳率采用 IPCC 的默认值（表 8-7）。

表 8-7　森林采伐植被碳释放计量参数表

木质林产品	材积密度/（t/m³）[1]	使用寿命/a[2]	干物质含碳率[3]
薪材	0.485	1	0.5
纸和纸材	0.9	5	0.5
锯材	0.485	50	0.5
人造板	0.570	20	0.5

资料来源：① 白彦锋，姜春前 和 张守攻，2009；② 白彦锋，2007；③ IPCC，2003。

（2）土壤碳释放量。森林采伐属于森林管理的过程，并不会导致土地覆被类型的转换，采伐后土壤碳密度会下降，达到最小值之后会恢复到一个稳定的值。森林采伐土壤有机碳变化同样参照《LULUCF 指南》中方程 3.2.32 计算：

$$\Delta SOC = \frac{A_{t_1} \times (SD_{t_2} - SD_{t_1})}{t_2 - t_1}$$
（8.14）

式中：ΔSOC——t_1 年森林采伐导致的土壤年碳释放量；

　　　A_t——t 年森林采伐面积；

　　　SD_{t_1}——t_1 年森林采伐时林地的土壤碳密度；

　　　SD_{t_2}——采伐后至 t_2 年时林地的土壤碳密度；

　　　t_2——计算终止年份，本文为 2005 年；

　　　t_1——从 1975 年开始。

各森林产品的砍伐面积缺乏统计数据，采用以下公式（Houghton 2003）进行计算：

$$A_t = \frac{H_t \times D \times BEF \times (1+R) \times CF}{VD}$$
（8.15）

式中：H_t——t 年木质林产品产量，m^3；

　　　D——基本木材密度，t/m^3；

　　　BEF——将商品材积换算为地上生物量的扩展系数；

　　　R——根茎比；

　　　CF——干物质含碳率；

　　　VD——植被碳密度，g/m^2。

新疆森林采伐的主要树种是以云杉为代表的温带常绿针叶林树种和以杨树、刺槐为代表的温带阔叶落叶林树种，温带阔叶落叶林树种和温带常绿针叶林树种采伐的面积按照 17∶3 的比例进行估算（李丕军等，2011）。中亚五国森林采伐均为温带常绿针叶林。对于温带常绿针叶林或温带阔叶落叶林，假设砍伐之后土壤碳密度降低 50%之后达到最小值，这个过程需要 10 年，而恢复到稳定时的碳密度为初始碳密度的 90%，这个过程需要 40 年（Houghton et al. 1983a）。假设这两个阶段的碳密度年变化是匀速的，那么可以计算出采伐后 50 年内每一年的土壤碳密度，SD_{t_1} 为砍伐树种所属生态系统的初始土壤碳密度，VD 为砍伐树种所属生态系统的植被碳密度。通过文献收集，新疆地区针叶林的 BEF 和 R 采用的参数值分别为 1.57 和 0.23（王燕和赵士洞，1999），落叶林的 BEF 和 R 均采用的参数值分别为 1.31 和 0.21（罗天祥，1996），CF 值采用 0.5（IPCC 2003）。中亚五国的 BEF、R 和 CF 均采用与新疆的值一致。

8.2.2　林产品收获和植树造林对碳平衡的影响

1975—2005 年林业活动对其森林碳库的影响总体表现为碳汇，生态系统总碳增量达 60.22 Tg，年平均净增碳汇为 1.94 Tg（表 8-8）。各个地区的林业活动也表现出碳汇功能，但碳汇功能强度因地区不同而具有明显差异。碳汇主要来源地区为新疆，总碳增量为 48.81 Tg，占整个亚洲中部干旱区总碳增量的 81.05%，年平均净增碳汇为 1.57 Tg。其次为乌兹别克斯坦，总碳增量为 7.68 Tg，占整个区域总碳增量的 12.75%，年平均净增碳汇为

0.25 Tg。塔吉克斯坦的碳增量最少，为 0.62 Tg，仅占整个区域总碳增量的 1.02%。

表 8-8　1975—2005 年亚洲中部干旱区森林土地利用变化导致的碳储量变化　　单位：Tg

	植树造林			森林采伐			合计
	植被	土壤	小计	植被	土壤	小计	
新疆	−38.58	−15.66	−54.24	1.69	3.73	5.43	−48.82
哈萨克斯坦	−2.04	−0.76	−2.80	2.51	2.03	4.54	1.74
吉尔吉斯斯坦	−2.83	−1.03	−3.86	0.22	0.19	0.41	−3.45
塔吉克斯坦	−1.20	−0.53	−1.73	0.63	0.48	1.11	−0.62
土库曼斯坦	−1.12	−0.30	−1.42	0.02	0.01	0.03	−1.39
乌兹别克斯坦	−5.69	−2.35	−8.04	0.19	0.17	0.36	−7.68
合计	−51.46	−20.63	−72.09	5.25	6.62	11.88	−60.22

　　整个亚洲中部干旱区因植树造林增加的碳储量达 72.09 Tg，年平均净增碳汇为 2.32 Tg，其中以新疆植树造林的碳汇效应最为明显，其碳固定量达 54.24 Tg，占整个区域植树造林碳固定的 75.24%。其次为乌兹别克斯坦，其植树造林的碳固定量为 7.68 Tg，占整个区域植树造林碳固定量的 10.65%。总体来看，植树造林的植被碳固定量明显高于土壤碳固定量。各地区植树造林逐年固碳量随时间的变化总体呈现近似指数型的增长趋势，逐年固碳量累积随时间变化呈现指数增长趋势（图 8-8）。植树造林的植被年固碳量和土壤年碳固定量逐年变化趋势是一致的，碳汇呈整体增加趋势，具体表现因地区而异。以新疆为例，刚开始缓慢增长，在 20 世纪 80 年代以后快速上升，至 90 年代趋于平缓，然后在 2000 年左右又开始飞速上升。而中亚五国由于在 90 年代以前无造林活动记录，从 90 年代后期开始有较快增长。

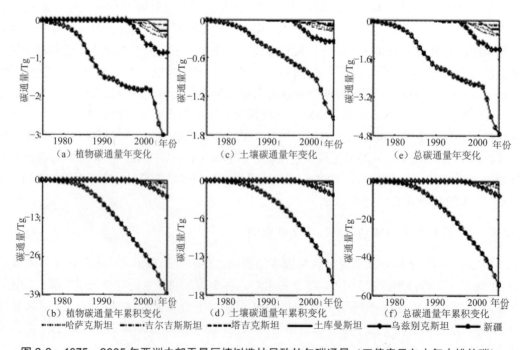

图 8-8　1975—2005 年亚洲中部干旱区植树造林导致的年碳通量（正值表示向大气中排放碳）

森林产品收获导致碳排放，因此亚洲中部干旱区森林采伐是一个碳源的过程，这 30 年总碳排放达 11.88 Tg（图 8-9），年均碳排放量为 0.38 Tg，其中新疆为主要碳源地区，总碳释放量为 5.43 Tg，占亚洲中部干旱区碳源的 45.71%，年均释碳量为 0.18 Tg。第二大碳源地区为哈萨克斯坦，总释碳量为 4.54 Tg，年均释碳量达 0.15 Tg。碳源最小的国家（地区）为土库曼斯坦，总碳排放量仅为 0.03 Tg。各地区森林采伐随时间的变化而异，吉尔吉斯斯坦、塔吉克斯坦、土库曼斯坦和乌兹别克斯坦四国的变化趋势一致，具体表现为植被和土壤的逐年释碳量随时间的变化均呈现缓慢上升的趋势。新疆植被和土壤的逐年释碳量随时间的变化均呈现先增加后降低的趋势，这与其林产品产量的变化趋势一致。哈萨克斯坦的植被年释碳量随时间总体呈现上升的趋势，但是在 1993 年和 2003 年左右出现两个波峰。其土壤年释碳量呈现稳定增加的趋势。各地区森林采伐随时间的变化逐年释碳累积量均呈现线性增长趋势。

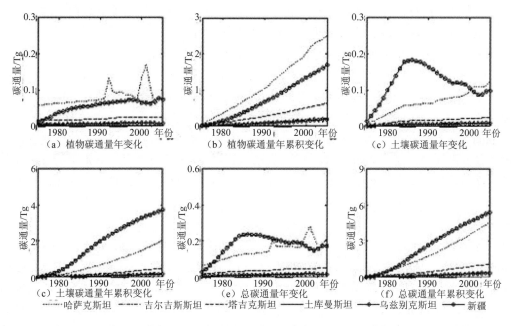

图 8-9　1975—2005 年亚洲中部干旱区森林采伐导致的年碳储量变化（正值表示向大气中排放碳）

8.3　放牧干扰对碳平衡的影响

草地生态系统中草场和食草动物的相互作用一直是草地生态学研究的热点和难点。动物的采食是一个复杂的、动态的、生物和非生物因素相互作用和相互影响的过程（Hodgson 1982，Varga and Harpster，1995）。动物对牧草摄取是一个涉及动物对牧草的选择、牧草的自我保护和外界环境条件等多种变量的函数。从动物采食来讲：首先，放牧家畜饲草采食量的上限理论上取决于家畜潜在的营养需求（Freer and Christian，1983，Weston and Poppi，1987）。其次，动物的选择性采食行为和草地特性（地上生物量、草层结构等）是影响饲草采食量的重要因素（Poppi，Hughes，L'Huillier，1987）。再次，地上生物量决定草地的供给量，而草层结构决定草地的耐牧性和放牧性。Poppi 等（1987）认为，草地的非营养因素如地上生物量和草层结构对家畜采摘饲草的影响，可能是控制家畜放牧采食量的主要因素。

放牧影响牧草生长发育的因素主要有：

（1）放牧制度，连续放牧不利于牧草的生长。

（2）放牧家畜的种类，因为家畜嗜食性存在种间差异。

（3）放牧强度，王德利等发现牧草株高的异质性在高放牧率下较低，在低放牧率下较高，在生长季中期最高，原因是家畜在高强度放牧中对牧草的选择性采食较弱，而在低放牧强度下有较高的择食性。有时，放牧强度对地上现存量和基径盖度的作用效果比放牧制度更显著。

（4）放牧时期，这是由于不同生育期的草对放牧的敏感性有所差异，一般牧草在春季返青期和秋季结籽期较为脆弱，放牧抗性较低，有专门的放牧方法避开这两个时期。

（5）放牧周期，适度的放牧间隔有利于牧草恢复生长。

（6）草地植被与土壤特征，因为牧草的放牧抗性因种而异。

同时，牧草会对放牧过程产生响应：首先，放牧改变牧草各器官之间固有的物质与能量分配模式（Ford and Grace 1998，Pucheta，Bonamici，and Cabido 2004）。其次，家畜的选择性采食能够改变牧草的竞争力。一般来说，采食削弱被采食牧草种的竞争力（Muller-Scharer 1991），增强未采食或少采食牧草种的竞争力。在一定的放牧强度下，牧草种间竞争最终稳定在一个相应的水平。再次，放牧能够多途径（直接移走生物量、踩踏、排泄物、采食土壤）影响土壤碳含量（Frank，Kuns，and Guido 2002，Le-Roux 1995）。

8.3.1　Biome-BGC grazing 模型

近年来，科学家们相继开发了一些模型，如落叶方程（Seligman，Cavagnaro，and Horno 1992）、PASIM（Riedo et al. 1998）和 PEPSEE-grass（Le-Roux 1995）；或在已有的陆地生态系统模型中增加放牧过程，如 CENTURY（Holland et al. 1992）、Sim-CYCLE grazing（Chen et al.，2007）等。结合生态系统模型和放牧模型，可以充分发挥不同模型的优势，有效地研究草地生态系统对气候变化及放牧的响应机理。然而，目前发展的较成熟的生态系统模型中，较少考虑放牧对碳动态的影响，关于放牧对陆地生态系统碳动态影响机理的认识相对缺乏。CENTURY 模型中，仅将放牧对碳动态的影响简化为 4 种类型（无影响、轻度、中度、重度），未能反映不同放牧强度对碳动态的影响；Sim-CYCLE grazing 模型虽然可以模拟不同放牧强度对草地碳动态的影响，但模型中仅将动物作为负面的消费者，未考虑动物排泄物等对草地生态系统的正面效应。因此，如何整合陆地生态系统模型与放牧模型是研究气候变化及放牧对干旱区草地碳动态影响的一个重要问题。

Biome-BGC 模型未考虑放牧效应，在无放牧状态下，草地的净初级生产力（NPP）等于总初级生产量（GPP）与植被呼吸（R_{plant}）之差。在研究中，为了模拟放牧对草地生态系统碳循环的影响，将一个落叶方程（Seligman，Cavagnaro，and Horno 1992）整合到 Biome-BGC 模型中，放牧模型的结构如图 8-10 所示。在放牧状态下，NPP 等于植被碳增量（C_{veg}）、凋落物增量（C_{litter}）和由放牧引起的落叶速率（D_r）之和。

$$\text{NPP} = C'_{\text{veg}} + C_{\text{litter}} + D_r \qquad (8.16)$$

由 Seligman 等（1992）建立的放牧方程，适用于干旱—半干旱草地，且已成功地用在阿根廷和内蒙古等半干旱生态系统（Chen et al.，2007，Seligman，Cavagnaro，and Horno 1992）。本文采用了该方程，其定义为：

$$D_r = G_e S_r \left[C_{\text{leaf}} - (C_{\text{leaf}})_U \right] \quad (0 < D_r < S_r D_x) \qquad (8.17)$$

式中：D_r——落叶速率，kg/（hm$^2 \cdot$ d）；

G_e——牲畜的放牧效率，hm^2/d；

S_r——放牧率，头/（d·hm^2）；

（C_{leaf}）$_U$——牲畜无法采食的残余地上生物量，kg/hm^2 干重；

D_x——牲畜的饱和消费速率（NRC，1985）。

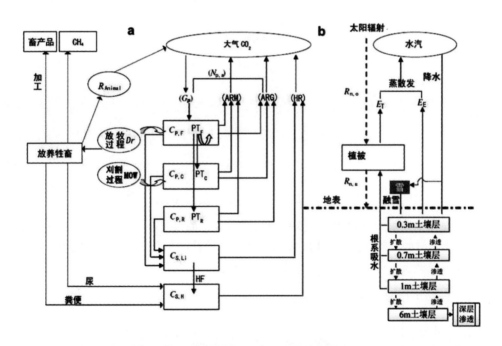

图 8-10　Biome-BGC grazing 模型的结构图

GPP—总初级生产力；NPP—净初级生产力；RG—生长呼吸；RM—维持呼吸；RH—异养呼吸；

Cleaf—叶碳；Clitter—凋落物碳；Csoil—土壤碳；Rherb—动物呼吸作用；CH$_4$—甲烷；

Cmeat—肉生产所消费的碳；Curine—尿；Cfaeces—粪便；Dr—落叶速率

我们未对草地的可食性进行区分，且假设牲畜仅采食草的叶，草的根不会被采食。牲畜对 N 的消耗根据植被叶的 C：N 比等比例计算。同时，假设动物对生物量的采食仅在规定的放牧时间内发生。

在 Seligman 等（1992）建立的放牧模型中，假设草地在垂直方向上的结构是均匀分布的。同时假设其在水平方向上也是均匀分布的，没有极端的草地丛生，也没有大面积的裸地。实际上，这些假设在生长季的高峰期是可行的，但是在其他季节，将会高估动物的采食量，且会低估草地所能承载的最大放牧率。

Seligman 等建立的放牧方程仅能计算牲畜对草地生物量的采食量，未考虑动物采食的生物量如何进一步参与生态系统碳氮循环，未考虑动物排泄物对植物生长的促进作用，从而高估动物对草地生态系统的负面效应。因此，对 Seligman 模型进行改进，将动物采食的碳（D_r）分为 5 个部分（Riedo, Gyalistras, and Fuhrer, 2000）：动物的呼吸作用，占 50%（Minonzio, Grub, and Fuhrer, 1998）；甲烷的生产，占 3%（Minonzio, Grub, and Fuhrer, 1998）；肉的生产、尿和粪便，占 30%（Schimel et al., 1986）。动物采食的氮中，约 20% 被动物同化或者通过氨气挥发损失，剩下的 80% 则以排泄物（尿和粪便）的形式返回到土壤中（Parton et al., 1987），其中尿中的氮占排泄物中氮的 60%（Menzi, Frick, and Kaufmann, 1997）。假设尿的主要成分是尿素，其 C∶N 为 12∶28，从而可以计算出尿中 C 的含量（Riedo, Gyalistras, Fuhrer, 2000），剩余的碳假设全部用于肉的生产。同时假设以排泄物形式返回到土壤中的碳氮均为易分解物质。

$$R_{herb}=50\% \, D_r \tag{8.18}$$

$$C_{CH_4}=3\% D_r \tag{8.19}$$

$$C_{faeces}=30\% D_r \tag{8.20}$$

$$N_{grazing}=D_r/23.57 \text{（23.57 表示叶中 C∶N 比）} \tag{8.21}$$

$$C_{urine}=12/28 \times 80\% \times 60\% \times N_{grazing} \tag{8.22}$$

$$C_{meat}=D_r-R_{herb}-C_{CH_4}-C_{faeces}-C_{urine} \tag{8.23}$$

此模型主要模拟放牧效应，动物被简单的看做消费者，未考虑放牧的许多其他直接和间接效应，如动物的践踏、动物对植被的损害、植被的相对生长速率、生物多样性、物种、土壤呼吸、地表反照率等，同时假设营养、昆虫、疾病等不会限制植物的生长。

8.3.2 放牧干扰对碳平衡的影响

8.3.2.1 统计方法

根据产肉量（W_m）和产奶量（FAO，《新疆统计年鉴 2005—2012》及《新疆 50 年》），计算所需饲料量 Wintake：采用系数 0.17（Scholefield et al., 1991）。根据所有的动物饲料中来自牧草的比例（表 8-9）（Nordblom et al., 1997），计算采食草量 Wgrass；干草重含碳量以 0.45 计算（Caspers 1978），牧草比例中有 30% 的碳以粪便的形式返回到土壤中（Scholefield et al., 1991），将该部分减去之后的碳量就是因放牧而导致的失碳量。

$$NEE = W_{grass} \times 0.7 \times 0.45$$

表 8-9　中亚五国区域动物饲料组成（1990—1994 年平均）

区域/国家	饲料组成/%			总量/10⁶t
	牧草	谷物	饲料作物	
哈萨克斯坦	50	12	38	74.17
吉尔吉斯斯坦	36	18	47	4.9
塔吉克斯坦	37	39	24	1.91
土库曼斯坦	68	16	15	9.04
乌兹别克斯坦	34	38	28	12.07
中亚	49	16	35	102.09

结果如图 8-11 所示：

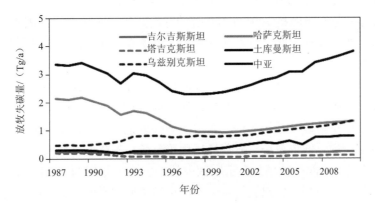

图 8-11　1989—2010 年中亚动物采食量

8.3.2.2　模型方法

首先，将 Biome-BGC 应用于亚洲中部干旱区不同植被类型生态系统，结果如图 8-12 所示。草地自然保护区呈现出弱的碳汇，尤其是 1999 年之后这种碳汇作用逐渐增强。而牧草地由于放牧作用表现为较强的碳源，随着时间的推移、放牧率的增加，碳源作用也逐渐增强。

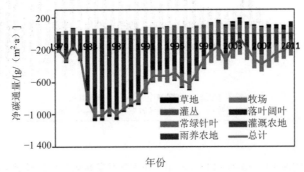

图 8-12　1979—2011 年亚洲中部干旱区不同植被功能类型累积植被碳通量

本区草原垂直结构完整，草原植被丰富、种类繁多。为发展畜牧业提供了良好的物质基础。各种草场类型概况如下：

高寒草甸草场：分布于海拔 2 650～3 400 m 的高山区。该区地势高峻，坡度大，气候寒冷，积温低，无霜期短，夏季凉爽，冬季多雪。土壤多属高寒草甸土和高寒草甸沼泽土，有机质含量丰富。因地温低，湿度大，有机质不易分解，含有效成分不高。牧草生长低，植被以喜温耐寒植物为主。可作夏季牧场。

森林草甸草场：分布于海拔 1 650～2 650 m 的中山区。该区沟谷纵横，坡度较缓，阴坡生长着茂密的林木。因处逆温带，气候湿润温和，冬暖夏凉。冬季阳坡降雪少。土壤为亚高寒草甸土和山地森林草甸土，有机质含量丰富。在向阳的沟谷中，牧草生长茂盛，植被种类丰富，以中生、中旱生植物为主。其上部草场作夏季牧场，下部草场作冬牧场。

山地干旱草场：分布于海拔 1 100～1 650 m 的中、低山区。气候干旱，夏季炎热，冬季温和。土壤为棕栗钙土和淡栗钙土。植被以中旱生植物为主。主要作春秋牧场。

半荒漠草场：分布于海拔 700～1 100 m 的低山区和山前冲积、洪积倾斜平原上。该区气候干燥，降雨少，夏季炎热，冬季寒冷多风，春季气温回升快。土壤为棕钙土。主要为春牧场。

荒漠草场和沙漠草场：分布于海拔 700 m 以下的冲积、洪积平原及风积沙丘区。总面积 3.9×10^5 hm^2。该区气候干燥，年降雨量 200 mm 以下，蒸发量高达 2 300 mm。夏季炎热，冬季寒冷。土壤为砂质原始灰棕色荒漠土和残余荒漠盐土。主要为冬牧场。

春秋草场属于中、低等草场。夏草场属优等草场。冬草场可分为山区冬草场、平原冬草场和沙丘区冬草场。四季牧场分布于农区内的未垦荒地上，是农区牲畜调节性的放牧区。

区分不同的草场类型，模拟放牧对于不同草场类型的影响，探讨草地生态系统碳通量对不同放牧制度的响应机理（图 8-13）。放牧对夏季牧场的影响最为明显，是最大的碳源。而对于春牧场和冬牧场，适度的放牧草地仍然表现出碳汇过程。这说明，选择不同的放牧制度，对草地生态系统净初级生产的影响具有显著差异，应根据草场的性质，选择最优放牧制度。

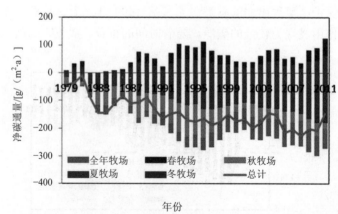

图 8-13　1979—2011 年中亚不同牧场草地累积植被碳通量

为了深入分析放牧对草地生态系统碳动态的影响，本研究选取新疆草地生态系统作为典型研究区，探讨放牧以及不放牧两种情景下草地碳通量、碳储量的时间及空间变异。新疆草地先后已完成两次资源调查。1985 年完成全疆第一次草地资源调查，确定新疆草地毛面积 5.73×10^7 hm^2 可利用草地面积 4.8×10^7 hm^2。天然草原理论载畜量 3.22×10^7 绵羊单位。按照全国统一分类系统，把新疆草地分为 11 个大类 687 个草地型。又根据草地的数量和质量细分为 5 等 8 级共 40 个等级提出科学合理利用的理论：以草定畜、草畜平衡特别警示人为超载过牧的危害性。2006 年农业部和新疆草原总站组成第二次资源调查组在前人工作的基础上运用卫星遥感技术调查草地资源数量、质量及其分布规律资料表明新疆草地退化非常严重，退化原因很多，尽管有干旱鼠虫病害等给草地带来一定危害，也有人为的开垦提取地下水等人为因素，而超载过牧对草地退化的破坏性最为严重。

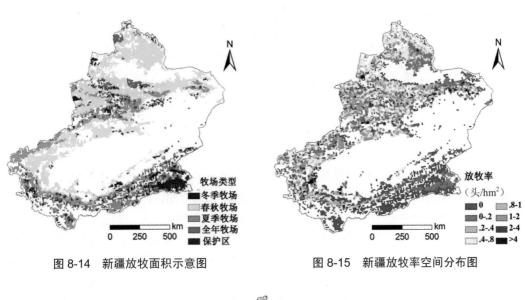

图 8-14　新疆放牧面积示意图　　　　　图 8-15　新疆放牧率空间分布图

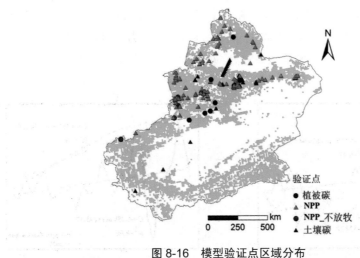

图 8-16　模型验证点区域分布

为了验证模型的可靠性，搜集整理了新疆已发表的文献数据，包括初级生产力、碳储量数据等对模型进行了验证。图 8-16 展示了实测点的区域分布。验证结果如图 8-17 所示。

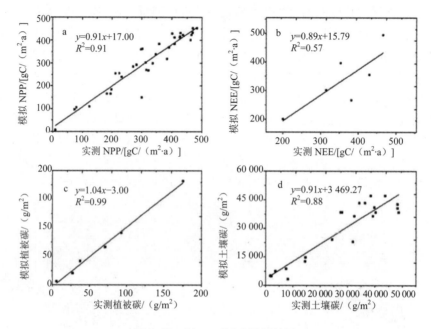

图 8-17　Biome-BGC 验证结果

由图 8-17 可以看出，模型模拟的 1979—2007 年平均 NPP、NEE、植被碳、土壤碳结果与实测结果拟合较好。相关系数介于 0.57～0.89。NEE 的拟合系数较低，可能的原因是实测数据点较少。

1979—2007 年新疆草地生态系统碳动态及有机碳量表现出明显的年际动态变化（图 8-18），与 1990—2007 年相比，1959—1990 年草地总有机碳变化显著，波动较大。1988 年草地净初级生产力呈现出极大值，这一趋势与区域降水的变化一致。1979—2009 年间，新疆草地生态系统为碳汇，碳排放量约为 8.98 Tg/a。区域平均净初级生产力约为 87.28 g/a，占整个中国草地净初级生产力的 60%[中国草地净初级生产力为 145.4 Tg/a（Piao et al，2007）]。区域植被碳储量及土壤碳储量分别为 43.82 Tg C 和 6 914.58 Tg C。

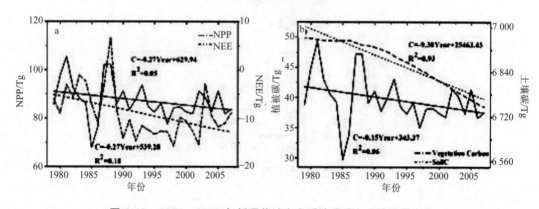

图 8-18　1979—2007 年新疆草地生态系统碳动态及碳储量变化

　　新疆草地生态系统碳动态及碳储量空间分布如图 8-19～图 8-22 所示。暖湿的（中山带森林带）MMFM 地区的草地具有较高的光合能力和碳吸收，产生这种差异的原因是气候带的异质性和放牧率的差异。区域平均 NPP 为 178.79 gC/（m² · a）。整个区域草地生态系统总体表现为碳源，每年释放的 CO_2 量约为 -19.97 gC/m²。不同草地类型的碳储量也表现出较大的区域差异，碳储量最丰富的区域为 MMFM，最贫乏的区域为 LMDG。

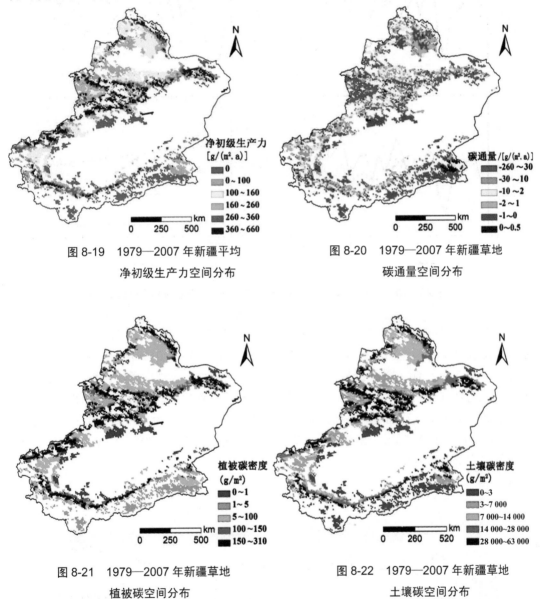

图 8-19　1979—2007 年新疆平均
净初级生产力空间分布

图 8-20　1979—2007 年新疆草地
碳通量空间分布

图 8-21　1979—2007 年新疆草地
植被碳空间分布

图 8-22　1979—2007 年新疆草地
土壤碳空间分布

　　由图 8-23 可以看出，不同放牧强度对草原生态系统碳通量和储量都有显著影响。在较低的放牧率情况下，放牧活动整体上均能促进草地的净初级生产能力，1979—1992 年，受放牧活动的干扰，其 NPP 均高于无放牧活动状态下的生产能力，但在 1992—2007 年，这种趋势发生逆转，放牧导致 ANPP 降低，且随放牧强度增大降低幅度增大。土壤碳储量在轻度放牧状态有所增加，而重度放牧将使其降低。

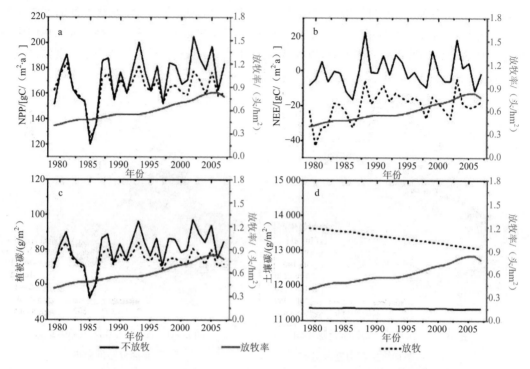

图 8-23　1979—2007 年放牧对草地 NPP、NEE、植被碳和土壤碳的影响

　　1975—2011 年间亚洲中部干旱区放牧活动对草地碳库的影响表现为碳源，且草地生态系统碳排放呈现逐年增加的趋势（图 8-24 和图 8-25）。1975—2011 年，草地生态系统累积碳释放量为 71.62 Tg（图 8-26）。各个地区的放牧活动也均表现碳源，但碳汇功能强度因地区不同而具有明显差异。碳源主要来源地区为哈萨克斯坦，总碳释放量为 29.78 Tg，占整个亚洲中部干旱区草地生态系统总碳释放量的 41.58%。其次为乌兹别克斯坦，总碳释放量为 15.24 Tg，占 21.28%。塔吉克斯坦草地生态系统的碳排放最少，为 2.08Tg，仅占整个区域总碳增量的 2.91%。

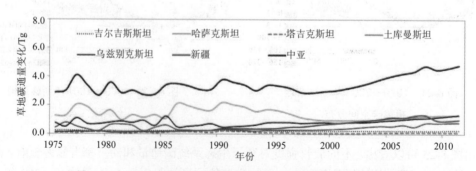

图 8-24　1975—2011 年亚洲中部干旱区放牧导致的年碳通量变化

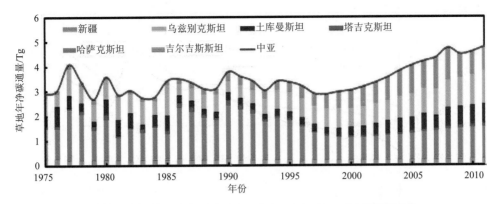

图 8-25　1975—2011 年亚洲中部干旱区各国放牧导致碳通量变化

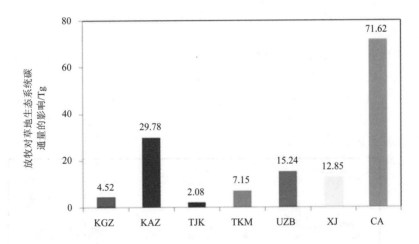

图 8-26　1975—2011 年亚洲中部干旱区各国放牧导致碳通量变化

8.4　中亚人类活动对区域碳动态的影响

人类活动对生态系统碳库的影响程度远超自然因素。以土地利用及其变化为主要表征的人类活动，是大气中 CO_2 浓度不断升高的关键原因。精确评估人类活动对陆地生态系统碳平衡的影响是当前全球变化和陆地表层碳循环研究的重点内容。

耕地变化、林业活动和放牧是亚欧内陆主要的土地利用及其变化形式，分别对亚欧内陆的碳储量造成了不同程度的影响。基于前 3 节的研究结果，现总结如下。

在 1975—2011 年，耕地变化、林业活动和放牧构成的人类活动使亚洲中部干旱区碳储量经历了先减少后增加的过程（图 8-27）。其中耕地变化和林业活动有利于碳储量的增加，但放牧活动会导致大量的碳释放，并且其年碳排放量随时间变化呈增加趋势。耕地变化和林业活动引起的碳储量年净增量呈增加态势，并且耕地变化导致的碳储量年净增量变化幅度较小。整个研究时段内，2005 年由于人类活动引起的碳储量净增量最大，为4.67 Tg/a。

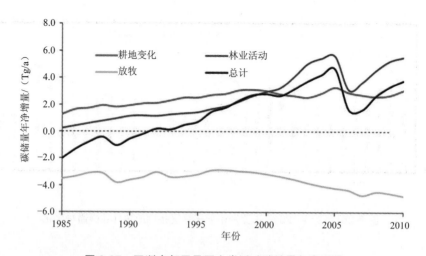

图 8-27　亚洲中部干旱区人类活动碳储量年净增量

1975—2011 年人类活动导致亚洲中部干旱区生态系统累计固定碳 0.049 Pg·（49Tg C）（图 8-28）。其中新疆地区增加最多；哈萨克斯坦和塔吉克斯坦的人类活动则导致碳排放，碳排放量分别为 16.79 Tg C 和 0.93 Tg C。除新疆和土库曼斯坦外，其他地区以放牧碳排放对碳储量的影响最大，新疆以林业活动形成的碳汇对碳储量影响最大，土库曼斯坦则以耕地变化对区域碳储量的影响最大。亚洲中部干旱区的放牧活动均导致大量的碳排放。

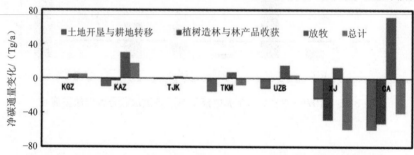

图 8-28　1975—2009 年亚洲中部干旱区人类活动累计碳储量净增量

对于亚洲中部干旱区，因为受到水分胁迫的影响，其生态系统较为脆弱，人类活动对其生态系统的碳-水循环和生态系统结构与功能的影响更为关键。科学的土地利用规划和合理的土地开发模式，包括的森林生态系统和草地生态系统的管理利用方式以及农田生态系统耕作管理方式是保障该区域生态系统可持续发展的基础。

参考文献

[1]　白彦锋.中国木质林产品碳流动和碳储量研究,中国林业科学研究院,2007.

[2]　白彦锋,姜春前,张守攻.中国木质林产品碳储量及其减排潜力.生态学报,2009,29：399-405.

[3]　摆万奇,赵士洞.土地利用和土地覆盖变化研究模型综述.自然资源学报,1997,12：169-175.

[4]　陈广生,田汉勤.土地利用/覆盖变化对陆地生态系统碳循环的影响.植物生态学报,2007,31：189-204.

[5] 陈曦.中国干旱区土地利用与土地覆被变化. 北京：科学出版社，2007.

[6] 冯慧想.杨树人工林生长特性及生物量研究，中国林业科学研究院，2007.

[7] 付超，于贵瑞，方华军，等.中国区域土地利用/覆被变化对陆地碳收支的影响. 地理科学进展，2012，31：88-96.

[8] 葛全胜，戴君虎，何凡能，等.过去 300 年中国土地利用，土地覆被变化与碳循环研究. 中国科学（D 辑）：2008，38：197-210.

[9] 侯振宏.中国林业活动碳源汇及其潜力研究，中国林业科学研究院，2010.

[10] 胡莎莎，张毓涛，李吉玫，等.新疆杨生物量空间分布特征研究. 新疆农业科学，2012，49：1059-1065.

[11] 金峰，杨浩.土壤有机碳储量及影响因素研究进展. 土壤，2000，32：11-17.

[12] 李家洋，陈泮勤，马柱国，等. 区域研究：全球变化研究的重要途径. 地球科学进展，2006，21：441-450.

[13] 李丕军，李宏，马江林，等. 新疆杨树用材林固碳能力分析. 西南林学院学报，2011，31：41-44.

[14] 刘国华，傅伯杰，方精云.中国森林碳动态及其对全球碳平衡的贡献. 生态学报，2000，20：733-740.

[15] 刘纪远，邵全琴，延晓冬，等. 土地利用变化对全球气候影响的研究进展与方法初探. 地球科学进展，2011，26：1015-1022.

[16] 刘平，王宁，孙清江，等. 新疆伊犁地区速生杨树生长模型及数量成熟研究. 新疆农业大学学报，2004，26：45-48.

[17] 罗格平，许文强，陈曦.天山北坡绿洲不同土地利用对土壤特性的影响. 地理学报，2005，60：779-790.

[18] 罗天祥.中国主要森林类型生物生产力格局及其数学模型. 中国科学院地理科学与资源研究所，1996.

[19] 吕妍，宁虎森，王让会，等.人工防护林碳储量估算——以新疆墨玉为例. 环境科学与技术，2010，7：28-30.

[20] 毛慧琴，延晓冬，熊喆.土地利用变化对气候影响的研究进展. 气候与环境研究，2011，16：513-524.

[21] 潘嫄.近 300 年中国部分省区农林土地利用及其对陆地碳储量的影响. 中国科学院研究生院，2006.

[22] 任伟，王秋凤，刘颖慧，等. 区域尺度陆地生态系统固碳速率和潜力定量认证方法及其不确定性分析. 地理科学进展，2011，30：795-804.

[23] 阮宇，张小全，杜凡.中国木质林产品碳贮量. 生态学报，2006，26：4212-4218.

[24] 王燕，赵士洞.天山云杉林生物量和生产力的研究. 应用生态学报，1999，10：389-391.

[25] 王渊刚，罗格平，韩其飞，等.新疆耕地变化对区域碳平衡的影响. 地理学报，2013，69：110-120.

[26] 新疆维吾尔自治区统计局.新疆五十年. 北京：中国统计出版社，2005.

[27] 徐万里，唐光木，盛建东，等.垦殖对新疆绿洲农田土壤有机碳组分及团聚体稳定性的影响. 生态学报，2010，30：1773-1779.

[28] 杨景成，韩兴国，黄建辉，等.土地利用变化对陆地生态系统碳储量的影响. 应用生态学报，2003，14：1385-1390.

[29] 张小全，武曙红，何英，等.森林，林业活动与温室气体的减排增汇. 林业科学，2005，41：150-156.

[30] 张小全，朱建华，侯振宏.主要发达国家林业有关碳源汇及其计量方法与参数. 林业科学研究，2009，22：285-293.

[31] 朱教君，姜凤岐. 杨树林带生长阶段与林木分级的研究. 应用生态学报，1996，7：11-14.

[32] Campbell C，Zentner R，Liang B C，et al. Organic C accumulation in soil over 30 years in semiarid southwestern Saskatchewan-Effect of crop rotations and fertilizers. Canadian Journal of Soil Science，

2000，80：179-192.

[33] Canadell J G，Pataki D. New advances in carbon cycle research. Trends in Ecology & Evolution，2002，17：156-158.

[34] Caspers H. Primary Productivity of the Biosphere. Berlin-Heidelberg-New York：Springer Verlag 1975，63：123-123.

[35] Chen Y，Lee G，Lee P，et al. Model analysis of grazing effect on above-ground biomass and above-ground net primary production of a Mongolian grassland ecosystem. Journal of Hydrology，2007，333：155-164.

[36] Chuluun T，Ojima D. Land use change and carbon cycle in arid and semi-arid lands of East and Central Asia. SCIENCE IN CHINA（Series C），2002，45：10.

[37] Fang J，Chen A，Peng C，et al. Changes in forest biomass carbon storage in China between 1949 and 1998. Science，2001，292：2320-2322.

[38] Ford M A，Grace J B. Effects of vertebrate herbivores on soil processes，plant biomass，and litter accumulation and soil elevation changes in a coastal marsh. Journal of Ecology，1998，86：974-982.

[39] Frank D A，Kuns M M，Guido D R. Consumer control of grassland plant production. Ecology，2002，83：602-606.

[40] Freer M，Christian K R. Application of feeding standard systems to grazing ruminants，Feed Information and Animal Production，1983，333-335.

[41] Guo L B，Gifford R M. Soil carbon stocks and land use change：a meta analysis. Global Change Biology，2002，8：345-360.

[42] Hodgson J. Influence of sward characteristics on diet selection and herbage intake by the grazing animal. Hacker J B.Nutritional Limits to Animal Production from Pasture，1982，153-156：Farnham Royal，Slough，UK：Commonwealth Agricultural Bureaux.

[43] Holland E A，Parton W J，Detling J K，et al. Physiological responses of plant populations to herbivory and their consequences for ecosystem nutrient flow. American Naturalist，1992，140：685-706.

[44] Houghton R. The annual net flux of carbon to the atmosphere from changes in land use 1850-1990*. Tellus B，1999，51：298-313.

[45] Houghton R，Hobbie J，Melillo J M，et al. Changes in the Carbon Content of Terrestrial Biota and Soils between 1860 and 1980：A Net Release of CO 2 to the Atmosphere. Ecological Monographs，1983a，53：235-262.

[46] Houghton R，Lawrence K，Hackler J.，et al. The spatial distribution of forest biomass in the Brazilian Amazon：a comparison of estimates. Global Change Biology，2001，7：731-746.

[47] Houghton R，Skole D，Nobre C A，et al. Annual fluxes of carbon from deforestation and regrowth in the Brazilian Amazon. Nature，2000，403：301-304.

[48] Houghton R A. Sources and sinks of carbon from land-use change in China. Global Biogeochemical Cycles，2003，17：1-19.

[49] Houghton R A. How well do weknow the flux of CO_2 from land-use change？Tellus B，2010，62：337-351.

[50] Houghton R A，Hobbie J E，Melillo J M，et al. Changes in the Carbon Content of Terrestrial Biota and Soils between 1860 and 1980：A Net Release of CO_2 to the Atmosphere. Ecological Monographs，1983b，53：236-262.

[51] IPCC. 2003. Guidelines for land use，land-use change and forestry. Hayama，Japan：IPCC/IGES.

[52] Le-Roux X. 1995. Studying and modelling the water and energy exchanges in the soil-plant-atmosphere continuum in a humid savanna（in French），University of Paris 6.

[53] Levy P，Friend A，White A，et al. The influence of land use change on global-scale fluxes of carbon from terrestrial ecosystems. Climatic Change，2004，67：185-209.

[54] Maestre F T，Cortina J. Small-scale spatial variation in soil CO_2 efflux in a Mediterranean semiarid steppe. Applied Soil Ecology，2003，23：199-209.

[55] Menzi H，Frick R，Kaufmann R. 1997. Ammoniak-Emissionen in der Schweiz：Ausmass und technische Beurteilung des Reduktionspotentials. Schriftenreihe der FAL 26. in FAL Zu¨rich-Reckenholz，107. Switzerland.

[56] Minonzio G，Grub A，Fuhrer J. 1998. Methan-Emissionen der schweizerischen Landwirtschaft. Schriftenreihe Umwelt298，in Bundesamt fü r Umwelt，Wald und Landschaft，pp.130 Bern，Switzerland.

[57] Muller-Scharer H. The impact of root herbivory as a function of plant density and competition：survival，growth and fecundity of Centaurea maculasa in field plots. Journal of Applied ecology，1991，28：759-776.

[58] Nilsson S，Schopfhauser W. The carbon-sequestration potential of a global afforestation program. Climatic Change，1995，30：267-293.

[59] Nordblom T L，Goodchild A V，Shomo F，et al. Dynamics of Feed Resources in Mixed Farming Systems of West/Central AsiaNorth Africa，1997.

[60] Parton W J，S DS，et al. Analysis of factors controlling soil organic matter levels in the Great Plains grasslands. Soil Science Society of American Journal，1987，51：1173-1179.

[61] Paul K，Polglase P，Nyakuengama J，et al. Change in soil carbon following afforestation. Forest Ecology and Management，2002，168：241-257.

[62] Poppi D P，Hughes T P，et al. Intake of pasture by grazing ruminants，Livestock Feeding on Pasture，1987，55-63. Hamilton，New Zealand：New Zealand Society of Animal Production.

[63] Pucheta E，Bonamici I，Cabido M. Below-ground biomass and productivity of grazed site and a neighboring ungrazed enclosure in a grassland in central Argentina. Austral Ecology，2004，29：201-208.

[64] Qiu L，Wei X，Zhang X，et al. Soil organic carbon losses due to land use change in a semiarid grassland. Plant And Soil，2012，1-11.

[65] Riedo M，Grub A，Rosset M，et al. A pasture simulation model for dry matter production，and fluxes of carbon，nitrogen，water and energy. Ecol. Model，1998，105：141-183.

[66] Riedo M，Gyalistras D，Fuhrer J. Net primary production and carbon stocks in differently managed grasslands：simulation of site specific sensitivity to an increase in atmospheric CO_2 and to climate change. Ecological Modelling，2000，134.

[67] Rotenberg E，Yakir D. Contribution of semi-arid forests to the climate system. Science，2010，327：451-454.

[68] Sampson R N，Apps M，Brown S，et al. Workshop summary statement：Terrestrial bioshperic carbon fluxesquantification of sinks and sources of CO_2. Water，Air，& Soil Pollution，1993，70：3-15.

[69] Schimel D S，Parton W J，Adamsen F J，et al. The role of cattle in the volatile loss of nitrogen from a shortgrass steppe. Biogeochemistry，1986，2：39-52.

[70] Scholefield D，Lockyer D，Whitehead D，et al. A model to predict transformations and losses of nitrogen in UK pastures grazed by beef cattle. Plant and Soil，1991，132：165-177.

[71] Seligman N G，Cavagnaro J B，et al. Simulation of defoliation effects on primary production of warm-season，semiarid perennial-species grassland. Ecological Modelling，1992，60：45-61.

[72] Shevliakova E，Pacala S W，Malyshev S，et al. Carbon cycling under300 years of land use change：Importance of the secondary vegetation sink. Global Biogeochemical Cycles，2009，23：doi：10.1029/2007GB003176.

[73] Trouve C，Mariotti A，Schwartz D，et al. Soil organic carbon dynamics under Eucalyptus and Pinus planted on savannas in the Congo. Soil Biology and Biochemistry，1994，26：287-295.

[74] Turner B，Meyer W B，Skole D L. Global land-use/land-cover change：towards an integrated study. Ambio，1994，23：91-95.

[75] Varga G A，Harpster H W. Gut size and rate of passage，in Symposium：Intake by Feedlot Cattle，1995，85-95.

[76] Vesterdal L，Ritter E，Gundersen P. Change in soil organic carbon following afforestation of former arable land. Forest Ecology and Management，2002，169：137-147.

[77] Watson R T，Noble I R，et al. Land use，land-use change，and forestry：a special report of the intergovernmental panel on climate change. Cambridge University Press，2000.

[78] Weston R H，Poppi D P. Comparative aspects of food intake：in The Nutrition of Herbivores，1987，133-161.

[79] Woodwell G M，Whitaker R，et al. Biota and the world carbon budget. Science（United States），199.

[80] Zinn Y L，Resck D V S，da Silva J E. Soil organic carbon as affected by afforestation with Eucalyptus and Pinus in the Cerrado region of Brazil. Forest Ecology and Management，2002，166：285-294.